KRANKHEITSERREGER UND GEWEBSBEFUND BEI MULTIPLER SKLEROSE

VERGLEICHEND-HISTOLOGISCH-PARASITOLOGISCHE UNTERSUCHUNGEN BEI MULTIPLER SKLEROSE UND ANDEREN SPIROCHÄTOSEN

VON

PROFESSOR DR. **GABRIEL STEINER**
HEIDELBERG

MIT 71 ABBILDUNGEN

SPRINGER-VERLAG BERLIN HEIDELBERG GMBH 1931

SONDERAUSGABE
DES GLEICHNAMIGEN BEITRAGES IN
ERGEBNISSE DER HYGIENE. BD. XII

ISBN 978-3-662-27050-9 ISBN 978-3-662-28529-9 (eBook)
DOI 10.1007/978-3-662-28529-9

URSPRÜNGLICH ERSCHIENEN BEI JULIUS SPRINGER IN BERLIN 1931

Vorwort.

Wenn ich mich entschlossen habe, einen wesentlichen Teil der Ergebnisse meiner jahrelangen Forschungen bei multipler Sklerose zu veröffentlichen, so geschieht dies vor allem deshalb, weil mir nunmehr der Augenblick eines gewissen Abschlusses der Untersuchungen gekommen zu sein scheint, von dem an die weitere Mitarbeit eines größeren Kreises interessierter und sachverständiger Fachgenossen der Sache dienen wird.

Die ätiologische Aufklärung des Leidens hat manche Umwege erforderlich gemacht. Zum Nachweis des aus den Erfahrungen des Tierexperiments vermuteten Krankheitserregers in den erkrankten Geweben des Menschen war die Ausarbeitung eines besonderen Verfahrens erforderlich. Nachdem dies geschehen war, mußte das neue Verfahren an einem bekannten Beispiel erprobt werden, bevor das ätiologisch unbekannte Gebiet der multiplen Sklerose in Angriff genommen werden konnte.

Dementsprechend gliedert sich auch der Inhalt dieses Buches in drei große Abschnitte; in einen ersten über das neue Verfahren, in einen zweiten, der die Anwendung desselben auf die progressive Paralyse und andere bekannte Spirochätosen behandelt, und schließlich in einen dritten und wichtigsten, über die Anwendung des neuen Verfahrens auf die multiple Sklerose.

Es drängt mich, allen denen meinen Dank auszusprechen, die mich bei dem schwierigen Werk unterstützt haben: meinen Mitarbeitern und meinen beiden technischen Assistentinnen, Fräulein Eberstadt, die jahrelang mit mir die vielen färberischen und technischen Versuche, die bis zur endgültigen Ausgestaltung des Verfahrens gemacht werden mußten, unermüdlich vorgenommen hat, und Fräulein Hoffmann, die die photographischen Arbeiten übernommen hat. Besonderen Dank möchte ich auch den Kollegen sagen, die mich durch Überlassung von Gehirnen an multipler Sklerose Verstorbener unterstützten, den Herren Froboese-Spandau, Hanser-Ludwigshafen, Herrmann-Prag, Kaufmann-Ludwigshafen, Loeschcke-Mannheim, Maas-Berlin, Max Meyer-Köppern, Pappenheim-Wien, Schmincke-Heidelberg, Schneider-Darmstadt, Spatz-München und Schuster-Berlin. Schließlich muß ich auch dankbar der Unterstützung gedenken, die mir durch die Notgemeinschaft der deutschen Wissenschaft in der Zeit unserer schwersten finanziellen Bedrückung zuteil wurde.

Heidelberg, Juli 1931.

G. Steiner.

Inhaltsverzeichnis.

Einleitung.

Wenn wir die Vorfrage, ob die multiple Sklerose eine Infektionskrankheit oder die Folge einer solchen ist, in bejahendem Sinne gelöst ansehen, so bleibt als nächste Frage die, **welcher Art der Erreger dieser Krankheit** ist.

Eine schlüssige Antwort auf diese Frage hat das *Tierexperiment* bisher nicht gegeben trotz der Versuche von KUHN und mir, MARINESCO, PETTIT, KALBERLAH, ADAMS u. a., die auf Spirochäten als die in Betracht kommenden Krankheitserreger hindeuteten. Allem Anschein nach kann auch das Tierexperiment die endgültige Lösung des Problems nicht bringen, weil jedes Versuchstier ein lebender Kulturapparat für eine große Zahl von Mikroben pathogener und apathogener Art ist und die Trennung der durch Überimpfung dem Tier einverleibten, ätiologisch wesentlichen von den ursächlich bedeutungslosen, vorher schon im Tier vorhandenen oder während der Versuchsperiode in ihm sich entwickelnden Keime oft auf unüberwindliche Schwierigkeiten stößt.

Gehen wir *unvoreingenommen* an die Überlegung heran, welcher Art wohl der Krankheitskeim der multiplen Sklerose sein könne, so werden wir ein *bakterielles* Virus nach Art der Stäbchen- oder Kugelbakterien ablehnen dürfen, denn es ist ja nie gelungen, solche leicht züchtbaren und auch morphologisch leicht auffindbaren Keime zu sichten. Andere extrazelluläre *protozoische* Gebilde haben wie z. B. die Trypanosomen solche Größenordnungen, daß sie dem Nachweis ebenfalls leicht zugänglich sind. Es bleiben also nur die Erreger der sogenannten *ultra-* oder *invisiblen Gruppe,* kleinste protozoische Keime und die schwer sichtbaren und im Gewebe auch schwer darstellbaren *spirochätenartigen Gebilde* übrig. Ob diejenige Anschauung recht behält, die die Entstehung der multiplen Sklerose auf einen ultravisiblen Erreger zurückführt, muß die Zukunft lehren. Unsere Pflicht ist es jedenfalls, Ausschau nach der Spirochätenätiologie wie der im Sinne der ultravisiblen Natur des Erregers zu halten.

Man könnte gegen einen ultravisiblen Erreger ins Feld führen, daß in den Wirtsgeweben der an Lyssa, Pocken, BORNAscher Krankheit usw. erkrankten Menschen und Tiere eigentümliche und bis zu einem gewissen Grad spezifische *intrazelluläre* Reaktionsprodukte auftreten. Bei multipler Sklerose ist etwas Analoges aber noch nie gesehen worden. Schlüssig ist freilich eine solche Beweisführung nicht.

Rechnen wir also die multiple Sklerose zu den Infektionskrankheiten des Zentralnervensystems, stellen wir sie in eine Reihe mit der progressiven Paralyse, der Tabes dorsalis, der Trypanosomiasis und anderen chronischen Infektionen des Gehirns, so müssen wir uns fragen, *warum der Nachweis des Erregers bisher noch nicht* geglückt ist. Könnte die multiple Sklerose vielleicht keine unmittelbare Folge der Infektion sein? Könnte nicht irgend ein toxisches Zwischenglied eine Rolle spielen und der Erreger selbst ganz ausgeschaltet sein? So wäre dann die multiple Sklerose eher als eine „Meta"erkrankung ganz ähnlich wie die „Metasyphilis" aufzufassen. Jedoch spricht gegen diese Auffassung, die sich ja auch bei der Spätsyphilis des Nervensystems nicht halten konnte, wohl ohne weiteres der Verlauf in Schüben und das ständige Fortschreiten des Krankheitsprozesses in der Mehrzahl der Fälle. Wenn wir uns auf den Boden der Infektionstheorie stellen, werden wir deshalb auch anerkennen müssen, daß der Krankheitserreger im Zentralnervensystem auch im weiteren Verlauf der Krankheit immer noch seine Wirkungen entfaltet. Wir werden dabei den Anhängern der gegensätzlichen Auffassung von der Entstehung der multiplen Sklerose, denjenigen Forschern nämlich, die noch auf dem Boden der endogenen Theorie stehen, das Festhalten an ihrem Standpunkte solange wenigstens nicht verargen dürfen, bis der Nachweis des Erregers einwandfrei geglückt ist. Wir selbst als Verteidiger der Infektionstheorie haben dagegen die Pflicht der Erklärung, warum bisher bei der multiplen Sklerose *der Nachweis des Erregers* nicht gelungen ist.

Die *Gründe für die Unauffindbarkeit eines Krankheitskeimes* können von vorherein in 4 Gruppen geordnet werden, die sich auf die *örtlichen* und die *zeitlichen Verhältnisse* des Krankheitsprozesses, die *technische Darstellung von Mikroorganismen* in den Geweben des Wirtes und endlich auf die *Eigenart des Erregers* selbst beziehen.

Suchen wir uns am Beispiel der progressiven Paralyse zu orientieren, so wird es ohne weiteres verständlich, daß wir bei dieser Krankheit, wenn wir etwa im Globus pallidus oder im Nucleus dentatus des Kleinhirns oder in der Olive oder an anderen Stellen außerhalb der grauen Hirnrinde und ihr gleichgestellter Gewebsteile nach dem Erreger suchen wollten, nichts oder selten etwas von ihm finden würden. Die Krankheitskeime sitzen eben bei der progressiven Paralyse an ganz bestimmten bevorzugten Stellen im Hirn. Wenn wir diese Prädilektionsstellen nicht kennen würden, wäre uns die Auffindung der Erreger sicher äußerst erschwert. Neben dem örtlichen Moment könnte aber auch das *zeitliche der Krankheitsphase* von Belang sein. Wieder am Beispiel der progressiven Paralyse läßt sich zeigen, daß durchaus nicht in allen Fällen von progressiver Paralyse der Nachweis der Erreger gelingt: die stationären Fälle, die geheilten Paralysen, die einfach dementen mit ganz langsamer Progredienz werden selbst an den bevorzugten Stellen Parasiten vermissen lassen oder in so geringer Anzahl enthalten, daß sie sich dem Nachweis entziehen. Auf der anderen Seite finden wir bei akuten Paralysen und in akuten Stadien dieser Krankheit oft einen ungeheuren Reichtum an Krankheitskeimen in der Hirnrinde. Könnte der bisherige Fehlschlag des Erregernachweises bei der multiplen Sklerose nicht auch damit zusammenhängen, daß wir eben diejenigen frischen und akuten Stadien der Erkrankung, in denen die Auffindung durch die Anwesenheit besonders zahlreicher Keime erleichtert ist, nicht in unsere Hände bekommen, weil zu dieser Zeit der tödliche Ausgang eine große Seltenheit darstellt?

Bei der *Darstellungstechnik* ist zu berücksichtigen, daß im Gehirn und besonders in der weißen Substanz desselben eine Unmenge von faserigen Gebilden sich findet, die den Nachweis aller fadenförmigen Erregerformen besonders schwer macht: Gliafasern, Neurofibrillen, Achsenzylinder, gewucherte Bindegewebsfasern finden sich oft in dichtester Anordnung, sie alle zeigen ein gewisses Anlagerungsvermögen für metallisches Silber und werden sich infolgedessen bei denjenigen Methoden, die wir zum Nachweis der Spirochäten oder anderer Keime verwenden, nämlich den *Silbersalzreduktionsverfahren*, durch Anlagerung von reduziertem Silber wie die Erreger dunkelbraun bis schwarz anfärben. Hauptsächlich aus diesem Grunde hat es ja solange gedauert, bis im Gehirn des Paralytikers die Pallida nachgewiesen werden konnte. 8 Jahre, von 1905 — dem Zeitpunkt der SCHAUDINNschen Entdeckung der Pallida bei der Syphilis — bis **1913**, mußten verstreichen, bis NOGUCHI mit einer besonderen Darstellungsmethode, die die Ansilberung von Achsenzylindern, Neurofibrillen und Gliafasern vermied, die Pallida im Gehirn des Paralytikers zum erstenmal darstellte. Und die Methode war, wie ich aus eigener Erfahrung weiß, launisch und schwierig, so daß nur wenige Nachuntersucher zum Ziele gelangen konnten. Es ist das Verdienst JAHNELS, durch eine Übertragung des RAMON Y CAJALschen Uranverfahrens die Ansilberung von Neurofibrillen und anderen faserigen Bestandteilen des zentralnervösen Gewebes aufs äußerste eingeschränkt zu haben, ohne daß das Silberkleid der Pallidae wesentlichen Schaden dabei erleidet. Immerhin hat das bei der Paralyse souveräne JAHNELsche Verfahren verschiedene Nachteile: es macht eine Silbersalzbehandlung des ganzen Gewebsblöckchens und eine Paraffineinbettung desselben nötig und wird damit ziemlich langwierig, es stellt, besonders im Markweiß, die Fibrillen, wenn auch nicht schwarz, so doch oft tief dunkel dar, so daß dadurch die Anwesenheit von etwaigen Krankheitskeimen völlig verdeckt werden kann. Wir brauchen, wenn wir mit Versilberungsverfahren darstellbare Erreger bei der multiplen Sklerose im Sinne einer Arbeitshypothese voraussetzen dürfen, technische Maßnahmen, die in kurzer Zeit möglichst viele Gewebsstücke bearbeiten lassen und eine Ansilberung von Fasern völlig vermeiden oder nur in schwächstem Grade hervorrufen, ohne der Ansilberung der Erreger zu schaden.

Endlich könnte es in der *Eigenart des Erregers* liegen, daß alle färberischen Methoden, sowohl diejenigen, die mit Anilinfarben arbeiten, wie andere, die sich der Silbersalzreduktionsverfahren bedienen, versagen, weil der Krankheitskeim in die Gruppe der sog. ultravisiblen oder invisiblen Parasiten zu rechnen wäre. Dann würden unsere bisherigen Hilfsmittel eben nicht ausreichen, um den Erreger morphologisch darzustellen, und alle technischen Versuche müßten erst davon ausgehen, der „Ultravisibilität" anderer Krankheitserreger, die uns schon etwas besser bekannt sind, ihr negatives Merkmal der Unsichtbarkeit zu entreißen und ihr neben dem positiven Zeichen der Ultrafiltrierbarkeit auch morphologische Kennzeichen zu verschaffen. Aber auch noch eine andere in der Eigenart der Biologie des Erregers begründete Möglichkeit besteht, warum er sich, ohne ultra- oder invisibel zu sein, dem Nachweis so gern entzieht. Die Lebensdauer der überwiegenden Mehrzahl der einzelnen Parasiten und ihrer Generationen könnte nämlich recht kurz sein. Wir dürfen ja für viele Spirochätenarten annehmen, daß die Mehrzahl aller Keime verhältnismäßig rasch zugrunde geht, und daß nur einzelne wenige Exemplare in langer Persistenz im Gewebe verharren. Je größer die Fortpflanzungstätigkeit der Erreger ist, um so kürzer scheint die Lebensdauer der Mehrheit der biologisch aktiven Einzelexemplare zu sein. Gerade dann, wenn Pallidae in ungeheuren Mengen in der Hirnrinde vorhanden sind, finden wir auch häufig auffallend viel degenerierende Exemplare, und diese Erscheinung ist nicht nur für die Hirnrinde gültig, sondern wir können sie im Primäraffekt, in der Roseola und auch bei anderen Spirochätenarten feststellen, ja wir können sie experimentell am Tier nachweisen. Überall da und jedesmal dann, wenn es zu einer enormen Ansammlung von Spirochäten in den Geweben kommt, sehen wir Untergangserscheinungen, Agglomerationsvorgänge, Autoagglomerationen in Form von Einrollungen, Knöpfchen- und Ringbildungen, Verklumpungen und Verklebungen bis zur Ausbildung plumper fädiger oder scholliger, nicht mehr als Spirochäten erkennbarer äußerst polymorpher Gebilde. Trotz der Vielgestaltigkeit der Untergangsformen bietet aber die *Pathologie der Spirochätendegeneration* bei allen verschiedenen Arten, mögen sie zur Klasse der Treponemen, der Leptospiren oder anderer Arten gehören, sehr gleichartige und einförmige Verhältnisse. Die Ringformen finden sich bei der Pallida im Gehirn und sonst, bei der Hühnerspirochäte, bei der Recurrensspirochäte, bei den Leptospiren der WEILschen Krankheit usw. Und was für die Ringformen gilt, trifft auch für die vielen anderen Degenerationsformen zu. Wäre es bei der multiplen Sklerose nicht möglich, daß auch hier an den Prädilektionsorten eine massenhafte Ansiedlung von Parasiten statthat, die bald dem Untergang verfallen, so daß oft nur noch Trümmerstätten oder Degenerationsformen der Erreger nachweisbar sind, und daß nur einzelne wenige Exemplare als Stammväter neuer Generationen ungeschädigt die Untergangsstätte ihrer Genossen verlassen konnten?

Ist die multiple Sklerose eine Spirochätose, so muß auch in den vom Krankheitsprozeß befallenen Geweben des Menschen, d. h. in dessen Zentralnervensystem der Erreger irgendwo und irgendwann einmal nachgewiesen werden können. Es wäre irrig, wollten wir erwarten, in *jedem einzelnen Fall* den Erreger aufzufinden, in einem Teil aller Fälle freilich muß der Nachweis gleichartiger Keime gelingen. Und noch eines! Wir dürfen auch nicht von der Voraussetzung ausgehen, an jeder geweblich erkrankten Stelle des Zentralnerven systems die Keime gehäuft anzutreffen, denn die gewebliche Reaktion stellt ja schon die Antwort auf das Vorhandensein des Erregers dar, dieser selbst kann schon lange abgewandert oder durch die Gegenarbeit des Organismus vernichtet sein.

Halten wir die Fiktion aufrecht, die multiple Sklerose sei eine Spirochätose, so darf es uns nach den bisherigen Ausführungen nicht mehr wundern, daß bisher in den nervösen Geweben noch nichts aufgefunden worden ist, was als Spirochäte oder spirochätenähnliches Gebilde angesehen werden konnte. Der Möglichkeiten des Versagens dieses Nachweises sind es ja, wie wir gezeigt zu haben glauben, abgesehen von den technischen Schwierigkeiten und der Unbrauchbarkeit unserer bisherigen Nachweismethoden, so viele: Ungeeignetheit der zur Untersuchung kommenden Fälle, rascher intravitaler Zerfall der Erreger und demnach äußerst beschränkte Lebensdauer derselben, die das Vorhandensein noch erhaltener Keime zur Zeit des Todes des Krankheitsträgers zu einem seltenen Ereignis macht, Unkenntnis der Prädilektionsorte des Erregeraufenthalts, die uns in die Zwangslage einer parasitologisch-mikroskopischen Totaldurchmusterung des Zentralnervensystems versetzt und damit vor eine fast unmögliche Aufgabe stellt.

I. Die neue Nachweismethode.

A. Forderungen.

Wollen wir Spirochäten, etwa die Pallida, *im menschlichen oder tierischen Gewebe* zur Darstellung bringen, so besitzen wir hierfür prinzipiell eigentlich nur *ein* Verfahren. Dieses beruht auf der Versilberung der Krankheitskeime, und zwar auf Behandlung mit einem Silbersalz, das zu metallischem Silber reduziert wird. Wieviele Modifikationen der Silbersalzreduktionsverfahren es auch geben mag, das Prinzip der Reduktion zu metallischem Silber ist bei allen Methoden gleich. Nun hat aber die Mehrzahl aller Silberreduktionsverfahren drei Nachteile: Sie können häufig nur im *Gewebsblock* angewandt werden, in den äußeren Schichten des Gewebsblocks kommt es gerne zu *Niederschlägen* von metallischem Silber, und schließlich: eine Silber*anfärbung von Gewebsbestandteilen* erschwert das Auffinden der Erreger. Gerade im Zentralnervensystem mit seiner übergroßen Masse von faserigen Bestandteilen, Neurofibrillen und Achsenzylindern, Gliafibrillen, Bindegewebsfäserchen wird eine Ansilberung von faserigen Gewebsbestandteilen unter Umständen erheblich stören. Von einer praktisch brauchbaren Methode muß auch verlangt werden, daß sie nicht launisch, nicht zu teuer und technisch einfach ist.

Wo wir nach Erregern ohne Kenntnis der Prädilektionsorte ihres Sitzes suchen müssen, werden wir ferner unsere Zuflucht nach einer sehr schnell und eine Übersicht über ein weites Gewebsgebiet gestattenden Methode nehmen müssen. Denken wir z. B. daran, daß eine Blockversilberungsmethode, wie etwa die Jahnelsche sehr lange bis zur Schnittreife des kleinen Blockes dauert (Pyridinuranmethode 19 bis 30 Tage, Pyridinwaschmethode $9^1/_2$ Tage), so wird der Zeitverlust der Präparation, zumal unter bescheidenen Laboratoriumsverhältnissen, wo nur wenige und noch mit anderen Aufgaben belastete Hilfskräfte zur Verfügung stehen, sehr ins Gewicht fallen. Die Durchsuchung eines so großen Organs, wie des Gehirns, wird mit solchen Methoden dann Jahre erfordern oder es werden nur kleine Teile des Zentralnervensystems bearbeitet werden können. So war also ein weiteres, nicht unwichtiges Erfordernis die Ausarbeitung eines *rasch arbeitenden Gefrierschnittverfahrens* an großen Schnitten geworden.

Ich fasse die Forderungen für ein Versilberungsverfahren, soweit es der zweckentsprechenden Bearbeitung des Zentralnervensystems dienen soll, zusammen:

1. Niederschlagfreiheit.
2. Fehlende oder geringe Anfärbung von Gewebsbestandteilen bei hinreichender und intensiver Silberschwärzung der Krankheitskeime mit quantitativer Darstellung derselben.
3. Kurze Dauer der Methode, womöglich eines Gefrierschnittverfahrens.
4. Verwendbarkeit großer Schnitte.

Versuchsobjekte mußten vor der Inangriffnahme von Gehirnmaterial der multiplen Sklerose Gewebe und Organe sein, deren Träger bekannten Spirochaetosen unterworfen waren. So wurden Organe von fetaler Syphilis, Leber, Niere, Lunge usw., Organe von syphiliskranken Kaninchen (Hoden und Hodenhüllen, Hirn, Rückenmark, Haut), Organe von recurrenskranken Ratten und Mäusen, Hirne und andere Organe der mit Hühnerspirochätose infizierten Hühner, die inneren Organe von Sodokumäusen, Ratten und Meerschweinchen, sowie von Meerschweinchen mit Weilscher Krankheit bearbeitet. Das wichtigste Testobjekt mußte naturgemäß das Hirn von Menschen sein, die an progressiver Paralyse gelitten hatten.

Mit dem Christellerschen histotopographischen Verfahren lassen sich vom menschlichen Gehirn große Gefrierschnitte, selbst in Serien, herstellen; es war damit zur Aufgabe geworden, ein auch für so große Schnitte brauchbares Versilberungsverfahren ausfindig zu machen.

B. Das neue Verfahren und seine Theorie.

Die Einführung von Schutzkolloiden in die Technik der Silbersalzreduktionsverfahren verdanken wir Gyenes und Sternberg (1913). Sie verwandten zwei kolloidale Lösungen von Gummi arabicum und Gelatine. In der Folgezeit sind dann Methoden mit Gummi arabicum allein (Jahnel, Krantz), mit Gelatine allein (Armuzzi und Strempel), mit Gelatine und Agar (Warthin und Starr) hinzugekommen. Die Entstehung metallischen Silbers durch Reduktion des Silbernitrats führt *im Gewebe* immer über kolloidale Phasen des Metalls. Es ist für unsere Versuche besonders wichtig gewesen, daß die Kolloidforschung sich gerade mit den Entstehungsbedingungen und dem Verhalten der Metallkolloide eingehend beschäftigt hat. Danach sind im wesentlichen zwei Bedingungen der Reduktionsverzögerung zu unterscheiden, erstens eine Hemmung oder Verlangsamung der spontanen Keimbildung, die zu einem grob-dispersen Hydrosol und zweitens eine Verzögerung der Wachstumsgeschwindigkeit der Keime, die zu einem feinteiligen Hydrosol führt (Zsigmondy und Thiessen). Dazu kommen noch irgendwelche stabilisierende Wirkungen in den fertigen kolloiden Metallsolen selbst, die eine größere Beständigkeit von Zerteilungen (dispersen Systemen) bedingen, ohne daß andere schützende Kolloide zugesetzt zu werden brauchen. Alle die genannten bisherigen Methoden der Gewebebehandlung haben zum Ziel die Reduktion des Silbernitrats zu metallischem Silber im molekularen Elektrolytfällungsprozeß durch Zusatz eines *Schutzkolloids* (Gummi arabicum, Gelatine, Agar) zu verhindern bzw. abzuschwächen. Dies gelingt auch ohne weiteres im Reagensglasversuch. Geben wir zu Silbernitratlösungen Gelatine-, Gummi arabicum-, Agar- oder andere kolloidale Lösungen hinzu und fügen Formaldehyd, Pyrogallussäure, Hydrochinon oder irgendwelche anderen Reduktionsmittel bei, so sehen wir Reduktionsveränderungen, die sich sowohl in der Art der dispersen Zerteilung des entstehenden Silbers, als in der Herabminderung der Reaktionsgeschwindigkeit äußern. Daß hiermit bei der Gewebsschnittbehandlung die Niederschlagsgefahr verringert wird, ist klar.

Um einen ganz anderen Gedankengang, als den der Zufügung eines Schutzkolloids handelt es sich nun bei meinen schon seit 1920 begonnenen Versuchen, zu einer Darstellung der Spirochäten im Gewebsschnitt (Gefrierschnitt) zu gelangen.

Ich ging von dem Gedanken aus, daß die Darstellung der Spirochäten im Gewebs*block* mit einem einfachen Silbersalzreduktionsverfahren, etwa dem Levaditischen, gelingt, während die Anwendung derselben Methode, selbst bei entsprechenden Verdünnungen der angewandten Lösungen im Gefrier*schnitt* versagt. Hier kommt es nur zu einer wenn auch feinen, aber ziemlich diffusen Niederschlagsbildung metallischen Silbers auf der Schnittoberfläche. Auch im Gewebsblockverfahren sind ja nicht alle Stellen von derselben Güte, an den Randstellen des Blockes, also oben, unten und an den Seiten kommt es gerne zu Niederschlägen, daher rührt auch der Rat, den bearbeiteten Block in der Mitte zu zerschneiden und von den so freigewordenen Oberflächen die beiden Teilblöcke zu Schnitten zu verarbeiten (Jahnel). Wenn es aber gelänge, den Schnitt gewissermaßen in einen Gewebsblock „en miniature" zu verwandeln, so wären die Blockmethoden an einem solchen Schnitt verwendbar. Dies ist nun tatsächlich in folgender Weise möglich: Bringen wir den Schnitt in eine wäßrige Lösung eines Stoffes, der in Alkohol koaguliert, d. h. also zum Hydrogel wird, so erhält damit der Schnitt, der etwa 10—20 μ dick gemacht worden ist, die Eigenschaft einer dünnen Membran, eines Miniaturblocks. Es kommt dabei offenbar zu einem sekundären Zusammentritt kolloider Teilchen des zu einem Gel gewordenen Hydrosols. Der Nachteil ist dabei der, daß die Hydrogele, die zur Bildung der Membran beigetragen haben, sich bei weiterer Behandlung in wäßrigen Lösungen, z. B. den Reduktionsflüssigkeiten wieder in Hydrosole auflösen und damit den Membrancharakter des Schnittes zerstören. Deshalb ist es besser, von molekular-dispersen alkoholischen Lösungen oder Alkosolen auszugehen, die bei Verbringung in Wasser zu einem Alkogel koagulieren und bei weiterer Behandlung des Schnittes in wäßrigen Lösungen als Alkogel bestehen bleiben. Vorzüglich eignet sich für diesen Zweck die alkoholische Mastixlösung. Ich habe sie zuerst angewandt, nach mir hat sie DIETERLE in seiner meiner Methode nachgebildeten Spirochätenfärbung im Schnitt mit Erfolg benützt. Auch sonst läßt sich das hier dargestellte Prinzip mit Vorteil verwenden. Es ist z. B. bekannt, daß Färbungen lipoider Gewebsstoffe mit Sudan, Scharlachrot usw. nur in alkoholischer Lösung möglich sind, da diese Farbstoffe nicht in wäßrigen, sondern nur in alkoholischen oder in ähnlichen Medien löslich sind. Die Verwendung alkoholischer Farbstofflösungen bringt aber auch die Gefahr einer Auflösung der lipoiden Gewebsstoffe mit sich, da diese ebenfalls alkohollöslich sind. Man kann nun durch Verbringen von Gewebsschnitten zuerst in dünne Gelatine, Gummi arabicum, Agar, Dextrin, am besten Gelatose, dann in Alkohol Schutzhüllen um die lipoiden Stoffe des Gewebes schaffen, die die Verwendung einer hoch konzentrierten alkoholischen Farbstofflösung gestatten, *ohne* zur Auflösung der sich intensiv färbenden Gewebspartikelchen zu führen. Ist die Färbung vollendet, so kann der Schnitt durch Wasser von seinem Hydrogel wieder befreit werden. Die lipoiden Gewebsteilchen besitzen offenbar eine starke „Affinität" — wir wollen diesen Begriff nicht als Erklärung gebrauchen, sondern nur als Ausdruck einer uns noch durchaus unklaren Spezifität und Elektivität — zu Sudan-, Scharlachrot- und ähnlichen Farbstoffen. Diese Affinität macht sich auch trotz des Gelatosegelgerüstes im Gewebsschnitt geltend, und dabei wird die Alkohollöslichkeit der lipoiden Stoffe selbst durch das *Hydrogel*gerüst verhindert. In analoger Weise kommt es durch die Gelgerüstbildung im Gefrierschnitt, die durch Eintauchen des mit alkoholischer Mastixlösung getränkten Schnittes in Wasser entsteht, ohne weiteres zu einem ungehinderten Passieren aller möglichen kristalloiden Elektrolyte, in unserem Falle des Silbernitrats, die Elektrolytfällung des Silbernitrats zu metallischem Silber ist also durchführbar. Daß durch die Gelgerüstbildung im Schnitt eine gleichmäßige Verteilung aller chemischen Elektrolytprozesse, insbesondere von Reduktionen gewährleistet wird, erkennen wir auch an der Gleichmäßigkeit der Färbung eines solchen mit Gelgerüst versehenen Schnittes. Während bei der Reduktion eines mit Metallsalzen (Blei, Zinn usw.) vorbehandelten Schnittes etwa durch Ammoniumhydrosulfid die Randzonen des Schnittes ganz andere Niederschlagsbildungen aufweisen, als die Mitte, kommt es beim selben Vorgang, aber vorheriger Gelumhüllung zu einer *gleichmäßigen* Reduktion des ganzen Schnittes.

Wenn die Theorie der Umwandlung des lockergefügten, grobmaschigen und grobporigen Gewebschnittes in eine mehr membranartige Substanz, die sich damit den strukturellen Eigenschaften eines Gewebsblocks annähert, richtig ist, so müßten Schnitte, die durch *Hydrogele* verändert sind, sich bei der Spirochätendarstellung genau so verhalten, wie die mit *Alkogelen* versehenen Schnitte, soweit die Teilchengröße der in Gelform deponierten Substanzen und ihr ganzer struktueller ultramikroskopischer, sub- bzw. amikronischer Charakter nicht stört. Tatsächlich ist dies auch so: ich habe in ausgedehnten Versuchen nachweisen können, daß mit wäßrigen Gelatine-, Gelatose-, Gummi arabicum-, Agar-, Dextrinlösungen behandelte Schnitte, wenn die in den Schnitten haftenden genannten kolloidalen Stoffe durch Verbringung in alkoholische Lösungen koaguliert wurden (bei Gelatine dürfen nur äußerst schwach konzentrierte wäßrige Lösungen, z. B. 0,5%, verwandt werden), die zunächst mit Argent. nitric. behandelten Schnitte so veränderten, daß nunmehr eine Spirochätendarstellung durch Reduktion (z. B. mit Brenzkatechin) möglich wurde. Trotzdem also eine Lösung des Gels in der wäßrigen Reduktionsflüssigkeit erfolgt, genügt die temporäre Membranbildung zur Darstellung der Spirochäten. Es kommt ja in der Reduktionsflüssigkeit zu einer Gleichzeitigkeit der Auflösung des Gelgerüsts und des Vorsichgehens der chemischen Reaktion, dieses *gleichzeitige* Geschehen hat offenbar eine gewisse Bedeutung, denn wenn wir das Gelgerüst durch Verbringung aus dem Alkohol in Wasser vor Eintauchen in die Reduktionsflüssigkeit wieder auflösen, bleibt die Darstellung der Spirochäten aus. Es scheint aber, wie wenn eine *Gelbildung* nicht zum unbedingten Erfordernis der Spirochätendarstellung gehören würde. So genügt es z. B. den mit Silbernitrat vorbehandelten Schnitt in einer hochkonzentrierten (50—70%igen) wäßrigen Gummiarabicum-Lösung, die allerdings an der Grenze der Gallertbildung steht, einige Zeit zu lassen und dann zu reduzieren (mit Brenzkatechin), um die Spirochäten zur Darstellung zu bringen. Früher habe ich ja auch selbst mit Mastixlösungen von milchiger Farbe, die aus Vermischung alkoholischer Mastixlösungen mit Wasser hergestellt waren, gearbeitet. Daß jedoch eine Schutzhüllenbildung irgendwelcher Art bei der Spirochätendarstellung im Gewebegefrierschnitt irgendeine Rolle spielen muß, ist recht wahrscheinlich. Denn beim Fehlen der Schutzhülle kommt es nicht zur deutlichen Versilberung der Spirochäten. Dagegen ist es einerlei, ob ich das Gelgerüst *vor* oder *nach* der Behandlung mit Silbernitrat erzeuge. Dies bedeutet, daß für die Durchtränkung des Schnittes mit Silbernitrat das Gelgerüst, ob vorhanden oder nicht, keine Rolle spielt, sondern lediglich für den eigentlichen Reduktionsprozeß. Bei dem Gelgerüstverfahren ist demnach etwas besonderes wirksam, und zwar etwas, was *ohne* dieses Verfahren *im Innern eines Gewebsblockes* ebenso zur Wirkung kommt, wie an einem *mit* Gelgerüst versehenen Gewebs*schnitt*. Eine recht anschauliche Beweisführung dafür, daß es sich bei der Herstellung der Gelhülle im Gefrierschnitt um eine Verwandlung desselben in einen Miniaturblock handelt, erlaubt uns die folgende Erfahrung: Je dünner der Schnitt ist (10—20 μ), um so höhere (etwa 3%) alkoholische Mastixkonzentrationen werden bei seiner Vorbehandlung nötig, um Spirochätenansilberungen zu erzielen, während bei 60 μ dicken Schnitten eine $^1/_2$—1% alkoholische Mastixlösung genügt. Je dünner also der Schnitt selbst ist, um so dicker muß die (durch Verbringung des mit alkoholischer Mastixlösung vorbehandelten Schnittes in Wasser erzeugte) Gelhülle sein. Die Verdickung der

Gelhülle läßt sich ja nur durch Erhöhung der Konzentration des im Alkohol gelösten Mastixharzes erreichen. Daß die durch Verbringung in Wasser entstehende Gelhülle bei höherer Mastixkonzentration tatsächlich sehr dicht ist, zeigt sich an den groben weißen Wolken, die nach dem Verbringen des Schnittes aus Mastixalkohol in Wasser vom Schnitt abgehen, der einer mehrfachen Waschung in Wasser bedarf, um vollkommen frei von allen überflüssigen Mastixgelteilchen zu sein. Besonders wichtig ist dabei die vollkommene Reinheit der konzentrierten alkoholischen Mastixlösung, weil durch die Gelbildung auch feinste Verunreinigungen der Mastixlösung dem Schnitt angeheftet werden. Der mit konzentrierteren alkoholischen Mastixlösungen hergestellte und dann in Wasser gewaschene Schnitt hat auch ein anderes Aussehen. Er sieht viel undurchscheinender, milchiger aus als vorher. Je dünner der Schnitt ist, eine um so stärkere Durchtränkung mit dem Mastixgel muß er aber erhalten, so daß schließlich Schnitte verschiedenster Dicke *genau den gleichen* geringen *Grad* von Transparenz aufweisen.

Es gibt neuerdings eine interessante Methode, die ohne die oben genannten Schutzkolloide arbeitet. Sie ist von Kanzler angegeben, von Kufs ausgebaut und aus der del Rio Hortegaschen Darstellung einer besonderen Art von Gliazellen entstanden. Bei der Hortegaschen Methode werden die Schnitte nach Vorbehandlung der *Gewebsblöcke* mit Bromammonium-Formol in eine ammoniakalische Silbernitrat-Sodalösung gegeben, dann, findet eine Reduktion mit Formaldehyd statt. Dieses Verfahren ist nun von Kanzler für die Darstellung der Spirochäten neben anderen für uns hier unwesentlichen Modifikationen dahin abgeändert worden, daß vor der Verwendung der ammoniakalischen Silbernitrat-Sodalösung eine Behandlung der Schnitte im neutralen Silbernitrat erfolgt. Dann nach Eintauchen der Schnitte in die Silbernitrat-Sodaammoniaklösung kommen sie, ohne abgewaschen zu werden, in die Reduktionsflüssigkeit (Formol). Es findet also eine Doppelbehandlung der Schnitte mit Silbernitrat statt, die erste mit neutralem, die zweite mit ammoniakalischem. Ebenso stoßen wir in dem Jahnelschen Verfahren wieder auf diese Doppelbehandlung, hier beide Male mit neutralem Silbernitrat, allerdings in verschiedenen Konzentrationen; auch Armuzzi und Strempel haben die Doppelbehandlung angewandt. Wie schon gesagt, ist in der Kolloidchemie zwischen spontaner Keim(Teilchen-)bildung und dem Wachstum der Teilchen zu unterscheiden. Es gibt Stoffe, die die Bildung der kleinsten Teilchen (spontane Keimbildung) unterdrücken, während sie das Wachstum dieser Teilchen nicht schädigen, andererseits gibt es Stoffe, die die spontane Keimbildung (z. B. Rhodanide und Citrate bei der Entstehung des Goldsols) begünstigen. Zu den für die spontane Bildung der Silberteilchen ungünstigen Stoffen gehört auch das Ammoniak.

Wenn wir einen Gewebsgefrierschnitt in eine Silbernitratlösung (1%) bringen und diese genügend lange einwirken lassen, etwa bei Temperatur von 37 Grad, so sehen wir, daß dieser Schnitt eine gelbliche bis leicht bräunliche Tönung annimmt. Untersuchen wir einen solchen Schnitt, so zeigt sich, daß sich bestimmte Gewebsteile in dunklerer Farbe darstellen, als andere. Blutgefäßwände, Blutkörperchen, die Kernkörperchen der Zellen, Bestandteile der Nervenfasern zeichnen sich gerne in besonderer Tönung ab. Erklären können wir dies nur so, daß das Silbernitrat an den genannten Gewebsteilen reduziert worden ist, und zwar zu verschieden dispersem kolloidalem Silber. Enthält ein solcher Schnitt Spirochäten, so gelangen sie hierbei noch nicht zur Darstellung. Erst wenn die Möglichkeit zu sehr feiner, der molekularen Dispersität nahestehenden Verteilung besteht, scheinen sich die Spirochäten darzustellen. Wir können umgekehrt den Satz aufstellen: je gröber dispers die entstehenden Silberteilchen sind, um so schwerer gelangen die Spirochäten zur Darstellung. Ammoniak wirkt *gegen die spontane Keimbildung*, stört aber das Wachstum der Teilchen nicht[1]. So tritt in verdünnten Lösungen von ammoniakalischen Silbersalzen (Silbernitrat etwa), dem wir Aldehyd (z. B. Formol) zur Reduktion zusetzen, zunächst überhaupt keine Reduktion zu Silber auf, hier ist also die spontane Keimbildung äußerst gering, oder sie fehlt ganz. Wenn wir aber einen Gewebsschnitt hinzubringen, so sehen wir jetzt an den

[1] Zsigmondy, Bd. 2, S. 37.

Gewebspartikeln kolloidales Silber, das wir an der Gelb- bzw. Braunfärbung der Gewebsteile zu erkennen vermögen. Die Anwesenheit der Gewebsbestandteile erleichtert also zwar die spontane Keimbildung, jedenfalls ist aber auch hier eine geringere Neigung zur Reduktion des Silbersalzes erkennbar als in neutralen Silbersalzlösungen. Deshalb brauchen KANZLER und KUFS eine Vorbehandlung ihrer Schnitte mit neutralem Silbernitrat in der Wärme, bevor sie die ammoniakalische Silbernitrat- bzw. Silbercarbonatlösung verwenden. Denn diese allein würde zur Keimbildung nicht genügen. Im neutralen Silbernitrat kommt es dagegen leicht zur spontanen Keimbildung im Gewebsschnitt. Es scheint, wie wenn durch den Zusatz organischer Kolloide (Gummi arabicum, Gelatine, Agar-Agar usw.) zu der Reduktionsflüssigkeit abgesehen von der Verlangsamung des Reduktionsprozesses überhaupt auch die spontane Keimbildung erheblich gehemmt und verlangsamt würde und daß deshalb der Zusatz verdünnter Silbernitratlösungen zu dem Gemisch von Reduktionsflüssigkeit (Hydrochinon, Pyrogallol) und kolloidalem Stoff wie z. B. im JAHNELschen Verfahren notwendig ist. Außerdem wissen wir, daß organische Kolloide („Schutzkolloide") das entstandene kolloidale Silber gegen die fällende Wirkung von Elektrolyten schützen und damit eine lange Haftung des kolloiddispersen Silbers im Schnitt begünstigen. So wird die Spirochätendarstellung erleichtert und grobe Niederschlagsbildung vermieden.

Bei jeder gelungenen Spirochätendarstellung stellen sich die versilberten Spirochäten mit einer andersartigen Silberbekleidung dar, als die übrigen Gewebsbestandteile. Das Silber an den Spirochäten ist nämlich tiefschwarz, während das übrige Silber im Gewebe verschiedene Tönungen von hellgelb bis dunkelbraun zeigt. Die Bildung der neuen Phase Ag geht also im Gewebsschnitt nicht monodispers, sondern unter verschiedenartigen kolloiden Zerteilungen, polydispers vor sich: An den Spirochäten findet sich eine Zerteilung zu einem schwarzen, undurchsichtigen, aber gleichmäßig verteilten, mikroskopisch homogenen, spiegelartigen Silber, an den übrigen Gewebsteilen erscheint völlig durchsichtiges Silber von gelber bis brauner Farbe. Daß Silbersole sich recht verschieden verhalten können, wenn sie in Berührung mit festen Grenzflächen kommen, wissen wir.

So ist uns aus KOHLSCHÜTTERS „topochemischen" Untersuchungen bekannt, daß bei der Reduktion von Silbersalzen aus ammoniakalischer Lösung mit Aldehyd harzartige Umwandlungsprodukte des Aldehyds auftreten, die eine gleichmäßige Verteilung des Silbers begünstigen und eine Krystallisation und damit eine gröbere (makroskopische und mikroskopische) Inhomogenität verhindern können. Wenn wir auf eine konzentrierte ammoniakalische Lösung von Silbernitrat einen Überschuß von Aldehyd im Reagensglas einwirken lassen, kann eine Reduktion eintreten, und zwar in erster Linie an der *Glas*wand; nach ZSIGMONDY sind hier bevorzugte Stellen, die die Abscheidung der ersten Keime begünstigen. An den Grenzflächen gegen feste Phasen, nämlich gegen die Glaswand, stehe hier der Bildung der neuen Phase Ag der geringste Widerstand entgegen. Zwar erscheine im Mikroskop der entstandene Silberspiegel homogen, ultramikroskopisch sei er es aber nicht, vielmehr sei hier die kolloid-disperse Natur des Spiegels sofort zu erkennen. Daß es nicht zu *grober* Ungleichförmigkeit des Spiegels komme, sondern zu „makroskopischer Gleichförmigkeit", beruhe auf der Bildung von Aldehydharzen. KOHLSCHÜTTER nimmt an, daß in allen Fällen von Silberspiegelbildung zunächst eine atomistische Zerteilung des Silbers entsteht und erst eine nachträgliche Kondensation desselben stattfindet. Danach fragen wir uns, ob bei der *Spiegelbildung*, wie sie sich an den Spirochäten zeigt, ebenfalls zunächst eine atomistische Zerteilung und dann erst eine nachträgliche Kondensation des Silbers entsteht, während an den anderen Grenzflächen der übrigen Gewebsteile ganz andere kolloide Zerteilungsvorgänge sich abspielen. Hier liegen jedenfalls äußerst komplizierte Verhältnisse vor. Bei unvollkommen durchgeführter Reduktion z. B. oder bei Unterbrechung derselben nehmen die Spirochätenformen gerne eine septierte Gestalt in der Form einer unterbrochenen Wellenlinie an, wobei dann die nicht geschwärzten Teile entweder gar keine oder eine hellgelbe bis hellbraune Farbe tragen. Damit ergeben sich also an der Spirochäte selbst bevorzugte Stellen für die Abscheidung erster Keime, die wir kaum mit der Theorie der atomistischen Zerteilung und nachheriger Kondensation erklären können. Waschen wir in einem anderen Versuch das Silbernitrat mit destilliertem Wasser aus dem Gewebsschnitt aus, so können wir nach vielstündigem Waschen immer noch eine Spirochätenfärbung erzielen, die dann aber nicht mehr die tiefschwarze Tönung zeigt, sondern ein deutliches Braun, die parasitären Gebilde sind *schlanker und feiner*. Wir schließen aus dieser Beobachtung auf eine mehr partielle Ansilberung nur der inneren Teile der Parasiten, während bei der Methode ohne starke Wässerung das schwarze Silber auch an der Oberfläche der Spirochäten sich stark auflagert. Denn sonst dürften ja die „unvollständig", d. h. bräunlich versilberten Spirochäten nicht schlanker und feiner erscheinen als die geschwärzten. Jedoch könnte es sich hierbei auch nur um eine optische Täuschung infolge der Kontrastwirkung des tiefen Schwarz bzw. des Fehlens derselben handeln.

Im Gegensatz zwischen Schwärzung der Spirochäten und der gelben bis hellbraunen Tönung des übrigen Gewebes bei der Silbersalzreduktion unserer Darstellungsmethoden könnte eine gewisse Parallele zu der Silberspiegelbildung im Reagensglas beim Reduktionsvorgang ammoniakalischer Silbersalzlösungen mit Aldehyden gesehen werden. Dabei verleiht wohl nicht die Festigkeit und Glätte der Spirochätenleiber ihnen diese eigentümliche Grenzflächenbeschaffenheit, die zu dem differenten Verhalten ihrer Oberflächen im Vergleich zu dem anderer Gewebsbestandteile führt. Verhalten sich doch auch Bakterien in dieser Hinsicht ganz gleichartig. Neben der Glätte werden wir auch der Benetzbarkeit und Viscosität der Parasitenoberfläche Aufmerksamkeit zuwenden müssen. Handelt es sich doch bei den Spirochäten um dehnbare, vielleicht sogar sehr elastische, überall rasch und leicht penetrierende Gebilde; man denke an das von NOGUCHI festgestellte Durchwachsen der Spirochäten durch BERKEFELD-filter und andere kleinporige Filter, an die Wanderungsgeschwindigkeit im Tierkörper usw. Eine hohe Zähigkeit im Sinne eines erheblichen Viscositätswertes muß den Spirochätenoberflächen zugesprochen werden. Worauf diese innere Reibung beruht, ist bei der Kleinheit der Gebilde sehr schwer zu sagen. Auch die *große Variabilität* dieser inneren Reibung, die in den erheblichen Abwandlungen der Formgestaltung ihren morphologischen Ausdruck findet, erschwert uns das Studium dieser Erscheinungen.

Ob wir gerade an der Spirochätenoberfläche einen *mangelhaften* Schutz gegenüber Elektrolytfällungen von Silbersalzen oder wenigstens einen geringeren als an den übrigen Gewebsbestandteilen annehmen müssen, ist sehr fraglich. Jedenfalls kommt es zu einer anderen kolloiden Dispersion an den Grenzflächen der Spirochäten als an denen des übrigen Gewebes. Worauf dieser Dispersitätsunterschied beruht, wissen wir nicht. Eine derartige Verschiedenheit kann aber kaum mit der noch völlig fraglichen Lipoidnatur der Parasitenoberfläche oder Hülle in Zusammenhang gebracht werden. Denn gerade sonstige lipoide Stoffe zeigen durchaus nicht die den Spirochätenoberflächen zukommende Neigung zu schwarz disperser Zerteilung des Silbers. Auch schädigen Lipoidextraktionen die Darstellbarkeit der Spirochäten im Silbersalzreduktionsverfahren nur wenig. Die Spirochätenoberflächen verhalten sich organischen Lösungsmitteln gegenüber different, es scheint, wie wenn Aceton und Pyridin eher eine Art Aufschließung und Verbesserung der Versilberungsmöglichkeiten bedingen würden, während dagegen Benzol, Toluol, Benzin, Alkohol, Äther, Chloroform verschlechternd wirken, obwohl selbst 24stündiges Verweilen in diesen Lösungen die Darstellung der Spirochäten im Versilberungsverfahren nicht zerstört. Eine Mischung von absolutem Alkohol und Äther mehrere Stunden bei 37 Grad angewandt, führt selbst unter mehrmaligem

Abguß der alten und Zuführung neuer Alkohol-Äthermischung nicht zu völliger Vernichtung der Darstellbarkeit der Spirochäten. Jedenfalls werden in einer Reihe von Verfahren zur Darstellung der Spirochäten immer wieder Pyridin und Aceton empfohlen; die Verwendung des Pyridins wird zwecks „Auflockerung des Gewebes“ angeraten, was mir nicht erwiesen scheint. Alle Untersuchungen über das Verhalten der Spirochäten zu Lipoidextraktionsmitteln wurden freilich an formolfixiertem Material vorgenommen. Deshalb ist der Einwand berechtigt, die nicht fixierte Spirochäte könne sich völlig anders verhalten.

Eines ist sicher: Die Bildung schwarzen Silbers an den Spirochätenoberflächen hat eine andere disperse Verteilung der neuen Phase Ag zur Voraussetzung als im übrigen Gewebe. Die schwarze Oberfläche der Spirochäten beruht vielleicht auf einem der molekularen Zerteilung näherstehenden Grad von kolloider Dispersität als die gelbliche oder hellbraune Färbung der Fasern, Zellen, Kerne usw. im übrigen Gewebe.

Die *Niederschlagsbildung,* die wir bei manchen histologischen Methoden, die mit Reduktion von Silbersalzlösungen arbeiten, sehen, beruht auf der raschen chemischen Reaktion in einem molekularen Elektrolytfällungsprozeß. Gerade bei der Spirochätenfärbung mit Silber scheint ein so *feiner* Grad kolloidaler Dispersion notwendig zu sein, daß er schon nahe an der Grenze der molekularen Zerteilung und damit der Niederschlagsfällung steht. Hiermit ist der Gefahrenpunkt für die Darstellung der Spirochäten im Gewebe sehr deutlich gekennzeichnet. Wir werden also bei unseren Methoden der Sichtbarmachung der Spirochäten mit Niederschlagsbildung zu rechnen haben. Diese Erscheinung gilt nicht nur für die Methoden der Schnittbehandlung, sondern sie findet sich auch bei der Gewebsblockbearbeitung, darauf haben wir ja oben schon hingewiesen. Auch bei ihr sehen wir in den äußeren Zonen der Blöcke krystallinische Niederschläge von metallischem Silber. Daß gerade in den äußeren Zonen des Gewebsblocks die Niederschlagsbildung am stärksten ist, hängt wohl mit dem Konzentrationsgefälle in den einzelnen Teilen des Gewebsblockes zusammen und erinnert an die Liesegangschen Ringe bei der Diffusion von Silbernitrat in chromathaltiger Gelatine, insofern die periodischen ringartigen Schichtungen von Silberchromat mit der Entfernung vom Silbernitrattropfen immer größere Abstände aufweisen. Bei der Niederschlagsbildung in den Gewebsblöcken ist bemerkenswert, daß, wo die Niederschläge sich finden, die Spirochäten nicht versilbert sind. Man wird auch hieraus entnehmen dürfen, daß ein einfacher Elektrolytfällungsprozeß für die Versilberung der Spirochäten nicht hinreicht, sondern daß die Silberspiegelbildung an und in den Spirochäten nur gleichzeitig mit der Entstehung kolloidalen Silbers vor sich geht. Die Gleichmäßigkeit dieser kolloidalen Verteilung wird im *Schnitt* dadurch erheblich begünstigt, daß wir ihn in eine mit Gelen durchtränkte Membran verwandeln. Was sich dabei abspielt, läßt sich infolge der äußersten Kompliziertheit der physikalisch-chemischen Verhältnisse nicht sagen. Ob reine Grenzflächenerscheinungen, Adsorptionsbedingungen, capillare Vorgänge usw., ob chemische Sorptionsreaktionen eine Rolle spielen oder alles zusammen, läßt sich auch nicht andeutungsweise bestimmen.

Von einer Argyrophilie[1] einzelner Gewebsbestandteile, der Spirochäten und

[1] Der Ausdruck Argyrophilie ist sprachlich richtig, während Argentophilie lateinische und griechische Bestandteile vermengt.

anderer Mikroorganismen sprechen wir, wenn sie eine starke Ansilberung zeigen. Ob es sich um eine wirkliche Argyrophilie, d. h. um eine vermehrte Haftbarkeit von Silber bzw. seinen Verbindungen an den Spirochäten oder anderen stärker geschwärzten Formgebilden handelt, ist ungewiß. Daß die Spirochätenoberfläche und Substanz kein höheres Aufnahmevermögen für kolloidales Silber als die übrige Umgebung hat, beweist die Verbringung der Schnitte in Silbersole. Hierbei kommt es *nicht* zu einer Darstellung der Spirochäten. Gewiß ist eine erhöhte Aufnahmefähigkeit der Spirochäten für Silber*verbindungen* immer noch möglich, denkbar ist aber auch eine gesteigerte Reduktionskraft, zu erwägen wäre ferner eine besondere Oberflächenbeschaffenheit der Spirochäten, die allein schon das andere Verhalten im Sinne der eigenartigen kolloiden Dispersion des Silbers bedingt und weder zu einer erhöhten Aufnahme von Silberverbindungen noch zu einer vermehrten Reduktionsstärke Anlaß gibt. Endlich könnten noch besondere Grenzflächenvorgänge den Austausch der reagierenden Stoffe zwischen Spirochätenoberfläche und Umgebung im Sinne der eigenartigen Silberschwärzung beeinflussen. Bedeutungsvoll ist ja auch das Verhalten der Spirochäten, insofern als der Schutz gegen den Reduktionsprozeß durch die zugefügten Schutzkolloide an der Spirochätengrenzfläche viel weniger wirksam ist, als im übrigen Gewebe. Man sieht, daß ein Urteil über die tatsächlichen Verhältnisse sehr schwierig ist. Daß die Menge des Silbernitrats keine Rolle spielt, sondern eher die in elektrolytischer Dissoziation vorhandenen Jonen, geht daraus hervor, daß wir die Silbernitratkonzentration weitgehend herabsetzen können, es genügt z. B. eine Silbernitratlösung in der Verdünnung 2:10000, um die Spirochäten zur Darstellung zu bringen, wenn auch gelegentlich nur in septierten Gebilden, ähnlich wie sie bei Unterbrechung der Reduktion zum Vorschein kommen. Unterwerfen wir eine derartig verdünnte Lösung der Elektrolyse, so sehen wir freilich noch eine große Menge von metallischem Silber auftreten.

Daß es sich bei der Versilberung der Spirochäten nicht um ein *elektives Angreifen* der Silber*salz*teilchen an den Spirochäten handelt, beweist die wenn auch nur geringe, hellgelbe bis hellbraune Tönung anderer Gewebsteile. Also liegt keine spezifische Affinität vor, sondern lediglich ein spezifischer Dispersitätsgrad kolloidal verteilten Silbers an der Spirochätenoberfläche. Wie dieser spezifische Dispersitätsgrad zustande kommt, ist völlig unklar. Daß er aber den Bakterien in ähnlicher Weise zukommt und sich an ihrer Oberfläche eher noch leichter als an der der Spirochäten, besonders der der Syphilisspirochäten, erzielen läßt, ist sicher (s. auch M. Kantschewa).

Wir haben im *Uran* ein Mittel, das die Achsenzylinderanfärbung verhindert oder wenigstens erheblich abschwächt. Ramon y Cajal hat diese Eigenschaften des Urans entdeckt, Jahnel durch Einführung des Urans in die Spirochätendarstellungsmethoden ein sicheres Verfahren ausgearbeitet, im zentralnervösen Gewebe eine starke Versilberung von Fibrillen und Achsenzylindern auszuschalten, ohne daß die Färbbarkeit der Spirochäten wesentlich litt. Schon vorher hatte Noguchi (1913) mit seinem Aceton-Pyridinverfahren eine zwar noch recht *launische*, aber in seiner Hand offenbar hinreichend sichere Methode der Spirochätenversilberung im Gewebsblock ohne gleichzeitige und störende Mitimpägnation der Achsenzylinder gefunden, die ihm als erstem den sicheren Nachweis von Spirochäten in der Hirnrinde des Paralytikers und im Rückenmark des Tabikers gestattete. Erst durch Anwendung von Uransalzen (Urannitrat, Uranylsulfat) konnte die Mitanfärbung nervöser faseriger Gewebsanteile *sicher* vermieden werden. Jahnel hat gezeigt, daß eine über ein gewisses Zeitmaß hinausgehende Uranbehandlung auch die Versilberung der Spirochäten schädigt. Um so überraschender ist, wenn Strempel und Armuzzi (1925) und Kufs (1929) von einer Beizwirkung der Uransalze auf die Spirochäte oder von einer fördernden Wirkung des Urans sprechen. Beide Autoren haben mit den von ihnen ausgearbeiteten Gefrierschnittmethoden (STREMPEL und ARMUZZI: $1^1/_2$ Stunden reines Pyridin, Auswaschen in Wasser, 2 Stunden in $5^0/_0$ wäßriger Uranylsulfatlsöung bei Zimmertemperatur, Auswaschen, dann $2^0/_0$ Silbernitratlsöung $2^1/_2$—4 Stunden bei 37 Grad im Brustschrank, dann $^1/_4{}^0/_0$ Silbernitratlösung, zu der 30—$40^0/_0$ige wäßrige Gummilösung und $5^0/_0$ Hydrochinon zugesetzt werden; KUFS: Vorbehandlung der Schnitte $^1/_2$ Stunde mit Bromammonium-Formollösung, $^1/_2$ Stunde Pyridin, wässern, übertragen auf 10 Minuten in $0{,}5^0/_0$ Urannitratlösung, Auswaschen, $1{,}5^0/_0$ Silbernitratlösung 1 Stunde bei 37—40 Grad, dann noch kurzes schnelles Erhitzen in der Silbernitratlösung, Abspülen und kurzes Eintauchen in Silbernitratsodaammoniak- oder Silbernitratammoniaklösung und ohne abzuspülen entwickeln in $5^0/_0$ [bei Silbernitratsodaammoniakverwendung] oder bis zu $50^0/_0$ Formollösung [bei Anwendung der Silbernitratammoniaklösung]) auch im *nichtnervösen Gewebe* eine gute Spirochätenversilberung erhalten, die *ausblieb*, wenn die Uransalzvorbehandlung weggelassen wurde. Dies ist der Grund für STREMPEL und ARMUZZI, wie auch für KUFS der Uranbehandlung eine förderndе Wirkung bei der Versilberung der Spirochäten zuzusprechen. KUFS äußert sich dahin, daß bei dem KANZLERschen Verfahren die Verbindung zwischen Uran, Silber und Spirochäte besonders leicht reduziert werde. Den Uransalzen komme ein zweifache Wirkung zu, es verhindere die Mitimprägnation des nervösen Gewebes und es bringe die Schwärzung der Spirochäten bei der Reduktion der „Verbindung zwischen Uran, Silber und Spirochäten" zustande. Aus der photographischen Technik sei bekannt, daß Uran und Silber sich miteinander „legieren", darauf beruhe ja die Anwendung des Urans als sog. Uranverstärker. KUFS meint, daß der wesentliche Vorgang die Sprengung von Verbindungskomplexen Uran-Silber-Achsenzylinder einerseits, Uran-Silber-Spirochäte andererseits sei, der bei der Reduktion ungleich vor sich gehe. Die sehr feste Verbindung zwischen Uran, Silber und Achsenzylinder sei schwerer zu reduzieren, als diejenige zwischen Uran, Silber und Spirochäte. Die sonst ebenfalls sehr feste Verbindung zwischen Silbernitrat und Spirochäte werde durch das Uransalz in eine lockere, leichter reduzierbare umgewandelt, und so komme es, daß in den Gefrierschnitten aus nichtnervösem Gewebe die Spirochäten nur unter Anwendung von Uransalzen zur Darstellung kommen.

Ich glaube nicht, daß die Verhältnisse so einfach liegen. Es handelt sich ja im wesentlichen um recht verwickelte kolloidale Systeme, die Gewebe stellen eine in sich äußerst mannigfaltige Summe von kolloidalen Strukturen dar, dazu kommen dann die gegenseitigen Beeinflussungen der Elektrolyte des Gewebes und der Lösungen (Silbernitrat, Urannitrat usw.); endlich treten chemische Elektrolytfällungen hinzu in Form von Reduktionsprozessen, so daß eine Entwirrung dieser komplexen Vorgänge kaum möglich ist. Bei meiner Mastixgelgerüstmethode gelingt die Spirochätenversilberung auch an mit Uransalzen nicht vorbehandelten Gewebsschnitten von Leber, Niere, Milz, Lunge, Nebenniere ausgezeichnet, die Anwendung derselben Methode auf das nervöse spirochätenhaltige Gewebe führt nur zur Darstellung der Achsenzylinder, also ein genau entgegengesetztes Verhalten wie bei der KUFSschen und STREMPEL-ARMUZZIschen Methode, bei denen eine Spirochätendarstellung im nichtnervösen Gewebe nur mit Hilfe von Uransalzen möglich ist und ohne diese nicht gelingt. Offenbar verhalten sich die Spirochäten je nach den Geweben, in denen sie liegen, der Reduktion gegenüber ganz verschieden. An Schnitten aus fetaler Leber mit massenhafter Spirochätenansammlung können wir bei ungenügender Versilberung sehr leicht feststellen, daß in den Leber*zellbalken* die Pallidae schon sehr gut schwarz dargestellt sind, während sie in den Bindegewebszügen gar nicht oder nur mangelhaft gefärbt erscheinen. Wir dürfen wohl annehmen, daß das Gefüge des Leberzellplasmas dichter ist, es ist mikroskopisch ziemlich homogen, im Gegensatz zu den locker aneinandergereihten Bindegewebszügen. Eigentlich würde eher zu erwarten sein, daß gerade an den Stellen mit lockerer

Gewebsanordnung, die den reagierenden Lösungen leichter zugänglich sind, die Spirochätendarstellung besser gelänge. Schon hieraus ist zu ersehen, daß die Dichtigkeit und überhaupt die strukturelle Beschaffenheit der Gewebe und der einzelnen Gewebsbestandteile einen großen Einfluß auf die Spirochätendarstellung in ihnen ausübt. Es kommt offenbar sehr viel auf die Konzentrationsgefälle der Lösungen an den einzelnen Bestandteilen der Gewebsschnitte an. Je nach der Beschaffenheit der einzelnen Gewebsstrukturen entstehen innerhalb des Schnittes Konzentrationsdifferenzen, die die Optima der Spirochätenversilberung, d. h. der Silberspiegelbildung an den Spirochätenoberflächen, verschieben. So wird vielleicht auch durch die Verwendung von Uransalzen die Verteilung der Konzentrationsgefälle innerhalb von Geweben wesentlich verändert, und damit sind auch die Differenzen in der Anfärbbarkeit erklärbar. Daß die Uransalze die Fähigkeit eine Fibrillenansilberung zu verhindern haben, ist sicher, worauf diese Erscheinung beruht, ist aber noch gänzlich unklar. Jedenfalls macht sich die vom Uransalz bewirkte Hemmung der Ansilberung auch an den Spirochäten geltend, allerdings schwächer als an den Achsenzylindern; gerade diese Differenz des Wirkungsgrades der Uransalze auf die Ansilberung macht es uns möglich — es ist das Verdienst JAHNELs, dieses Moment scharf herausgearbeitet zu haben — bei äußerst schwacher hellgelber oder bräunlicher Ansilberung der Achsenzylinder die Spirochäten noch schön geschwärzt darzustellen. Übrigens ist diese Uransalzwirkung leicht durch destilliertes Wasser aus den Schnitten wieder auswaschbar, was mehr auf physikalische Bedingungen, als auf chemische Reaktionen mit dem nachher zugefügten Silber hinweist. Wenn wir Gefrierschnitte, die wir dem BIELSCHOWSKYschen Verfahren der Achsenzylinderdarstellung unterwerfen wollen, vorher uranisieren (1 Minute in 1%₀ wäßriger Urannitratlösung), so wirkt dies auf die Achsenzylinderversilberung hemmend ein, dagegen kommen nun auf einmal sehr hübsch Makrogliaformen ganz ähnlich wie beim CAJALschen Goldsublimatverfahren (Abb. 1) zur Darstellung. Das Uran wirkt also nicht nur hemmend auf die Ansilberung eines Gewebsbestandteiles, sondern fördernd auf die Darstellung eines anderen. Die reagierende Menge Silbernitrat erhält mit anderen Worten eine ganz andere Verteilung im Gewebe, was wir eigentlich nur durch physikalische Vorgänge erklären können.

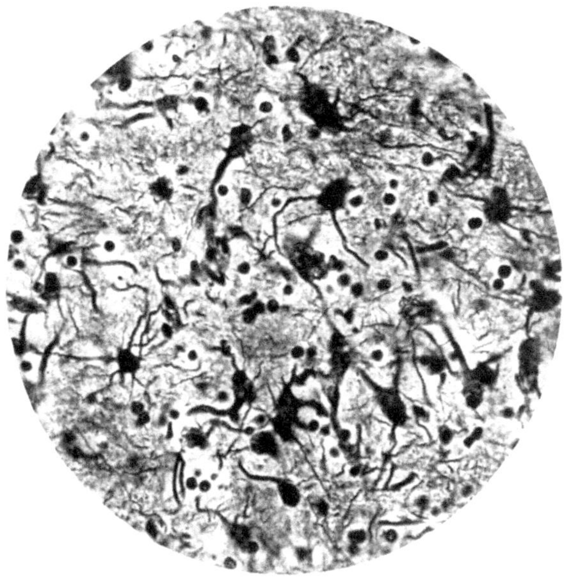

Abb. 1. Progressive Paralyse. BIELSCHOWSKYsches Verfahren der Achsenzylinderdarstellung bei Vorbehandlung mit Urannitrat. (Obj. Immersion 1/7, Ok. 7 ×, Balgauszug 21,5 cm.) Die Ausläufer der Makroglia kommen deutlich zum Vorschein.

Eines steht fest: *Alle bisherigen Block- und Gefrierschnittversilberungsmethoden sind zur Verwendung bei der multiplen Sklerose ungeeignet.* Zwar ist eine völlige Fibrillen- und Achsenzylinderfreiheit in der *Hirnrinde* beim JAHNELschen Blockverfahren die Regel, ebenso bei den KANZLER-KUFSschen Gefrierschnittmethoden. Bei der multiplen Sklerose muß aber gerade *das Markweiß* achsenzylinderfrei, oder mit nur ganz schwach in leicht gelber Tönung angesilberten Achsenzylindern erscheinen. Keine der bisherigen Methoden leistet dies. Deshalb war nach einem neuen Verfahren zu suchen.

Nun zeigt sich gerade bei der von mir eingeführten Methode der Mastixbehandlung von Gefrierschnitten aus Nervengeweben, daß die Marksubstanz sich wesentlich heller färbt als die Rinde oder jede andere graue Substanz (siehe Abb. 3, S. 41). Selbstverständlich ist auch hierbei eine Uranvorbehandlung notwendig; aber im Gegensatz zu allen anderen Versilberungsverfahren erscheint die Hirnrinde und das übrige Grau in hellbrauner Tönung, das Mark dagegen und die weiße Substanz hellgelb. Es ist dies ein großer Vorteil des Verfahrens gegenüber allen anderen bisherigen Methoden.

Wenn wir von einer Methode verlangt haben, daß sie nur kurze Zeit in Anspruch nehme, so ist auch diese Forderung erfüllt. Handelt es sich doch um ein Gefrierschnittverfahren, das die Bearbeitung eines Gewebsblockes bis zur völligen Fertigstellung in wenigen Stunden ermöglicht. Ein weiteres Postulat war ferner, Übersichten über große Gewebsgebiete zu erhalten. Wenn wir das Gefrierschnittverfahren nur auf kleine Gewebsblöcke anwenden könnten, so wäre zur Gewinnung eines Überblicks über große Gehirnterritorien die Behandlung außerordentlich vieler einzelner Blöcke notwendig. Damit würde sehr viel Zeit verbraucht. Deshalb ging mein Bestreben dahin, die Methode auch für die Anwendung an großen Gehirnschnitten auszubauen. Wir haben ja in dem CHRISTELLERschen histotopographischen Verfahren die Möglichkeit, große Gehirngefrierschnitte rasch herzustellen. Selbstverständlich sind diese Schnitte wesentlich dicker als die aus kleinen Gewebsblöcken. Wir kommen aber mit einer Schnittdicke von 40—60 μ beim Schneiden noch gut zurecht, bei 60 μ Schnittdicke lassen sich ohne weiteres Serien von Schnitten gewinnen, ohne daß einer verloren geht. Wir verwenden hierzu den von der Firma Leitz-Wetzlar konstruierten Gefriertisch in der Größe 9:13 cm und haben uns für vollständige Hemisphärenschnitte einen größeren Gefriertisch von 10,5 : 18 cm besonders konstruieren lassen. Für die Verbringung der Schnitte aus einer Schale in die andere benützen wir besonders große Glasspatel von 9,5 cm größter Tellerbreite und 18 cm Gesamtlänge, da ja bei allen Versilberungsmethoden ein Arbeiten mit Metallspateln unstatthaft ist. Die Glasspatel werden von der Firma Riedel-Leipzig hergestellt.

Ich habe schon betont, daß das Mastixgelgerüst am Gefrierschnitt bezwecken soll, den Schnitt in einen Miniaturblock zu verwandeln. Je dicker der Schnitt ist, um so dünner kann die Mastixkonzentration der alkoholischen Mastixlösung sein. Für die großen 60 μ dicken Gehirnschnitte kommen wir mit einer 1% alkoholischen Mastixlösung aus; bei 30—40 μ Schnittdicke verwenden wir eine 1,5% alkoholische Mastixlösung, während 10 und 20 μ dicke kleine Gefrierschnitte eine 2—3% alkoholische Mastixlösung verlangen. Wir arbeiten aber fast ausschließlich nur mehr mit 60 μ dicken Schnitten, weil diese der mikroskopischen Durchsicht ebenso zugänglich sind wie die dünneren Schnitte und außerdem den Vorteil haben, daß sie eine geringere Mastixkonzentration brauchen und eine größere Gewebsschicht zur Darstellung bringen. In die strukturellen Zusammenhänge zwischen den einzelnen Gewebsbestandteilen gestattet die Dicke von 60 μ eine besonders gute Übersicht. Ein Nachteil dieser dicken Schnitte ist allerdings, daß bei der mikrophotographischen Darstellung, besonders bei stärkeren Vergrößerungen eine große Zahl optischer Ebenen vorhanden sind, was aber natürlich die Scharfeinstellung auf *einer* optischen Ebene nicht beeinträchtigt. Die Versilberung großer Gefrierschnitte geht ebenso leicht vor sich wie die kleinerer, notwendig ist nur neben der Benützung großer Glasspatel, die keine ins Gewicht fallende Verteuerung des Verfahrens bedingen, die Verwendung großer Objektträger und großer Deckgläser.

Da diese letzteren teuer sind, haben wir große Gehirnschnitte, die wir nicht dauernd aufbewahren wollten, mit Cellophan gedeckt. Selbst wenn dieses als Deckglas benützte Cellophan sich etwas wellt, stört es die mikroskopische Beobachtung infolge seiner völligen optischen Leere nicht. Wir können ohne weiteres auch mit Immersionsvergrößerung die Schnitte betrachten. Allerdings ist es nicht möglich, die mit Cellophan gedeckten mikroskopischen Präparate für alle Dauer aufzubewahren. Gefrierschnitte, bei denen es sich nur darum handelt, sie bei schwacher mikroskopischer Vergrößerung zu betrachten, können statt mit dünnen Deckgläsern mit dickeren Objektträgern bedeckt werden; für stärkere Vergrößerungen (starke Trockensysteme und Ölimmersionssysteme) ist jedoch die Bedeckung mit dünnen Deckgläsern von höchstens 0,2 mm Dicke erforderlich.

Um diese teuren Deckgläser zu sparen, sind wir auch häufig so vorgegangen, daß wir aus den großen Gehirnblöcken zunächst nur wenige große Gefrierschnitte herstellten und durchsahen. Fanden wir eine besonders wichtige Stelle, so schnitten wir uns aus dem großen Hemisphärenblock diese Stelle mit dem Messer aus und verarbeiteten den so gewonnenen kleinen Gewebsblock für sich nach denselben Prinzipien weiter. Man kann auch so vorgehen, daß man eine größere Anzahl großer Gehirngefrierschnitte herstellt, diese bis auf wenige zunächst zu bearbeitende in einer Fixierungsflüssigkeit (Formol oder Alkohol) aufbewahrt und nach Auffindung einer besonders wichtigen Stelle mit der Schere aus den aufbewahrten Gefrierschnitten entsprechende Teilschnitte ausschneidet.

Die Vereinigung des CHRISTELLERschen histotopographischen Verfahrens mit der von mir ausgearbeiteten Versilberungsmethode gestattet nun eine außerordentlich rasche Übersicht über die Verteilung von Spirochäten in großen Gehirn- und Rückenmarksgebieten. Daneben lassen sich durch die Möglichkeit der Herstellung von Serienschnitten nicht nur histotopographische Vergleiche der Ansiedlung der Erreger in einander nahe liegenden Gebieten erzielen, sondern wir können abwechselnd einen Schnitt parasitologisch durchforschen, den nächsten Schnitt einer speziellen histologischen Methode (Markscheiden-, Fett-, Zellfärbung) zuführen und damit unsere Einsicht in das pathogenetische Geschehen vertiefen. Hiervon wird später noch oft die Rede sein müssen. Im übrigen können die großen Gehirnschnitte auch nach der Versilberung noch anderen Färbungen zugeführt werden, wobei allerdings wegen der Dicke der Schnitte die Farblösungen der Schnitte nicht zu konzentriert angewendet werden sollen. Nachfärbungen mit Säurefuchsin, mit polychromem Methylenblau, mit MAY-GRÜNWALDscher Farblösung, mit der SPIELMEYERschen Markscheidenfärbung sind möglich und gestatten einen vorzüglichen Einblick in die Beziehungen zwischen den einzelnen Gewebsbestandteilen und den Parasiten. Auch hiervon wird später noch die Rede sein müssen.

Nach Art einer Färbevorschrift dargestellt gestaltet sich das Versilberungsverfahren folgendermaßen:

Spirochätendarstellung an großen Gefrierschnitten (GEL-GERÜST-Methode)

(auch für kleinere Schnitte brauchbar).

1. Wässern des längere Zeit in Formol fixierten Gewebsblockes in fließendem Wasser 2—5 Stunden.
2. Gefrierschnitte 60 μ.
3. Schnitte in Aqua bidestillata.
4. Übertragen der Schnitte über Nacht in geschlossener Schale in 96%igen Alkohol; es ist dies nicht unbedingt notwendig, empfiehlt sich aber, wenn man eine hellere Gesamttönung der Schnitte zu erhalten wünscht. (Längeres Verweilen in Alkohol bis zu 72 Stunden schadet nichts.)

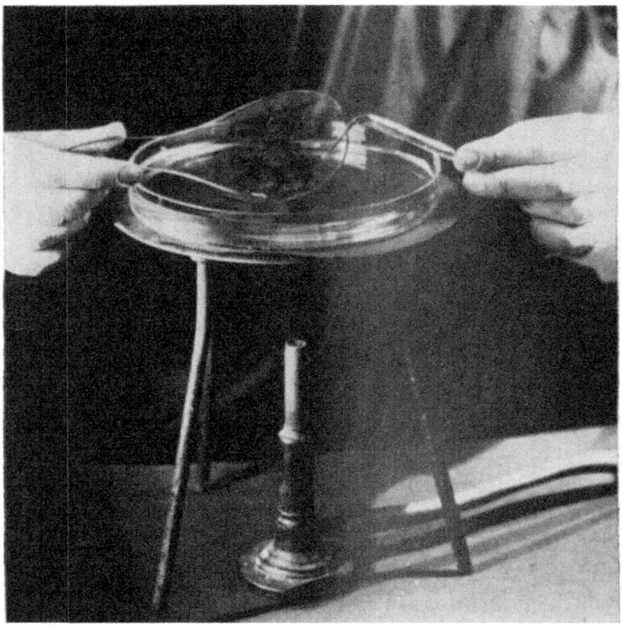

Abb. 2. Soll die Handhabung des Glasspatels, der Glasschale und das Erwärmen veranschaulichen. Der Schnitt auf dem Glasspatel umfaßt einen Frontalschnitt durch beide Hirnhälften.

5. Übertragen der Schnitte in eine geschlossene Schale mit 1% alkoholischer Urannitratlösung, angesetzt mit absolutem Alkohol, hierin bleiben sie 1 bis höchstens 2 Minuten bei Zimmertemperatur.
6. Übertragen der Schnitte in 2—3 Schalen mit *heißem* bidestilliertem Wasser, in der letzten dieser Schalen bleiben die Schnitte $^1/_2$ Stunde bei Zimmertemperatur.
7. Übertragen der Schnitte in eine geschlossene Schale mit 1% alkoholischer Mastixlösung 5 Minuten bei Zimmertemperatur.
8. Abspülen in Aqua bidestillata, wobei weißliche Wolken von den Schnitten abgehen. Schnitte einzeln aus der Mastixlösung ins Wasser geben (leeren Glasspatel *vor* Eintauchen in die Mastixlösung jedesmal in abs. Alkohol abspülen!). Die Schale mit bidestilliertem Wasser muß so lange gewechselt werden, bis keine weißen Wolken mehr von den Schnitten abgehen und auf der Oberfläche des Wassers keine metallisch schimmernden Fleckchen mehr sichtbar sind. Meist genügt dreimaliges Wechseln.
9. Übertragen der Schnitte in 0,1%ige Silbernitratlösung. Die Schnitte werden in dieser Lösung erwärmt; die Schale mit der Silbernitratlösung steht auf einem Dreifuß mit

Asbestteller (Abb. 2). Die Schale mit den Schnitten wird nunmehr ohne Deckel offenstehend erhitzt, bis die Lösung dampft und sich deutliche Bläschenbildung zeigt. Reichlich Flüssigkeit nehmen, die Schnitte sollen in der Schale möglichst nicht miteinander in Berührung kommen! Deshalb sind für große Schnitte große Schalen von ungefähr 15 bis 18 cm Durchmesser zu nehmen und je nach Größe der Schnitte nicht mehr als 2—3 in *eine* Schale zu geben. Die Schnitte auf dem Asbestteller in der Schale 2—3 Minuten abkühlen lassen und

10. Abspülen in 2 Schalen mit Aqua bidestillata (heiß).

11. Übertragen der Schnitte in dieselbe Mastixlösung und genau so lange wie bei 7.

12. Abspülen in Aqua bidestillata wie bei 8.

13. Übertragen der Schnitte in eine jedesmal frisch herzustellende 5%ige wäßrige Brenzcatechinlösung, der etwa 4 Tropfen einer 3%igen alkoholischen Mastixlösung bis zu einem leicht milchigen Ton des Gemisches zugesetzt werden. Dieses Gemisch wird durch ein doppeltes Filter filtriert. In diese, *ohne die Schnitte erst stark erwärmte, kurz vor dem Kochen befindliche Lösung* kommen die Schnitte und bleiben hier 6—8 Minuten.

14. Abspülen in zweimal gewechseltem heißem bidestilliertem Wasser, evtl. nachfärben (einige Minuten in 1%iger alkoholischer Säurefuchsinlösung), aufsteigende Alkoholreihe, Xylol, Balsam.

Die *Urannitratlösung* (Uran. nitr. pro analysi Merck) kann in dunkler Flasche mit Glasstöpfel dauernd aufbewahrt werden. Sie ist mit absolutem Alkohol (Alcoh. abs. pro analysi Merck) anzusetzen. Einmal gebrauchte Lösung kann nicht mehr verwendet werden.

Herstellung der Mastixlösung: 6 g Mastix levantica pulv. (Merck) in 100 ccm 96%igem Alkohol oder entsprechend mehr (12 auf 200 usw.) werden in ein Gefäß mit großem breiten Boden, in dem sich bereits ein Teil der Alkoholmenge befindet, unter Schütteln gebracht, der Rest Alkohol nachträglich zugegeben und geschüttelt. Die trübe, mit Bodensatz versehene Mischung wird mehrmals umgeschüttelt, nach 2- bis mehrtägigem Stehenlassen im geschlossenen Gefäß scharf zentrifugiert (1/2 Stunde), vom Bodensatz sorgfältig abgegossen. Hierauf ist die Lösung gebrauchsfertig, sie muß vollkommen klar sein. Zum Gebrauch wird diese Stammlösung mit *absolutem Alkohol* in entsprechendem Verhältnis verdünnt und durch ein doppeltes Filter filtriert. Die Mastixlösung muß von allen Substanzteilchen peinlichst befreit sein, sonst ist das Gelingen der Färbung infolge Niederschlagsbildung in Frage gestellt.

Silbernitratlösung mit Argentum nitricum cryst. pro analysi Merck ist in brauner Flasche mit Glasstöpsel in dunklem Raume aufzubewahren. Ansetzen 0,1%ig mit Aqua bidestillata!

Brenzcatechinlösung (Brenzcatechin. cryst. Pyrocatechin Merck).

Die für die Mastixlösung verwendeten Schalen, ebenso die Uranschalen sowie Meßzylinder und Trichter sind vor Gebrauch mit absolutem Alkohol auszuspülen.

Es empfiehlt sich, auch die für die Silberlösung benützten Schalen nicht zu wechseln, sondern immer dieselben Schalen zu nehmen und sie nicht mit Tüchern und dergleichen zu reinigen, sondern vor Gebrauch mit heißem bidestilliertem Wasser gründlich auszuspülen.

Ferner ist mit Glasspateln bzw. Glashäckchen und nur mit Aqua bidestillata zu arbeiten. Möglichst faserfreies Filtrierpapier benützen!

Die Schnitte müssen möglichst faltenfrei von Schale zu Schale übertragen werden.

Reicht die Uranzeit von 2 Minuten nicht aus, um ein *völliges* Verschwinden der dunklen Achsenzylindertönung zu erreichen, so kann man das alkoholische Uran länger einwirken lassen, bei zu langer Einwirkung wird aber auch die Spirochätenversilberung schließlich verschwinden.

Die Schnitte müssen eine hellgelbe Farbe haben, die graue Substanz zeichnet sich etwas dunkler als die weiße ab, braune Flecken weisen auf eine ungenügende Uranisierung an diesen Stellen hin. Gegen schwarzen Hintergrund gehalten, zeigen die Schnitte eine eigentümliche Fluorescenz. Sie müssen bei sauberem Arbeiten völlig niederschlagsfrei sein.

Es empfiehlt sich, bevor man an die Bearbeitung des Zentralnervensystems bei multipler Sklerose geht, sich erst an syphilitischem Gehirnmaterial (spirochätenhaltigem Paralysehirn) gründlich in die Methode einzuarbeiten.

C. Die Anwendung des neuen Verfahrens.

Das Verhalten gewebseigener und gewebsfremder Formelemente.

Da besonders im Gewebe des Zentralnervensystems alle möglichen Gewebsbestandteile bei den bisherigen Methoden Silber von dunkler, brauner bis schwärzlicher Farbe annahmen, so war zunächst eine Methode auszuarbeiten, die die dunkle Versilberung von gewebseigenen Bestandteilen völlig ausschloß. Ein solches Verfahren war mit unserer neuen Mastixmethode gefunden. Aber auch hier zeigen viele Gewebsbestandteile eine Ansilberung, wenn auch nicht in schwarzer, sondern in hellgelber und damit andersdisperser Form und besonders im Mark viel schwächer gelb, als bei den bisherigen Verfahren. Deshalb mußte eine Reihe von Kontrolluntersuchungen vorgenommen werden, um den Beweis zu führen, daß außer Bakterien, Spirochäten und Spirochätenbestandteilen keine anderen im Gewebe enthaltenen Teile sich in der schwarzdispersen oder starkdunklen Art und Weise anfärben.

Dabei hat sich ergeben, daß die Beschränkung der schwarzen Dispersitätsphase des Silbers auf die Spirochäten nicht absolut ist. Für unsere praktischen Zwecke genügt freilich die Methode vollkommen. Wir müssen aber hier unbedingt noch alle diejenigen Stoffe erwähnen, die eine erhöhte Neigung zu einer Ansilberung in dunkeldisperser Form zeigen. Hierher gehören das Formolpigment und die Stoffe der sogenannten kolloiden Degeneration, das Melanin, melaninhaltige Ganglienzellen und die Chromatophoren, endlich die Granula gewisser isoliert vorkommender Gefäßwandzellen.

Formolpigment kommt in Gehirnen häufig vor. Gerade bei den Entzündungskrankheiten besteht offenbar eine erhöhte Durchlässigkeit gewisser Bestandteile der Blutflüssigkeit durch die Gefäßwände. Infolgedessen kommt es gelegentlich bei Verbringung des Gehirns in Formol zur Ausbildung dieses Formolpigments. Wir sehen dieses in derartigen Fällen besonders gern an den Randzonen der zentralnervösen Substanz auftreten und finden es im obersten Saum der Hirnrinde, wie auch unter dem Ependym oder zwischen Ependymzellen. Eine besonders bevorzugte Stelle ist die Gegend um die Vena terminalis zwischen Nucleus candatus und Thalamus opticus. Hervorzuheben ist, daß dieses Formolpigment nicht immer außerhalb von Zellen zu liegen braucht; es findet sich auch innerhalb von Glia-, manchmal sogar auch innerhalb von Ganglienzellen. Die Form des Pigments ist keineswegs immer gleichartig, grobe Körnchen und Kügelchen wechseln ab mit feinen und feinsten krystallinischen Nadeln und Nädelchen. Das Formolpigment hat aber schon eine dunkelbraune bis schwärzliche *Eigenfarbe vor jeder Behandlung.* Wenn wir also einen unbehandelten Schnitt mit einem versilberten vergleichen, so können wir sofort das Formolpigment als solches identifizieren. Daß dieses mit sehr dunkler Eigenfarbe ausgestattete Pigment sich auch nach der Versilberung darstellt, darf uns danach nicht weiter wundern.

Bei multipler Sklerose wie überdies auch bei anderen Entzündungskrankheiten schlägt sich nun gelegentlich innerhalb eines Herdes Formolpigment nieder, allerdings immer nur in der Umgebung eines erweiterten Blutgefäßes. In manchen Fällen findet sich dieses Pigment bei multipler Sklerose in sehr dichter Anhäufung, so daß es den Herden bei Betrachtung mit bloßem Auge schon eine gewisse dunklere Tönung verleiht. Die bläuliche Farbe mancher Herde von multipler Sklerose rührt von diesem Formolpigment her. Auch bei der sklerosierenden Hemisphärenmarkentzündung (diffuse Sklerose) habe ich dieses Pigment sehr zahlreich an blauverfärbten Herdstellen gefunden. Es macht keine Schwierigkeit, dieses Pigment von den argyrophilen Spirochätenbestandteilen zu unterscheiden. Denn erstens zeigen die Spirochätenbestandteile im ungefärbten Schnitt keinerlei Eigenfarbe und zweitens ist die Form der Formolpigmente auch an unmittelbar benachbarten Stellen so wechselnd und ungleich, daß auch bei geringer Übung eine Verwechslung dieses Pigments mit anderen Stoffen nicht möglich ist.

Die *Corpora amylacea* bieten auch im versilberten Präparat ihre charakteristische rundliche bis eiförmige Gestalt dar, außerdem ihre eigentümliche Lichtbrechung. Eine bräunliche Tönung derselben kommt vor, selten auch eine äußerst feine schwärzliche Punktierung, besonders im Innern. Jedoch können diese Gebilde auch im versilberten Präparat als solche ohne weiteres identifiziert werden. Dasselbe gilt für die *kolloid-hyalinen Substanzen*, die sich ja in manchen Fällen von Paralyse nachweisen lassen und durch ihre Mächtigkeit und einen scholligen Bau auszeichnen. Das *Melanin* ist durch seine im nativen Präparat hervortretende dunkle Eigenfarbe gekennzeichnet und findet sich nur an ganz bestimmten Stellen des Zentralnervensystems. Die Melaninkörnchen erscheinen nach der Versilberung nicht in der tiefschwarzen Tönung der Spirochäten und ihrer Bestandteile, sondern in einer mehr bräunlichen. Sie sind ziemlich gleichmäßig groß und von rundlicher Form, so daß auch sie unschwer von Spirochäten und ihren Teilen zu unterscheiden sind. Auch die Granula gewisser normalerweise sehr verbreitet vorkommender Gefäßwandzellen (*Pericyten* ?) unterscheiden sich in ihrer bräunlichen Tinktion und durch ihre Gleichförmigkeit von bakteriellen und anderen parasitären Leibessubstanzen.

Besonderes Augenmerk wurde auf das Verhalten der bei multipler Sklerose ja sehr häufigen *lipoiden Abbaustoffe* gerichtet. Fettkörnchenzellen in Erweichungsherden, ganz einerlei welcher Herkunft, lipoides Pigment in Ganglienzellen, die prälipoiden und lipoiden Stoffe bei der familiären amaurotischen Idiotie gaben niemals die schwarze Tönung wie sie sonst die Spirochätenbestandteile zeigten. Vielmehr blieb die Ansilberung des Lipoids durchaus im Bereich der hellgelben Silberdispersität. Wenn F. Lüthy in einem seiner Fälle von multipler Sklerose von einer Silberimprägnation der Fettsubstanzen in den Fettkörnchenzellen spricht, so vermisse ich die Beweisführung, ob es sich hier nicht um schon ohne jegliche Behandlung vorhandenes Pigment mit natürlicher dunkler Eigenfarbe gehandelt hat. Was er in seiner Arbeit als versilberte Fettkörnchen in Fettkörnchenzellen von perivasculärer Anordnung abbildet, kann ebenso gut Formolpigment sein. In dem gleichen Fall konnten von Lüthy auch Ganglienzelleneinschlüsse im Striatum angesilbert werden; außerdem betont Lüthy, daß es sich in diesem Fall um einen solchen mit subakuten Herden handele. Gerade diese Tatsache bestärkt meine Vermutung, daß es sich in dem genannten Fall um Formolpigment mit Eigenfarbe gehandelt haben dürfte. Vor allem in Fettkörnchenzellen habe ich sowohl im adventitiellen Lymphraum wie auch im Parenchym bei subakuten Herden der multiplen Sklerose gelegentlich eine dunkle Eigenfarbe aufweisendes Formolpigment in den mannigfaltigsten Formen, Kugeln, Kügelchen, feinen

Nädelchen bis zu groben Brocken nachweisen können. Dem oberflächlichen Betrachter kann hierbei eine Verwechslung mit spirochätenartigen Gebilden und ihren Trümmern unterlaufen. Daß aber der *lipoide Abbaustoff*, den wir häufig bei allen möglichen Krankheitsprozessen und so auch besonders oft und ausgedehnt in den Herden der multiplen Sklerose vorfinden, sich bei Anwendung meiner Methode in der Form des schwarzdispersen Silbers anfärbt, ist völlig ausgeschlossen. Lüthy hat sich ja auch insofern eine Reserve auferlegt, als er nicht behaupten wollte, daß Fettkörnchen sich immer mit meiner Methode färben, und daß meine argyrophilen Abbaustoffe fettige Stoffe darstellen würden. Daß gelegentlich, besonders in den adventitiellen Lymphräumen, Abräumzellen, die lipoide Stoffe enthalten, sich dunkelgelb aus dem hellgelben Farbton des übrigen Gewebes herausheben, kommt gewiß vor. Von hier ist aber noch ein weiter Schritt bis zur tiefschwarzen Darstellung der Spirochätenoberfläche. Gewöhnlich handelt es sich dann, wie durch ungefärbte Vergleichspräparate derselben Stelle nachgewiesen werden kann, um Abräumzellen, die neben den lipoiden Stoffen auch noch andere, mit einer dunklen natürlichen Eigenfarbe, in sich tragen. Es ist also bei einiger Erfahrung völlig unmöglich, lipoide gewebseigene Bestandteile des Zentralnervensystems mit den gewebsfremden Spirochätenbestandteilen, schon allein auf Grund ihres verschiedenen Verhaltens bei meinem Versilberungsverfahren, zu verwechseln.

Bekanntlich wird bei der *Achsenzylinderdarstellung* ein Silbersalzreduktionsprozeß benützt. Die Neurofibrillen sollen ein besonders großes Lösungsvermögen für Metallsalze nach Bethe haben. Das den Fibrillen anhaftende Metallsalz kann dann durch starke Reduktion sichtbar gemacht werden. So geschieht dies bei der Silberimprägnation nach Cajal durch Behandlung mit Silbernitrat und nachheriger Reduktion mit Pyrogallussäure oder Hydrochinon. Beim Bielschowskyschen Verfahren wird ebenfalls eine Silbersalzlösung reduziert und zwar durch Aldehyd (Formalin). So darf es uns nicht wundernehmen, daß auch bei unserem neuen Verfahren, das ja auf einem ähnlichen Prinzip beruht, die gewebseigenen Achsenzylinder und Neurofibrillen eine leichte Silbertönung zeigen. Durch die von Cajal eingeführte Uranbehandlung wird aber, wie schon erwähnt, die Imprägnierung der Achsenzylinder und Neurofibrillen verhindert. Bei meinem Verfahren erscheint es besonders vorteilhaft, daß gerade an Stellen dichtester Ansammlung von Achsenzylindern eine viel hellere Gesamttönung der Schnitte, z. B. im Markweiß, erreicht wird, als etwa in der Rinde und sonst im nervösen Grau, das sich in einem dunkleren Gelb abbildet. Dem entspricht im mikroskopischen Bild eine diffus hellgelbe, die Abgrenzung im einzelnen nicht mehr ermöglichende Tönung der Achsenzylinder, während Spirochäten und ihre Teile tiefschwarz sind. Damit wird die Erkennung der Spirochäten auch bei schwächeren Vergrößerungen erleichtert, sie heben sich auf hellgelblichem Grund tiefschwarz ab und fallen damit deutlich ins Auge. Geprüft müßte noch werden, ob nicht *degenerierende* Achsenzylinder entsprechend ihrer stärkeren Argyrophilie Neigung zur dunklen bis schwarzen Tönung haben. Zu diesem Zweck wurden eine Reihe von schweren Krankheitsprozessen mit völliger Erweichung des Gehirngewebes, traumatische Zerstörungen, Grenz- und Randzonen von Geschwülsten usw. der Behandlung mit dem neuen Verfahren unterworfen. Es stellte sich dabei heraus, daß zwar eine stärkere Argyrophilie degenerierender Achsenzylinder tatsächlich vorhanden ist. Die Endkeulen (Boules terminales) boten manchmal ein dunkles *Braun* dar, gleichzeitig mit ihnen behandeltes spirochätenhaltiges Hirnmaterial ergibt aber eine ganz andere Tönung der Spirochäten und ihrer Bestandteile. Manchmal sehen wir auch Degenerationen von Achsenzylindern und Neurofibrillen in Form von Fragmentation, daneben fädige Auftreibungen ohne Fragmentation. Auch an derartig veränderten Achsenzylindern zeigt sich eine stärkere Argyrophilie. Solche vermehrt argyrophilen Bestandteile der Achsenzylinder oder Neurofibrillen von Spirochäten zu unterscheiden, ist ohne weiteres möglich, da erstens einmal in dem dicken Schnitt von 60 μ die Veränderung dieser nervösen gewebseigenen Elemente auf so weite Strecken hin zu verfolgen ist, daß die Länge der degenerierten Gebilde ganz außerhalb der Größenordnung der in Frage kommenden Parasiten liegt. Außerdem entspricht aber auch die Farbtönung nicht der tiefschwarz glänzenden der Parasiten.

Bei der Darstellung der *fasrigen und protoplasmatischen Glia* werden ebenfalls Silbersalzlösungen verwandt, z. B. kommt bei dem schon erwähnten HORTEGAschen Verfahren eine Sodasilbernitratlösung und Reduktion mit Formol zur Anwendung. Infolgedessen mußte auch bei unserer neuen Methode besonderes Augenmerk darauf gerichtet werden, ob sich nicht irgendwelche Gliabestandteile gelegentlich einmal in stark schwarzer Farbe darstellten. Deshalb wurden Gehirnteile mit abnorm starker fasriger oder plasmatischer Gliawucherung bearbeitet (Fälle von Atherosklerose mit starker perivasculärer Gliose, Fälle von spongiösem Schichtenschwund, Gliome mit starker Gliafaserwucherung usw.). Nirgends konnte eine auch nur einigermaßen stärkere Argyrophilie der Gliafasern oder anderer Gliaelemente aufgefunden werden. Wenn LÜTHY betont, daß bei meinem Verfahren die Möglichkeit der Versilberung von Gliafasern immer noch vorliege, so muß ich dem auf Grund meiner vielfältigen Erfahrungen bei einer großen Zahl von Kontrollfällen unbedingt widersprechen. Es kommt nicht vor, daß Gliafasern tiefschwarz oder auch nur dunkler braun bei meinem Verfahren sich darstellen. Eine Verwechselungsmöglichkeit von Gliafasern mit Spirochäten oder deren Teilen ist völlig ausgeschlossen.

Von weiteren gewebseigenen Elementen muß das *mesodermale Bindegewebe* noch besonders erwähnt werden, weil gerade zur Darstellung zarter mesenchymaler Bindegewebsgeflechte Silbersalzreduktionsverfahren erfolgreich angewendet werden. Ich erwähne hier nur das BIELSCHOWSKY-MARESCHsche Verfahren oder die ACHUCARROsche Tanninsilbersalzreduktionsmethode, bei der die Gitterfasern sich durch eine tiefschwarze Färbung von dem gelblichen Untergrund abheben. Daher war bei meiner neuen Methode besonders auf das Verhalten der Argyrophilie des Bindegewebes zu achten, ist ja doch die Vorbehandlung der Schnitte bei dem ACHUCARROschen Verfahren in einer 100%igen kalt gesättigten Tanninlösung auch kaum etwas anderes, als eine Vorbehandlung mit einem besonderen kolloidgelösten oder hochpolymeren Stoff. Nun zeigt sich tatsächlich, daß bei meinem neuen Verfahren die meningealen Hüllen und die Wände der Gefäße gerne in einer dunkleren Tönung sich abheben. Es kommt zu einer braunen Farbnuance und die Gefäßwände sind die dunkelsten Partien des Schnittes. Aber das im Vergleich zum übrigen Schnitt dunklere Braun der Gefäßwände hebt sich von dem tiefen Schwarz der

Spirochäten vollkommen ab, so daß keinerlei Schwierigkeiten bei der optischen Differenzierung entstehen. Selbst die in Gefäßwänden enthaltenen Spirochäten und Spirochätenteile bieten mit ihrer tiefschwarzen Tönung einen dunklen und klaren Farbkontrast gegenüber dem Braun der Gefäßwände und der Bindegewebsfasern. Vergleichen wir Gehirnschnitte mit Gitterfaserwucherungen (etwa gummöse Bildungen), die mit meinem neuen Verfahren hergestellt sind und solche die nach Achucarro behandelt wurden, so sehen wir, daß bei dem neuen Verfahrungen kaum irgendwelche gewucherten mesenchymalen Reticulinfäserchen und auch nicht elastische oder kollagene Fasern zum Vorschein kommen. Wahrscheinlich spielt hierbei auch die Uranisierung der Schnitte eine große Rolle. Sehen wir doch, daß mit Uransalzen vorbehandelte Schnitte, wenn sie nachher dem Achucarroschen Verfahren unterworfen werden, ebenfalls die Gitterfäserchen nur mehr schwach angefärbt und keineswegs mehr quantitativ zur Anschauung bringen. Andererseits kann ein Weglassen der Uranvorbehandlung bei meiner Methode zu einer sehr hübschen Darstellung der mesenchymalen Strukturen des Gefäßbindegewebes (und der Achsenzylinder) führen.

Ein besonderer Vorzug der neuen Methode ist, wie schon mehrfach erwähnt, der, daß die graue Substanz dunklere Gesamttönung hat als die weiße, das Bild (Abb. 3, S. 41) zeigt dies besonders deutlich. Worauf diese Farbänderung, die im Gegensatz zu den bisherigen Silbersalzreduktionsverfahren steht, beruht, läßt sich nicht sagen und ist ja auch belanglos. Jedenfalls heben sich die Grenzen von grauer und weißer Substanz auf diese Weise sehr scharf ab.

Im ganzen läßt sich somit sagen, daß bei Anwendung der neuen Methode gewebsfremde von gewebseigenen Bestandteilen leicht zu trennen sind. Eine gewisse Schwierigkeit bereiten manche pathologisch veränderten Gehirne, insofern bei Alzheimerscher Krankheit und seniler Demenz die Neurofibrillen und fädigen Bestandteile der Drusen gelegentlich eine dunkelbraune und manchmal sogar leicht schwärzliche Farbe annehmen. Dies ist aber auch der einzige Fall von tiefschwarzer Anfärbung irgendwelcher gewebseigener Bestandteile des Zentralnervensystems. Trotzdem ist es möglich, in Gehirnen mit Drusen die Spirochäten nachzuweisen, z. B. bei senilen Paralysen. Hier erleichtert uns freilich die typische Form der Spirochäten die Unterscheidung. Es wäre aber zweifellos falsch, würden wir wegen dieses Versagens der Färbung in einem einzelnen Fall die ganze Methode verwerfen. Haben wir doch die Möglichkeit, die senilen und präsenilen Veränderungen des Gehirns auch mit dem Bielschowskyschen Verfahren nachzuweisen und damit solche Gehirne von der Bearbeitung mit unserer Methode entweder auszuschließen oder wenigstens an die Bewertung der Befunde mit größter Vorsicht heranzugehen. Es wäre ja auch nicht richtig, wollten wir etwa die Levaditische oder Jahnelsche Methode für die Spirochätendarstellung ungeeignet ansehen, weil auch bei diesen beiden Methoden besonders hübsch die fädigen Bestandteile der Drusen zur Darstellung kommen.

Die Darstellung *gewebsfremder Elemente* gelingt mit dem neuen Verfahren gut. Die Bakterien stellen sich womöglich noch leichter als die Spirochäten und in derselben Weise geschwärzt dar. Da die Leichen häufig erst längere Zeit nach dem Tode seziert werden, kommt es gelegentlich zu einer postmortalen

Einwanderung von Fäulnisbakterien und anderen mit der neuen Methode darstellbaren Kleinlebewesen. Besondere Bedeutung beanspruchen diese Befunde, weil wir ja gerade bei der ätiologischen Erforschung der multiplen Sklerose bestrebt sein müssen, alle *zufälligen* Beimengungen auch *gewebsfremder* Formbestandteile von den *ätiologisch wesentlichen* zu trennen. Ich habe deshalb in einer längeren Reihe von Versuchen lebende Kulturen von Bakterien und solche, die mit Formol versetzt worden waren, in formolfixierte Gehirnsubstanz eingespritzt und derartig behandeltes Gehirnmaterial nach weiterer Härtung in Formol der Behandlung mit dem neuen Verfahren unterzogen. Hierbei kommt es immer zu einer schwarzen Versilberung der fremden Keime. Lassen wir Gewebsschnitte von beliebigem Gehirnmaterial in Wasser stehen und sorgen dafür, daß es hierin zur Entwicklung von Bakterien kommt, so sind die im Wasser entwickelten Mikroben darstellbar. Auch Fäden von Schimmelpilzen zeigen eine bräunliche bis schwärzliche Verfärbung. Bei der Sektion kommt es nicht selten zu einer Verschmutzung von Gehirnteilen und einem Anhaften von Bakterien und anderen Keimen. Wir haben deshalb die unzerschnittenen Gehirne zunächst einige Tage in Formol gehärtet, womit ja eine Verschmutzung innerer Teile des Gehirns vermieden ist. Den meningealen Hüllen anhaftende Keime lassen sich sehr leicht durch Abziehen der Meningen von dem in Formol gehärteten Gehirn beseitigen. Andere Möglichkeiten des Eindringens zufälliger Mikroben in die zu bearbeitende Hirnsubstanz liegen mit dem Wässern der Gehirnteile vor. Aus diesem Grunde wurde zum Wässern doppeltdestilliertes Wasser oder Leitungswasser verwandt, das durch Seitzfilter geschickt und damit völlig keimfrei gemacht wurde. Jedoch hat sich gezeigt, daß diese Maßnahme im allgemeinen nicht nötig ist, da unser Leitungswasser außerordentlich wenig Keime enthält und diese infolge des dauernden Flüssigkeitsstromes kaum Gelegenheit haben, im Gewebe, vor allem in den inneren Schichten desselben, sich anzusiedeln. Beim Schneiden fallen ja auch gewöhnlich die obersten Schichten des Gewebes ab, so daß ein Haften an der Oberfläche, selbst wenn es vorkäme, für die weitere Bearbeitung der Schnitte belanglos ist.

Grampositive und gramnegative Bakterien verhalten sich der neuen Methode gegenüber gleich. Ebenso sind alle Spirochäten darstellbar, dagegen nicht Trypanosomen. Jahnel hat darauf aufmerksam gemacht, daß die im Nervengewebe liegenden Parasiten „den Eindruck eines Fremdkörpers" machen, zum Unterschied von ähnlich gewundenen Gewebsfasern erscheinen sie gewebsfremd, wie er „diesen deutlichen, schwer in Worte zu kleidenden Eindruck" bezeichnet hat. Dieser Eindruck der Gewebsfremdheit gilt auch für Bakterien und andere nicht zum Gewebe gehörige Bestandteile. Er hängt mit der schwarzdispersen Form des Silbers zusammen, manchmal aber auch damit, daß um die Bakterien und Spirochäten herum eine minimale, den Fremdkörper aber überall umkleidende Gewebsleere zu bestehen scheint. So ist es also bei einiger Einübung, die vor allem mit spirochätenreichen Gehirnen von Paralyse vorgenommen werden sollte, außerordentlich leicht, gewebseigene Formbestandteile von gewebsfremden Elementen zu trennen.

II. Die Anwendung des neuen Verfahrens auf die Paralyseforschung.

A. Spirochäten und Untergangserscheinungen derselben in typischen Paralysefällen.

Die Christellersche histotopographische Behandlung großer Gefrierschnitte ermöglicht uns vor allem mit dem neuen Schnittversilberungsverfahren eine rasch herzustellende und über große Flächen ausgedehnte Übersicht vom Verteilungsprozeß der Spirochäten im Zentralnervensystem des Paralytikers.

1. Über den Spirochätenuntergang im Allgemeinen und bei progressiver Paralyse.

Zu wissen, wann, wie und wo ein Spirochätenuntergang im Wirtsgewebe sich vollzieht, ist Voraussetzung für die Beantwortung einer Reihe von bedeutsamen pathogenetischen Fragen. Haben wir sichere Merkmale des Spirochätenunterganges, so vermögen wir auch eher etwas über die Lebensdauer des Parasiten auszusagen. Handelt es sich aber bei den vermeintlichen Untergangserscheinungen nur um biologisch anders zu deutende Erregerformen im Sinne von Entwicklungs-, Ruhe- oder sonstigen Zwischenphasen, so erhalten wir über die Lebensdauer keine Auskunft und in der pathogenetischen Deutung ist dann besondere Vorsicht geboten.

Das Aussehen der Erreger im Gewebsschnitt bringt uns nur einen Augenblicksstand aus dem Lebenszyclus derselben zur Darstellung. Wir können über Untergangserscheinungen des Erregers etwas Sicheres erst dann erfahren, wenn wir ihn unter den mannigfaltigsten Lebensbedingungen (in Kulturen, in möglichst vielen menschlichen und tierischen Geweben, in den verschiedensten Stadien des von ihm hervorgerufenen Krankheitsprozesses) studieren, wenn wir ferner im Tierexperiment Entstehung, Höhepunkt und Schwinden der Krankheitsprozesse verfolgen und dabei die morphologische Erscheinungsweise der Spirochäten und ihre jeweilige biologische Aktivität (im Überimpfungsversuch) beobachten und wenn wir schließlich noch heranziehen, was uns über den Untergang nahe verwandter Erreger bekannt ist.

Wir wissen nun, daß, einerlei um was für eine Art von Spirochäten es sich handelt und einerlei in welchem Gewebe sie sich ansiedeln, atypische vom Spiraltypus mehr oder weniger abweichende Formen nicht selten vorkommen. Zwischen den typischen Leptospiren und den Treponemen besteht ja schon insofern ein durchgängiger Formunterschied, als bei der einen Art gleichmäßige Windungen von gleicher Tiefe und Breite vorhanden sind (Treponementypus), während bei den Leptospiren anscheinend eine völlig glatte, windungsfreie Form vorliegt. Dabei ist zu unterscheiden zwischen primären Windungen, dies sind die feinen, in Windungstal und Windungsbreite einander durchaus gleichenden, sich unmittelbar aneinander reihenden Windungen, während als sekundäre Windungen die über einen großen Teil des Exemplars hinweggehenden, flach geschwungenen groben Windungen bezeichnet werden. Die Peitschenschnurform der Leptospiren kommt durch eine oder zwei solcher sekundärer Windungen zustande und es ist die Frage, ob die Leptospirenform gar keine primären Windungen besitzt. Dies ist nicht der Fall, denn bei genauer Durchsicht von Leptospirenpräparaten stoßen wir, wenn auch viel seltener, auf Exemplare mit deutlichen, sehr feinen, gleichmäßigen primären Windungen. Das Windungstal schließt bei ihnen häufig nicht mit einer Rundung, sondern in eckiger Form ab. Warum aber die Individuen mit ausgeprägten primären Windungen bei den Treponemen weitaus in der Überzahl, bei den Leptospiren in der Minderzahl sichtbar sind, ist bis jetzt nicht aufgeklärt. Ich gehe hier auf die schwierigen Fragen der morphologischen Struktur der Spirochäten überhaupt (Achsenfaden, echte plasmatische Spiralwindungen, echte Geißeln oder vom Plasma nicht mehr umgebene äußerste Enden des Achsenfadens? usw.) nicht ein.

Wir dürfen ja wohl annehmen, daß die Spirochäten während ihres Lebens eine gewaltige Mannigfaltigkeit der Formgestaltung besitzen. So kann die Pallida sich einrollen und verkürzen, diese Bewegungen aber auch wieder rückgängig machen, wie dies vor kurzem erst F. NEUMANN an Spirochätenkinematogrammen lebender Spirochäten im Dunkelfeld gezeigt hat. Es gelang ihm, den Übergang einer dicken Spirochäte mit drei Windungen in den gewöhnlichen Typus mit 6 Windungen im Film darstellen. Die biologische Bedeutung dieser Erscheinung ist uns völlig unklar; wir sind wohl kaum berechtigt, hierin eine Untergangserscheinung zu sehen. Andere atypische Formen der Pallida bestehen in einem Verlust der regelmäßigen primären Windungen, die Spirochäte erscheint gerade gestreckt. Auch rundliche Körperchen, Köpfchen, Knötchen sieht man recht häufig an den Enden oder auch in der Mitte eines Exemplars.

Dann gibt es Einrollungen der Spirochäten in Form von kleinen Ringen oder Ösen an den Enden eines typisch gewundenen Exemplars, ferner Ringbildungen in der Mitte eines solchen oder völlig geschlossene Ringe, wo das ganze Exemplar sich in Ring- oder Reifenform gestaltet hat, endlich Verknäuelungen, wie wenn man einen Bindfaden zusammenknäuelt. Was die von mir in den Hodensyphilomen bei experimenteller Kaninchensyphilis gesehenen und später von HAUPTMANN bei progressiver Paralyse im Innern mancher massiver Spirochätenherde beschriebenen nur hellbraunen Anfärbungen der Spirochäten (im Gegensatz zu der tief schwarzen Tönung der die Peripherie solcher Herde bildenden Spirochäten) bedeutet, wissen wir nicht. Ich habe dasselbe Phänomen auch bei der kongenitalen Syphilis des Menschen, etwa in der Leber gesehen. JAHNEL weist mit vollem Recht darauf hin, daß man die braune Färbung mittelst schwacher Silberbehandlung einzelner Schnitte überhaupt an den Spirochäten willkürlich hervorrufen kann. Ich halte deshalb auch den Schluß nicht für berechtigt, daß die braungefärbten Spirochäten eine andere biologische Phase der Erreger, etwa im Absterben begriffene oder Jugendformen derselben, darstellen. Solche von HAUPTMANN auch als Spirochätenschatten bezeichneten braunen Formen weisen ja den typischen Spiraltypus auf und sie lassen sich *nur* im Innern massiver Spirochätenherde auffinden, einerlei in welchem Gewebe sie vorkommen, im menschlichen Primäraffekt, bei der experimentellen Kaninchensyphilis, in der menschlichen Leber bei kongenitaler Syphilis und im Paralysehirn. Es scheint danach so zu sein, daß die *massive Verfilzung* der Spirochäten schon im Außenrand eines solchen Herdes zu einer Änderung der Dispersitätsphase zwischen außen und innen Anlaß gibt und daß damit in den Randpartien die schwarzdisperse Phase des Silbers an den Spirochäten entsteht, während es in den inneren Partien nur mehr zur braunen oder gelben Dispersion des Silbers kommt.

Die Atypien der Spirochätenform sind aber mit den Angaben über Körnchenbildung, Geradestreckung, Verkürzung und Einrollung nicht erschöpft. Es gibt nämlich auch noch eigentümliche grobschollige Strukturen und eckige Gestaltungen, die von HAUPTMANN als „Verklumpungsformen", von JAHNEL als „Abbauschollen" im Paralysehirn gesehen worden sind und auch sonst in anderen Organen und bei anderen Spirochätenarten nachgewiesen werden konnten.

Was wir von sehr atypischen Formen in Gestalt der schon erwähnten schwarzen Ringe oder der obengenannten scholligen Gebilde *in paralytischen Gehirnen* sehen, sind wohl *Untergangserscheinungen* der Spirochäten. Daß diese Ringe und „Abbauschollen" JAHNELs mit Spirochäten überhaupt in Zusammenhang stehen, dafür spricht, abgesehen von der Parallelität ihres Vorkommens mit Spirochäten in paralytischen Rinden, das Vorhandensein in der Nachbarschaft von Stellen, an denen häufig noch in ihrer Spiralform mehr oder weniger deutlich erhaltene Pallidae oder als Spirochätenformen wenigstens noch sicher identifizierbare Erreger anzutreffen sind. Deutlicher wird die Zusammengehörigkeit noch dadurch gemacht, daß ein Ende des Ringes oder des scholligen Gebildes häufig noch einen kurzen Spirochätenfaden trägt und bei genauerer Durchsicht der Präparate eine lückenlose Reihe von Übergangsformen zwischen gut erhaltenen Spirochäten und den Abbauformen aufzustellen ist.

Ich habe schon im Jahre 1914 gelegentlich meiner Untersuchungen über das Gehirn bei Hühnerspirochätose eigentümliche Abbaustoffe der Hühnerspirochäten gesehen und dann 1915 darüber berichtet. Auch bei späteren Untersuchungen an anderen Spirochätenarten ist von mir immer auf den Degenerationstypus derselben geachtet worden; ich war bei diesem Studium der *vergleichenden Morphologie der Spirochätendegeneration* davon überrascht, wie gleichartig diese selbst bei miteinander nicht verwandten Spirochätenarten und in den verschiedensten Geweben von Mensch und Tier verläuft. Von meinem Mitarbeiter HENNING habe ich den Degenerationsvorgang der Recurrensspirochäten systematisch studieren und beschreiben lassen. Man vergleiche diese Bilder mit den Degenerationsformen der Pallidae, wie sie JAHNEL 1919 gab und wie sie sich in meiner Arbeit „NISSLs Paralysestudien und der heutige Stand der Metasyphilislehre"[1] abgebildet finden.

Wenn auch die Verkürzung des Einzelexemplars der Pallida kein Zeichen einer beginnenden Degeneration ist, so sind doch wohl die Einrollung und Verklumpung, die Ring-, Stern-, Schleifen-, Hantel-, Knäuel-, Kugelbildung des Parasiten ein solches Zeichen oder sagen wir vorsichtiger: Zeichen ungünstigerer Lebensbedingungen und damit Vorstufen des Untergangs. Damit ist auch die Möglichkeit zugegeben, daß bei Eintritt günstigerer Lebensverhältnisse wieder eine Rückbildung zur typischen Form erfolgen kann.

Bevor wir allerdings etwas sicheres über die biologische Auffassung dieser Formen sagen können, ist es notwendig, auf einen *Lebensvorgang* einzugehen, den wir nicht nur im fertigen Gewebsschnitt fixiert vor uns sehen, sondern auch bei der Dunkelfeldbeobachtung der lebenden Spirochäten beobachten können.

In gewissen Lebensphasen der Spirochäten kommt es nämlich nach starker Vermehrung derselben zu einem Aneinanderkleben großer Haufen einzelner

[1] STEINER: NISSLs Paralysestudien und der heutige Stand der Metasyphilislehre. Arch. f. Psychiatr. 87, 146.

Individuen. Es ist dies ein Vorgang, den wir als Agglomeration bezeichnen und der bei den Recurrensspirochätosen, bei der Hühnerspirochätose, bei der Syphilis, bei Leptospirochätosen und anderen Spirochätenkrankheiten immer wieder beobachtet werden kann.

Die Bedenken JAHNELS gegen die Übertragung des Vorkommens der für die Blutbahn ja allgemein anerkannten Agglomerationserscheinung der Spirochäten auf das Hirngewebe scheinen mir nicht gerechtfertigt. Er meint, im flüssigen Medium des strömenden Blutes könnten die einzelnen Parasiten sich viel öfter und leichter treffen als „im festen Substrat des Hirngewebes". Zu Lebzeiten ist aber gewiß das Hirngewebe keineswegs so fest, wie es im fixierten Gewebsschnitt aussieht, und dann haben wir im Gehirn auch (wenigstens adventitielle) Lymphbahnen und parenchymatöse Lücken mit einer Saftströmung, die dem Wandern der Erreger wohl kaum größere Hindernisse entgegensetzt als die Blutbahn. Zudem ist ja die Syphilisspirochäte befähigt, die intakte Haut zu durchdringen, und nach eigenen Hautbeutelversuchen an Ratten kann die Recurrensspirochäte auch die tote Haut in verhältnismäßig kurzer Zeit durchwandern. Bei einem Parasiten mit einer so glatten Oberfläche, wie wir sie bei den Spirochäten voraussetzen müssen, und mit einer solchen Penetrationskraft durch tierische Gewebe spielen für das häufigere und leichtere Zusammentreffen von Einzelexemplaren die entgegenstehenden mechanischen Gewebshindernisse wenn überhaupt, so jedenfalls eine äußerst geringe Rolle. Die Agglomerationsphase stellt sich häufig bei vielen Spirochätosen als Krisenerscheinung ein, als Zeichen des herannahenden Unterganges einer großen Zahl von einzelnen Keimen. Sie findet sich auch in künstlichen Kulturen der Erreger, nicht nur im Blut, wo sie etwa auf die immer stärker werdende Immunstoffwirkung bezogen werden könnte. Aus der Tatsache des Vorkommens der Agglomeration in Kulturen dürfen wir also doch wohl auf eine gewisse den Spirochäten an und für sich innewohnende Agglomerationsbereitschaft schließen. Ist dies richtig, so müssen wir weiter fragen, ob nicht auch am isolierten Einzelexemplar sich etwas zeigt, was in Parallele mit der Agglomeration zu stellen ist. Mir scheint, daß die eigenartigen Verdickungen ganzer Einzelexemplare oder von Teilen derselben im Sinne von Verklebungsvorgängen einzelner primärer Windungen zu deuten sind. Aber selbst wenn man dies ablehnt, kann man für die Verklumpung, Einrollung und Verknäuelung der Einzelindividuen die Entstehung aus einer Verklebungsneigung kaum leugnen. Ich nenne diesen Vorgang Eigenverklebung (Autoagglomeration) und setze ihn in Analogie zur Heteroagglomeration (oder kurz Agglomeration = Verklebung mehrerer bis sehr vieler Einzelexemplare). Besonders hübsch ist zu sehen, wie die *immer einzeln stehenden* Recurrensspirochäten im Gehirn des geimpften Paralytikers, offenbar vor ihrem Untergang, der Autoagglomeration unterworfen sind. Allerdings könnte es sich hierbei um einen reversiblen Vorgang handeln, die Verklebung könnte sich wieder lösen, um nach einiger Zeit wieder aufzutreten. Auffällig ist aber jedenfalls, daß überall da, wo Spirochäten im Untergang sind, die typischen gleichmäßig gewundenen Spiralformen gegenüber den im obigen Sinne verklebten Exemplaren stark zurücktreten. Man wird einwenden können, woraus wir denn auf einen Spirochätenuntergang an irgend einer Stelle des Gewebes schließen wollen, denn nur dann, wenn wir sonstige Anzeichen für einen Spirochätenuntergang innerhalb eines Gewebsbezirkes haben, dürfen wir die ebenda sich findende Verklebungs- oder Autoagglomerationsneigung als Vorstadium dieses Spirochätenunterganges ansehen. Hiervon später!

Die biologische Deutung aller geschilderten Formen ist gewiß außerordentlich schwierig. Ob z. B. die Verkürzungsformen unter dem Einfluß von Antikörpern (Lysinen) zustandekommen und als Rückbildung von Spirochäten aufzufassen sind, wie es JAHNEL vermutet, scheint mir noch sehr fraglich, gerade weil eine Umkehrung dieses Verkürzungsvorgangs, d. h. ein Übergang von einer Verkürzung zu einer Verlängerung intravital sicher beobachtet ist.

Was die zum Spiralfaden end- oder seitenständigen Körnchen bedeuten, die wir gelegentlich auch im versilberten Präparat an den Spirochäten sehen, möchte ich ebenfalls als noch nicht entschieden betrachten, wobei ich aber betone, daß mir nichts dafür zu sprechen scheint, in solchen körnerartigen Gebilden Wachstums-, Knospungs- oder Sprossungsvorgänge zu sehen; vielleicht gehören sie auch schon zu den Degenerationsformen. Auch die von LEVADITI und seinen Mitarbeitern aufgestellte Annahme, daß der Syphiliserreger einen Entwicklungskreis durchmache, in dem das Treponema pallidum nur *eine* der bekannten Phasen darstelle, daß es außerdem in dem Formenkreis der Entwickluug eine gröbere Körnerform und feinere, an der Grenze der mikroskopischen Erkennbarkeit stehende, also fast schon ins submikronische Gebiet reichende Granula gebe, scheint mir nicht berechtigt.

Was wir bisher als Zeichen des Spirochätenuntergangs vermutet haben, ist gewiß noch nicht unbedingt für einen solchen beweiskräftig. Es könnte sich ja um irgendwelche biologischen Zwischenstadien handeln, von denen aus wieder eine Rückbildung zur typischen Schraubenform möglich wäre. Wir haben vorhin schon betont, daß wir einen Spirochätenuntergang nur dann annehmen dürfen, wenn auch sonstige Anzeichen für einen solchen vorhanden sind.

Man wird ferner überlegen müssen, ob der Untergang der Spirochäten im menschlichen oder tierischen Gewebe jedesmal in derselben Art und Weise sich vollzieht, mit anderen Worten, ob es nicht verschiedene Formen des Erregeruntergangs gibt. Allerdings spricht dagegen, daß in allen Geweben und bei vielen verschiedenen Spirochätenarten die vielleicht als Degenerationserscheinungen anzusehenden, eben geschilderten Verklumpungs-, Einrollungs- und Verknäuelungsformen außerordentlich gleichförmig aussehen.

Wenn es sich wirklich um einen Spirochätenuntergang dabei handelt, so werden wir auch nach dem weiteren Verbleib der Abbaustoffe fahnden müssen und dies führt uns auf die prinzipiell bedeutsame Frage, wie sich denn der Abwehrapparat des Gewebes zu den Spirochäten überhaupt und zu den untergehenden Spirochäten im besonderen verhält. Wir wissen ja, daß die Beteiligung cellulärer Systeme (des leukocytären, lymphocytären und sogenannten reticuloendothelialen Systems) bei der Bewältigung von Infektionen eine große Rolle spielt und wir können beobachten, daß die genannten Systeme bei der Vernichtung parasitärer Kleinlebewesen von größter Bedeutung sind. Bei allen Infektionsprozessen haben phagocytierende Zellen mit der Beseitigung der Krankheitserreger zu tun. Wenn es sich also tatsächlich bei den vorhin geschilderten Gebilden um Abbaustoffe der Spirochäten handelt, so könnten die Erreger schließlich durch irgendeinen cellulären Apparat weiter verarbeitet werden und unser Bestreben müßte nun sein, derartige mit Spirochätenabbaustoffen beladene Zellen aufzufinden, ihren Zusammenhang mit diesen Degenerationsprodukten zu studieren und den histologischen Charakter solcher Zellen kennenzulernen.

2. Über die celluläre Verarbeitung von Spirochäten und ihren Zerfallstoffen im allgemeinen und bei progressiver Paralyse. Die Silberzellen (argyrocytärer Abbau der Spirochäten) bei progressiver Paralyse.

Daß schon in der Frühperiode der Syphilis Spirochäten in Zellen des Wirtsgewebes eindringen, ist bekannt (Ehrmann u a.).

Ich darf auch auf Untersuchungen von Strempel und Armuzzi verweisen, die gerade in der ersten Inkubationsperiode der Kaninchensyphilis die Entwicklung des histologischen Prozesses gleichzeitig mit der Wanderung und Erscheinungsweise der Spirochäten nach intrascrotaler Implantation von spirochätenhaltigem Gewebe studierten. Die beiden Forscher sprechen von einem aktiven Eindringen der Spirochäten in Endothel-, Bindegewebs- und Epithelzellen, von einem Auftreten von Spirochätenagglomerationen („Büschel“ und „Sterne“) in Fibroblasten, ja sogar von einer Vermehrung der Parasiten innerhalb von Zellen (Endothelzellen) im Sinne eines aktiven Zellparasitismus, während *sie die Aufnahme von Spirochäten in Lymphocyten oder Leukocyten niemals nachweisen konnten.* Von einer Auflösung der Pallidae innerhalb solcher Zellen sei in diesen Frühstadien nichts zu sehen, der Spirochätenphagocytose im Sinne einer Vernichtung der Erreger durch bestimmte Zellelemente könne wenigstens in dieser allerfrühesten Zeit des syphilitischen Krankheitsprozesses beim Kaninchen keine besondere Bedeutung beigemessen werden.

Selbstverständlich dürfen wir diese Beobachtungen nicht verallgemeinern. Insbesondere gelten für untergehende oder überhaupt in ihrer biologischen Aktivität geschädigte Spirochäten wohl ganz andere Gesetze, als für die in ihrer kräftigsten Wucherungs- und Fortpflanzungszeit befindlichen Spirochäten der von Strempel und Armuzzi untersuchten Frühperiode.

Schon vor Strempel und Armuzzi hat S. Bergel in ausgedehnten Beobachtungen die Untergangserscheinungen der Spirochäten nicht nur im Kaninchenhoden und seinen Hüllen, sondern in besonderen, eigens hierfür angestellten Versuchen erforscht. Lassen wir die äußerst hypothetischen Ausführungen Bergels über ein lipolytisches Ferment der Lymphocyten und seine Wirksamkeit gegenüber den Spirochäten beiseite, so scheint mir bewiesen, daß die Lymphocyten bei der Vernichtung der Spirochäten oder wenigstens ihrer Zerfallstoffe eine wesentliche Rolle spielen. Die Versuche Bergels, der bei mehr oder weniger syphilisempfänglichen Tieren spirochätenhaltigen Stoff in die Bauchhöhle dieser Tiere brachte und dann systematisch den Untergang der Spirochäten verfolgte, ergaben, daß ein *extra-* und ein *intracellulärer* Abbauvorgang der Spirochäten vorkommt. Bei dem extracellulären Vorgang treten Degenerationserscheinungen auf in Form von Einknickung, schlangenartigem Zusammenrollen, Bildung von Hufeisen-, Schleifen- und Knotenformen, schließlich Zerfall in Körnchen, die noch durch ganz dünne Verbindungsfäden zusammenhängen können. Da diese Beobachtungen nicht nur an nach Giemsa gefärbten Präparaten, sondern auch im Dunkelfeld gemacht worden sind, wobei sich ein durchgehender Parallelismus ergab, können wir ihnen wohl eine sichere Beweiskraft zusprechen. Bergel weist auch auf häufig zu beobachtende Agglomerationserscheinungen der Spirochäten — er nennt sie Agglutinationsbildungen — mit anschließenden morphologischen Veränderungen der Erreger hin. Neben der extracellulären Degeneration der Spirochäten kommt es aber nach Bergels Beobachtungen auch zu einer sicher nachzuweisenden intracellulären Verarbeitung von Spirochätenbestandteilen und hier sind es fast ausschließlich die Lymphocyten, die den Abbau vollziehen. Bergel hat wiederholt beobachtet, „daß eben noch stark bewegliche Spirochäten mit einem Ende ihres Körpers von einem mehr oder weniger breiten Fortsatze einer lymphocytären Zelle erfaßt und wenige Sekunden gehalten wurden, dann flitzte förmlich die ganze Spirochäte in den Zelleib hinein, die Bewegung hörte fast sofort auf und man sah dann unmittelbar darauf das Aufquellen der Spirochäte, das Auftreten von Körnchen in ihr“.

Ebenso wie in den geschilderten Versuchen hat BERGEL auch im Primäraffekt bei Kaninchensyphilis extracelluläre Spirochätentrümmer und intracelluläre Phagocytose der Spirochäten durch Lymphocyten im nach LEVADIDI versilberten Präparat beobachten können. Wie STREMPEL und ARMUZZI findet er Spirochäten zwar auch innerhalb von Fibroblasten und fixen Bindegewebszellen und wie die genannten Autoren hält auch er diesen Vorgang für keine Phagocytose im eigentlichen Sinn, sondern eher für einen Zellparasitismus, insofern die Spirochäten aktiv in die Bindegewebszellen eindringen, in denen sie erfahrungsgemäß sehr gut gedeihen sollen. Daher rühre die geradezu bevorzugte Ansiedlung der Spirochäten innerhalb dieser Zellgattung.

BERGEL spricht ferner von einem Mißverhältnis zwischen Spirochätenmenge und Lymphocytenzahl, die Spirochäten seien dort verschwunden, wo Lymphocyten eingewirkt haben. Wo dichte Infiltrationsherde von Lymphocyten vorkämen, seien keine „vollentwickelten" Spirochäten mehr vorhanden, dagegen intra- und oft auch extracellulär neben und zwischen den Lymphocyten Gebilde, die als abgebaute, zerfallene Spirochäten gedeutet werden könnten, kleine schwarze Körnchen, die zuweilen reihenförmig angeordnet seien. Aus meinen eigenen Untersuchungen bei experimenteller Kaninchenhodensyphilis kann ich bestätigen, daß die Spirochätenzahl an Stellen mit Lymphocyten- oder Plasmazellen-Infiltrationen des syphilitischen Gewebes der Hodenhüllen oder anderer Primäraffekte auffallend gering ist. Wo Plasmazellen und Lymphocyten in starken Ansiedlungen — gewöhnlich liegen sie ja perivasculär oder adventitiell — vorkommen, sind kaum mehr oder nur selten Spirochäten zu sehen, in der nächsten Umgebung solcher Infiltrate dagegen sehr zahlreich. STREMPEL und ARMUZZI konnten im Gegensatz hierzu trotz stärkster Infiltratbildung im Spirochätengehalt keinerlei Abnahme konstatieren. „Keineswegs steht die Anzahl der Pallidae im umgekehrten Verhältnis zur Stärke und Einwirkungsdauer der lymphocytären Reaktion. Hier sind sie ebenso massenhaft vertreten, wie an anderen zellärmeren Orten".

STREMPEL und ARMUZZI schreiben zwar den Spirochäten besondere Beziehungen zu den Gefäßendothelien und den Perithelien zu, sie sahen auch die Spirochäten in gequollenen Endothelien und Endothelsprossen „sich mit Vorliebe weiter entwickeln". Dagegen lehnen sie, wie schon hervorgehoben, „eine regelmäßige Abnahme des Spirochätengehaltes mit zunehmender lymphocytärer und plasmacellulärer Infiltration" ab. Ich kann mir diese den Ergebnissen BERGELs und meinen eigenen Befunden widersprechenden Angaben nur so erklären, daß von STREMPEL und ARMUZZI allerfrüheste Stadien des Auftretens der Spirochäten untersucht worden sind, wo die Gegenaktion des cellulären Apparates noch kaum oder gar nicht eingesetzt hat, wobei ich auf den Einwand ungenügender Darstellung extra- und intracellulärer Abbaustoffe der Spirochäten durch die angewandte modifizierte JAHNELsche Schnellversilberungsmethode im Gefrierschnitt mangels eigener Erfahrung mit diesem Verfahren nicht weiter eingehen möchte. Auffällig ist ja auch, daß STREMPEL und ARMUZZI kaum etwas über extracelluläre Degenerationserscheinungen an den massenhaft vorhandenen Spirochäten berichten.

Ziehen wir die *vergleichende Morphologie* des Spirochätenuntergangs heran, so werden wir als unbedingt sicher ansehen dürfen, daß bei allen durch Spirochäten hervorgerufenen Infektionskrankheiten eine Aufnahme von Abbaustoffen, von untergehenden oder untergegangenen Exemplaren der Erreger in *Zellen* erfolgt. Ich möchte hier nochmals an die von HENNING dargestellten Untergangserscheinungen der Spirochäten bei experimenteller Recurrens[1] erinnern, der diese Vorgänge in den nichtnervösen Organen beschrieben hat.

Daß auch bei der progressiven Paralyse Spirochätenteile in Zellen erscheinen, ist sicher. PULIDO VALENTE, F. SIOLI und HAUPTMANN haben auf das Vorkommen von Spirochäten im Innern von Gliazellen aufmerksam gemacht. Die Kritik JAHNELs an der Sicherheit der *intra*cellulären Lagerung halte ich nicht für berechtigt. SCHOB hat Spirochätenherde mit in ihnen auftretenden Makrophagen und Leukocyten, die Spirochäten in ihren Zelleib aufgenommen hatten, beschrieben und abgebildet. Mit meinem Verfahren lassen sich nun alle Übergänge von gut erhaltenen extracellulären Spirochäten, degenerierenden extracellulären Erregern, *teilweise* schon intracellulär aufgenommenen Keimen, intracellulär im Abbau befindlichen Mikroben bis zu schließlich nur mehr in Form argyrophiler intracellulärer Körnchen nachweisbarer Spirochätenteilchen nachweisen. Da es sich bei dem

[1] HENNING: Arch. f. Psychiatr. 65, 225 (1922).

Verfahren um eine praktisch elektive Darstellung der gewebsfremden Spirochäten und ihrer Teile handelt und eine mikroskopische Beobachtung in großen Übersichtsschnitten möglich ist, bekommen wir einen vorzüglichen Überblick über die jeweils vorliegenden biologischen Phasen der Keime bis zu ihrer Degeneration und ihrem völligen Abbau in den Zellen.

Ein wichtiges Problem scheint mir, inwiefern die Aufnahme von Spirochätenbestandteilen in Zellen als phagocytärer Vorgang aufzufassen ist oder nicht. Bei der Phagocytose wäre ja zu unterscheiden zwischen dem aktiven Angriff phagocytierender Wirtszellen gegen die lebenskräftigen Spirochäten oder einem Kampf der Zellen gegen zwar noch lebende, aber vital schon geschädigte, absterbende Spirochäten. Schließlich könnte es sich nur darum handeln, daß die Aufnahme in Zellen erst nach Absterben der Spirochäten stattfindet (Nekrophagie). Dies wäre also eine besondere Form der Phagocytose im Sinne einer Reinigung des Gewebes von abgestorbenen Erregern oder von Leichenteilen der Spirochäten.

Über die Gestalt der phagocytierenden Zellen und der in ihnen enthaltenen Spirochätenbruchstücke, sowie darüber, zu welcher Zellart nach unserer Auffassung die phagocytierenden Zellen gehören und wie häufig sie bei Paralyse vorkommen, sind eigene Untersuchungen an einer großen Zahl von Paralysefällen angestellt worden. Hierbei unterstützte mich mein früherer Mitarbeiter Dr. Kiewe. Wir finden da Übergänge von typischen, extracellulär gelegenen Schraubenformen zu der beginnenden Aufnahme von Spirochäten in einer Zelle. Ein Teil der Spirochäte liegt dann außerhalb der Zelle, der andere Teil schon innerhalb derselben. Am außerhalb gelegenen Stück sind noch typische Windungen erkennbar, während der innerhalb der Zelle liegende Teil Verdickungen und Verklumpungen aufweist. Was sich hierbei als Zelle darstellt, ist allerdings nur ein Zellkern. Ein abgrenzbarer Zelleib kommt bei dieser Darstellungsmethode nicht zum Vorschein. Wir dürfen aber auf Grund von Vergleichen mit Zellfärbungsmethoden annehmen, daß der plasmatische Teil der Zelle keinen großen Umfang hat und daß er nur wenig über den Rand des Kernes hinausgreift. Es ist ja doch wohl überhaupt so, daß die durch Kerne markierten cellulären Formationen im eigentlichen parenchymatösen Gewebe des Gehirns häufig, besonders wenn es sich um keine plasmatischen Wucherungen, sondern um in Ruhe befindliche Glia handelt, kein abgrenzbares Gliaplasma zeigen, sondern mit ihrem Kern in das gliaplasmatische Syncytium eingebettet liegen. Manchmal sieht es so aus, wie wenn das intracelluläre Teilstück der Spirochäte dem Kern eingelagert wäre. Dies ist aber nur scheinbar, insofern in Wirklichkeit lediglich eine Überlagerung vorhanden ist, was durch das Spiel der Mikrometerschraube deutlich wird.

Sehen wir viele Präparate von paralytischen Hirnrinden durch, so stoßen wir auf die verschiedensten Stadien des intracellulären Abbaues der Spirochäten. Wir sehen innerhalb der Zellen Verdickungen und Verklumpungen von Spirochätenteilen, Kugel-, Körnchen- und Ösenbildungen, manchmal auch Formen, die aus einem oder mehreren, gleich- oder ungleichlangen Spirochätenfäden bestehen. Gewöhnlich sind diese Fäden gerade gestreckt, manchmal zeigen sie aber noch in einem kleinen Abschnitt ihrer ganzen Länge spiralige Windungen. So erinnern diese Formen an die eines lateinischen V, eines gespreizten Zirkels oder eines an einem Punkte zusammengeknoteten Büschels ungleichlanger Fäden (s. Abb. 52, 53b, e, g, i, S. 133, 134). Gelegentlich finden wir dem Zellkern anliegende, halbkreisförmig gekrümmte, noch deutlichen Spirochätentypus zeigende, etwas verdickte fädige Formen, manchmal mit einer Septierung, so daß der Halbkreis Unterbrechungen der Silberschwärzung aufweist. Wir dürfen wohl annehmen, daß der Parasit sich zunächst extracellulär verdickt und bogen- und halbkreisförmige Krümmung annimmt. In das Zentrum solcher extracellulärer Bogen- und

Kreisformen von Spirochäten scheint dann der Kern einzurücken und damit die intracelluläre Aufnahme und Verarbeitung des degenerierenden oder degenerierten Exemplares zu vollziehen. Schließlich finden sich auch noch solche Zellen, in denen nur mehr gröbere und feinere argyrophile Körnelungen den Zusammenhang mit den frischeren intracellulären Abbautypen der Spirochäten vermitteln. Alle diese beschriebenen Bilder kommen nebeneinander in demselben Fall vor; sie entsprechen dem Stand des intracellulären Spirochätenabbaus, der sich bemerkenswerterweise nicht nur an räumlich weit von einander abliegenden, sondern auch an unmittelbar benachbarten Stellen des Gehirngewebes ungleichmäßig vollzieht. Es ist ja klar, daß dieser Abbau dann identische Gestalt vermissen läßt, wenn das biologische Geschehen nicht synchron erfolgt. So kommt es, daß die morphologischen Strukturen alle Stadien des biologischen Geschehens anschaulich machen. Der endgültige Abschluß des intracellulären Erregerabbaus wird allerdings schließlich immer durch ein gleichartiges Bild der Abbauzellen dargestellt: Die mittelfein und ganz fein argyrophil gekörnten Zellen, die zahlenmäßig oft im Übergewicht sind, stellen dieses späteste Stadium des Erregerabbaus dar.

Mit Ausnahme von ganz wenigen Fällen konnten die Spirochätenabbauzellen bei der überwiegenden Mehrzahl aller Paralysen gefunden werden. Von 55 bis jetzt untersuchten Fällen fehlten sie bisher nur in 3, sie waren also in über 97 % der Fälle vorhanden. Die Ausnahmen stellten weit vorgeschrittene völlig verblödete Endstadien von jahrelanger Dauer dar. Nach ihrer Heilung gestorbene Paralysefälle konnten bisher noch nicht untersucht werden, da uns entsprechendes Material nicht zur Verfügung stand. Die Abbauzellen der Spirochäten sind wesentlich häufiger als die extracellulären Erreger, wir finden sie etwa 5mal so häufig.

Viele Abbauzellen liegen hauptsächlich adventitiell (s. die Abbildungen der Kieweschen Arbeit), oft findet sich auch eine Ausstreuung ins Parenchym hinein, wobei das Gefäß den Brennpunkt der Zellanhäufung darstellt. Entsprechend der Verteilung der Spirochäten sind aber die Abbauzellen recht oft ganz regellos im Parenchym der Hirnrinde und im sonstigen Grau verstreut, ohne daß topische Beziehungen zu ebenfalls vorhandenen adventitiellen Abbauzellansammlungen nachweisbar würden.

Besonders interessiert uns natürlich die Zell*art* dieser Abbauzellen. Die Ansammlungen von eigentümlich argyrophil gekörnten Zellen mit rundem Kern, etwa von der Größe eines Lymphocyten- bzw. kleinen Gliazellkernes finden sich im parenchymatösen Gewebe des Gehirns, vor allem in der Hirnrinde, aber auch in den adventitiellen Lymphräumen (s. auch Abb. 8, S. 53). Ich nenne diese Zellen von nun an „Silberzellen“ („Argyrocyten“) wegen ihres Inhaltes. Sie sind in den Gefäßwänden wohl identisch mit Lymphocyten, außerhalb derselben im Parenchym mit den kleinen, rundkernigen Gliazellen. Daß es sich bei dem Inhalt dieser Silberzellen um Reste des Spirochätenabbaus handelt, darauf weist die Eigenart ihres Vorkommens an Orten stärksten Spirochätenunterganges und *nur* an diesen hin. Wir werden ferner einen schlüssigen Beweis für die Spirochätennatur des Inhalts der Silberzellen darin sehen dürfen, daß manche Silberzellen noch die Spirochätengestalt deutlich aufweisende Degenerationsformen der Erreger in ihrem Innern tragen. Nebeneinander finden sich wenige oder ganz seltene wohl erhaltene Spirochäten, extracelluläre Degenerationsformen und endlich alle möglichen Übergangsformen solcher Silberzellen, die noch deutliche Bruchstücke von Spirochätencharakter enthalten, bis zu den nurmehr fein argyrophil im Zelleib gekörnten Silberzellen. Als weitere Beweise einer morphogenetischen Zusammengehörigkeit von Silberzellen und Spirochäten können wir noch anführen, daß vollkommen identisch mit der regionalen Verteilung der Spirochäten auch die Silberzellen vorwiegend im Grau anzutreffen sind und daß eine *umgekehrte Proportionalität* zwischen der Anzahl der Silberzellen und der der erhaltenen Spirochäten durchgängig wiederkehrt. Wo viel typische Spirochätenexemplare sind, stoßen wir auf wenig Silberzellen, wo wir viel Silberzellen antreffen, sind sehr wenig Spirochäten nachweisbar. So dienen uns auch die Silberzellen als Merkmal früherer Spirochätenanwesenheit an solchen Stellen. Es ist nicht selten sogar so, daß in den großen Übersichtsschnitten die Ansammlung der Silberzellen als Indicator für das Auffinden von noch völlig typisch erhaltenen Spirochätenexemplaren an diesen Stellen gebraucht werden kann. Wenn das Gewebe spirochätenfrei ist, und wir finden irgendwo einen Silberzellenherd, so können wir mit Sicherheit annehmen, daß hier Spirochäten untergegangen sind, und wenn wir die Mühe des Suchens nicht scheuen — allerdings bedarf es manchmal recht langer Zeit des Suchens, nicht nur in einem Schnitt, sondern in allen Schnitten einer Serie — so gelingt es uns, an dieser Stelle auch noch vereinzelte wohlerhaltene extracelluläre Spirochätenexemplare zu finden.

Bemerkenswert ist, daß manchmal auch die Pia und der ihr benachbarte superfizielle Gliasaum Silberzellen enthält, daß ferner die Molekularschicht Ansammlungen von Silberzellen aufweist. Häufig stoßen wir dann auch an solchen Stellen, oft freilich nur bei intensivstem Nachsuchen, auf vereinzelte typische Spirochäten. Gewöhnlich sehen wir an solchen Orten, wie die Silberzellenanwesenheit im Gewebe in irgendeiner Beziehung zum adventitiellen Gefäßraum steht, nicht nur, daß im adventitiellen Lymphraum Silberzellen nachweisbar sind, sondern rings um den adventitiellen Lymphraum als Brennpunkt sind Silberzellen im Parenchym verstreut. Dabei muß das Gefäß nicht im genauen Mittelpunkt des Silberzellenherdchens liegen, meistenteils aber wird man eine deutliche Beziehung zum Gefäß insofern erkennen, als im adventitiellen Lymphraum und in seiner nächsten Umgebung eine stärkere Anhäufung von Silberzellen sich vorfindet; je weiter vom Gefäß entfernt, desto verstreuter und weniger zahlreich treffen wir die Silberzellen an. Wir können in manchen Fällen und an manchen Stellen ein deutliches *Silberzellenäquivalent* der periadventitiellen Wallbildung der Spirochätenansammlung nachweisen (s. später S. 52).

Die im parenchymatösen Hirngewebe selbst außerhalb des adventitiellen Lymphraumes auftretenden Silberzellen haben wir vorhin als kleinkernige Gliazellen bezeichnet. Gelegentliches Vorkommen einer Ausstreuung von Lymphocyten in das den infiltrierten Gefäßen benachbarte Parenchym der paralytischen Hirnrinde gestattet einen Zweifel an dieser Auffassung von der gliösen Natur. Jedoch stellt ein solcher Befund gegenüber der Beschränkung der lymphocytären Zellinfiltration auf den adventitiellen Lymphraum und der hieraus erschlossenen Respektierung der biologischen Grenzscheide zwischen adventitieller und gliöser Grenzmembran eine Ausnahme dar. Silberzellen im Parenchym sind demgegenüber viel häufiger. Vielleicht müssen wir aber doch unsere Anschauung revidieren, daß die adventitiell-gliöse Grenzscheide für die Infiltratzellen, besonders die Lymphocyten, das angenommene Hemmnis darstelle, wir müssen damit die Theorie der Beschränkung der Lymphocyten auf den adventitiellen Lymphraum aufgeben und ihre Ansiedlung im Parenchym zugeben. Oder aber die Silberzellen des Parenchyms sind keine Lymphocyten und überhaupt keine Abkömmlinge vom Mesenchym, sondern kleine rundkernige Gliazellen. Dann stehen wir vor der Schwierigkeit, den Lymphocyten (im Adventitialraum bzw. in den Meningen) und den genannten Gliazellen dieselbe physiologische Leistung beim intracellulären Spirochätenabbau zuerkennen zu müssen. Wir könnten zwar hier auf die Analogie eines gleichzeitigen Vorkommens mesodermaler und gliogener Körnchenzellen verweisen, wobei die *Leistung* dieser Zellen im Sinne der Abräumung von Zerfallsprodukten lipoider und anderer Art zu einer gleichartigen Gestalt mesodermaler und ektodermaler Elemente führt. Mir scheint auf Grund unserer heutigen Kenntnisse eine Entscheidung darüber, ob die Silberzellen einheitlicher lymphocytärer Genese sind oder ob außer Lymphocyten auch Gliazellen Silberzellengestalt und Funktion annehmen können, nicht möglich zu sein. Dazu kommt, daß wir heute ja auch vor der allgemein-pathologischen Schwierigkeit einer ungenügenden ontogenetischen Abgrenzung mancher Zellen stehen, die wir bisher als ektodermal-gliöser Natur aufgefaßt haben, die aber mesodermaler Abstammung sein sollen (Del Rio-Hortegas Mikroglia).

Ein Einwand gegen die biologische Bedeutung der Silberzellen ist noch nicht entkräftet. Man könnte nämlich sagen, infolge des Überlebens der Spirochäten nach dem Tode des Wirts könnte es zu einem *postmortalen* Eindringen von Spirochäten in tote Zellen des Wirts kommen und damit ein noch zu Lebzeiten des Wirts sich abspielender Vorgang nur vorgetäuscht werden. Dieser Einwand kann sehr leicht dadurch widerlegt werden, daß infolge des Vorkommens aller möglichen Übergangsformen von deutlichen Spirochätenbruchstücken in den Zellen bis zu gleichmäßig gekörnten Trümmern zeitlich differente celluläre Verarbeitungsphasen der Spirochäten in einem und demselben Fall uns vor Augen geführt werden. Solche chemischen Prozesse innerhalb einer Zelle haben aber einen funktionstüchtigen, lebenden Zellapparat zur Voraussetzung. Wenn in eine abgestorbene Zelle eine Spirochäte eindringen würde, wäre eine Abtötung und Verdauung derselben in dieser toten Zelle wohl kaum mehr möglich. *Die Silberzellen stellen zweifellos ein biologisches Zeichen* des *intravitalen, intracellulären Spirochätenabbaus dar.* Darüber hinaus erweisen sie sich als Überbleibsel des Spirochätenuntergangs, sie geben uns also gewissermaßen als Leichensteine und Friedhöfe Anhaltspunkte für zeitliche und örtliche Lebensbedingungen der Erreger, sie dienen uns vermöge ihrer charakteristischen Gestalt schließlich auch als Signale für noch wohlerhaltene Erreger.

Schließlich ließen sich die Silberzellen auch noch anders deuten. Man könnte in ihrem Inhalt nicht Degenerationsstoffe der Spirochäten sehen, sondern *Entwicklungs-* oder *Ruhestadien der Erreger.* Gegen diese Annahme spricht aber einmal die wechselvolle Gestalt der Parasitenbruchstücke und -trümmer. Würde es sich um in die klassische Schraubenform rückbildungsfähige, biologisch inaktive oder sonst irgendwie mit biologischer Sonderstellung versehene Erreger handeln, so müßte doch eine gleichartigere Form der bisher als Trümmer aufgefaßten Gebilde kenntlich werden. Aber abgesehen hiervon können wir darauf hinweisen, daß die Silberzellen mit ihren argyrophilen Inhalten besonders zahlreich in den infektionsbehandelten Fällen von progressiver Paralyse hervortreten, wenn die typischen Erregerformen schon völlig verschwunden sind. Der durch unsere Therapie eingeleitete Heilungsvorgang der progressiven Paralyse führt zu einer massenhaften Produktion von Silberzellen und zu einem Verschwinden der typischen Schraubenformen, was ohne Zwang eben nur durch einen Untergang der Erreger erklärt werden kann. Als vorübergehendes Zeichen dieses Untergangs und dieser intracellulären Verarbeitung von Leichenteilen der Erreger treffen wir die mit meiner Gefrierschnittversilberungsmethode besonders deutlich und elektiv zur Darstellung gebrachten Silberzellen an.

Eines Wortes bedarf endlich noch die Frage, ob wir denn den Silberzellen Seßhaftigkeit und Ortsständigkeit zuerkennen dürfen, ob es sich bei ihnen nicht vielmehr um wanderungsfähige Zellelemente handelt. Wenn den Silberzellen überhaupt die Fähigkeit zur Fortbewegung zukommt, so kann sie nicht von bedeutendem Ausmaß sein. Die argyrophilen Lymphocyten des Gefäßwandinfiltrates werden wohl kaum wesentliche Eigenbeweglichkeit haben und auch den Silberzellen im Parenchym dürfen wir nur eine geringe Fortbewegungsleistung zutrauen. Haben sie doch mit der Verdauung der Spirochätenbruchstücke eine gewaltige Arbeit zu leisten, so daß wir ihnen die Energieaufbringung für erheblichere lokomotorische Effekte wohl kaum zuschreiben dürfen. Außerdem aber finden wir so häufig extracelluläre Spirochätendegenerationsformen, daneben auch noch gut erhaltene Pallidae mit Silberzellen herdförmig vermischt vor, daß wir daraus eine Umwandlung seßhafter Zellen in Silberzellen *an Ort und Stelle* oder wenigstens ganz nahe dabei annehmen müssen und den Silberzellen eine höchstens ganz geringfügige Wanderungsfähigkeit zuschreiben werden.

Ich habe später dem hier geschilderten Typus des Spirochätenabbaus durch die Silberzellen im paralytischen Zentralnervensystem einen anderen gegenüberzustellen, nämlich den der nadelförmigen (aichmomorphen) Spirochätendegeneration, die in engeren pathogenetischen Beziehungen zur herdförmigen Markscheidendestruktion steht. Es gibt zum mindesten zwei Abbautypen der Pallidae, einen häufigeren mit Hilfe der Silberzellen und den selteneren, aichmomorphen. Der Typus der Degeneration in Form der Silberzellen ist nicht nur häufiger, er ist auch rein, während die nadelförmige Degeneration der Spirochäten, soviel ich bisher beobachten konnte, nie *isoliert* vorhanden ist. Wir treffen sie nämlich *in einem und demselben Gehirn* mit der Silberzellendegenerationsform untermischt an, wobei freilich *an einzelnen Stellen* wenigstens ein quantitativ erheblich überwiegender aichmomorpher Typ zu Tage tritt.

Die mit meiner neuen Methode darzustellenden Silberzellen sind für die Auffassung des pathologischen Geschehens bei progressiver Paralyse nicht ohne Bedeutung.

Die Silberzellen sind Merkmale des *Spirochätenvorkommens* und damit in das topographische Studium desselben mit einzuschließen. Müssen wir doch in den Silberzellen bildlich gesprochen Leichensteine früher an Ort und Stelle vorhandener Spirochäten erblicken, weil wir den Silberzellen keine irgendwie ins Gewicht fallende Eigenbewegung zusprechen dürfen. Wir sind dann überrascht, in welch großem Prozentsatz aller Paralysen die Meningen Silberzellen enthalten und damit als früher spirochätenhaltig anzusehen sind. Über das Vorkommen von Silberzellen im superfiziellen Gliasaum der Rinde habe ich oben schon gesprochen. Auch in den unmittelbar subependymal gelegenen Schichten (Unterhorn) stoßen wir häufig auf Silberzellen und wenn wir längere Zeit an solchen Stellen suchen, finden wir auch noch wohlerhaltene Exemplare der Spirochaete pallida, wie ich es in einer früheren Arbeit bereits abgebildet habe. In den subcorticalen Ganglien, im Corpus striatum (Caudatus und Putamen) sind Silberzellen neben wohlerhaltenen Spirochäten in überhaupt spirochätenreichen Gehirnen nicht selten, ebenso in der Kleinhirnrinde, im Corpus geniculatum laterale, Corpus mamillare, in der Substantia nigra, in der Brücke und Oblongata usw. Auch im Pallidum, dies scheint mir besonders wichtig, habe ich einzelne Silberzellen, freilich nur wenige und selten gefunden, bis jetzt allerdings noch nie erhaltene Pallidae. Im Mark finden sich Silberzellen besonders gerne in den unmittelbar subcortical gelegenen Markteilen. Im Rückenmark habe ich bisher bei Paralyse keine Silberzellen gefunden, es war mir außerordentlich auffällig, wie gerade auch in spirochätenreichen Fällen mit der Medulla oblongata die Anwesenheit von Spirochäten und Silberzellen abschnitt. Material von Tabes dorsalis stand mir bisher nicht zur Verfügung. Ich betone dabei, daß wir bei Anwendung der Kombination des Christellerverfahrens mit unserer Gefrierschnittversilberung Rückenmarkslängsschnitte von großer Ausdehnung machen und damit sehr rasch einen Überblick über das gesamte Rückenmark gewinnen können.

Die Silberzellen sind das letzte morphologisch erkennbare Zeichen der Spirochätenanwesenheit. Diese Zellen verschaffen uns damit eine ausgedehnte Möglichkeit, zeitliche Differenzen der Lebensphasen der Erreger zu erkennen. Studieren wir die Hirnrinde in Paralysefällen von diesem Gesichtspunkt aus, so fällt uns einmal auf, daß an unmittelbar benachbarten Stellen ganz verschiedene Stadien der Spirochätenexistenz vorkommen: Ansammlungen massenhafter typischer Pallidaexemplare liegen unweit von Stellen, an denen noch erhaltene, häufig auch schon extracellulär degenerierte Parasiten gemischt mit Silberzellen aufgefunden werden, oder gar in der Nähe solcher Rindengebiete, in denen nur mehr Silberzellen und höchstens vielleicht noch die eine oder andere typische Pallida nachgewiesen werden können. Es geht daraus wohl hervor, daß der Untergang der Pallida, selbst innerhalb unmittelbar benachbarter Rindengebiete, zu ganz verschiedenen Zeiten vor sich geht. Es liegt nahe, hieraus zu entnehmen, daß auch die Keimung der Pallidae an den verschiedenen Orten nicht synchron erfolgt. Jedoch scheint mir eine solche Schlußfolgerung nicht berechtigt, könnte doch die Lebensdauer der Erreger ganz verschieden sein, so daß trotz Gleichzeitigkeit der Entstehung aus noch nicht bekannten Ursachen der Untergang zu verschiedenen Zeiten stattfindet. Eine *andere* Auffälligkeit ist die, daß Silberzellen häufig sich in ganz *bestimmter Anordnung* vorfinden: Der adventitielle Lymphraum mittlerer aber auch kleinerer Gefäße enthält sehr viel Silberzellen in Form von Lymphocyten und gelegentlich noch wenige erhaltene extracelluläre Parasiten. Auch über spirochätenreichen tieferen Rindenstellen lassen sich Silberzellen in den oberflächennahen Schichten, sowie an der Rindenmarkgrenze oder gar schon im subcorticalen Marksaum besonders zahlreich nachweisen. Hier ist es also *zu einem früheren Untergang der Spirochäten,* zu einer Verkürzung der Lebensdauer gekommen oder *die Spirochätenbesiedlung ist schon über diese Stellen hinweggegangen und hat als Rest Silberzellen zurückgelassen.* Könnten die meningeal, gliös-superfiziell, sowie in den nächstfolgenden oberen Rindenschichten gelagerten Silberzellen nicht Überbleibsel eines Wanderungsvorganges der Spirochäten von der Hirnoberfläche nach der Tiefe zu sein? Wenn ferner die Silberzellenbildung gerade an der Rindenmarkgrenze und im benachbarten Mark im Gegensatz zum Vorhandensein wohlerhaltener Erreger in den unmittelbar darüber gelegenen Rindenschichten gehäuft sich zeigt, dürfen wir dann nicht vielleicht annehmen, daß es hier zu einem vorzeitigen Zerfall von Erregern kommt?

Recht bemerkenswert ist weiterhin, daß wir bei unseren infektionsbehandelten Paralysefällen typische Exemplare der Pallida nur selten mehr auffinden, dagegen sehr häufig Silberzellen, in denen auch gelegentlich noch deutlich gewundene Spirochätenbruchstücke zu erkennen sind. Die Verteilung der Silberzellen entspricht hier durchaus der bei der nichtbehandelten Paralyse festgestellten. Nur ist vielleicht in den tiefen marknahen Schichten und in den unmittelbar unter der Rinde gelegenen Markteilen mehr von Silberzellen zu sehen, als sonst. Gelegentlich kommt es nach meinen Erfahrungen im Verlauf der Infektionsbehandlung vor der endgültigen Rückbildung zu einer Umwandlung der adventitiellen Infiltrate nach drei Richtungen hin: Plasmazellen treten zu Gunsten von Lymphocyten zurück, die unter der Rinde gelegenen Markschichten bieten eine stärkere Infiltratbildung dar und endlich zeigt sich eine Ausstreuung von Lymphocyten über den Adventitialbereich hinaus in das rein nervöse Gewebe hinein. Vor mir hat STRÄUSSLER von ähnlichen Umwandlungen der Infiltrate berichtet. Dementsprechend müßte sich auch die Verteilung der Silberzellen darstellen. Dies ist, wie wir ja eben schon ausgeführt haben, für die Rindenmarkgrenze und das anschließende subcorticale Mark tatsächlich der Fall. Die Silberzellenherdchen im übrigen grauen Parenchym finden wir dagegen überhaupt, auch bei nichtbehandelten Paralysen, häufig, so daß ich eine Parallelität der Silberzellenherdbildung zur Ausstreuung von Lymphocyten ins Parenchym als Folge der Malaria- oder Recurrensbehandlung nicht unbedingt anzuerkennen vermag. Vielleicht sind Silberzellenherdchen in der Rinde bei den malaria- und recurrensbehandelten Fällen häufiger und damit auch ein häufigeres Auftreten von Lymphocytenausstreuungen im Parenchym. Freilich dürfen wohl nicht alle im nervösen Gewebe liegenden Silberzellen als Lymphocyten angesehen werden; auch Gliazellen beteiligen sich ja nach unserer Ansicht an der Vertilgung der Spirochätenbestandteile und erscheinen damit als Silberzellen.

Der Nachweis von wohlerhaltenen Spirochäten steht bei den malaria- und recurrensbehandelten Paralysefällen an Häufigkeit weit hinter dem der Silberzellen zurück. Es ist nicht schwer, zahlreiche, die verschiedensten Spirochätenverarbeitungsstadien enthaltenden Silberzellen aufzufinden, dagegen muß man sehr lange bis zum Auffinden typisch gewundener Spirochäten suchen oder die Suche verläuft überhaupt ergebnislos. Gerade bei diesen infektionsbehandelnden Fällen erweist sich die Bedeutung der Silberzellen in besonders hohem Grade, ist doch hier der Nachweis der Silberzellen ein sicheres Zeichen des stattgehabten Spirochätenuntergangs und manchmal sogar noch ein Fingerzeig für die Auffindung seltener extracellulär erhaltener Erregerexemplare. Dem entsprechen auch die Angaben in der Literatur, daß Spirochätenbefunde bei infektionsbehandelter Paralyse recht selten geworden sind. Diesem negativen Befund geht aber der positive des Silberzellenstadiums ebenso häufig parallel. Freilich hängt es auch hier davon ab, wie lange Zeit zwischen Infektionsbehandlung und Tod verstrichen ist. Die Reinigung des Gewebes von den Spirochätenteilen und Bruchstücken vollzieht sich mit Hilfe der Silberzellen offenbar recht rasch, auch die Argyrophilie dieser Zellen verschwindet und schließlich bleibt im Gewebe nichts mehr zurück, was die frühere Anwesenheit von Spirochäten beweist. Die intracelluläre Verarbeitung der argyrophilen Spirochätentrümmer in nicht argyrophile und damit das Verschwinden der Silberzellen kann von uns als Zeichen des gründlichen Reinigungsprozesses der zentralnervösen Substanz gewertet werden. So wundert es uns nicht, daß wir einige Zeit nach Ablauf der Recurrens- und Malariabehandlung viel weniger bis nur mehr äußerst spärliche Silberzellen im Hirngewebe nachweisen können.

3. Über die Verteilung der Spirochäten und Silberzellen im Paralysehirn und die Wanderung der Erreger innerhalb der Nervensubstanz.

Wir betrachten zunächst die mit dem neuen Gefrierschnittversilberungsverfahren an großen Übersichtsschnitten gewonnenen Einblicke in die Verteilung der Spirochäten im Paralysehirn so, wie wenn wir den Zusammenhang zwischen Spirochäten und Silberzellen noch gar nicht kennen würden. Wir sehen also ganz ab von der Darstellungsmöglichkeit der intracellulären Abbaustoffe der Spirochäten und betrachten fürs erste nur die Verteilung der typischen extracellulären Erreger.

Untersuchen wir nun ein sehr spirochätenreiches Paralysehirn — solche Fälle sind heute infolge unserer Infektionstherapie selten geworden —, so fallen uns Stauungen und Anschoppungen der Spirochäten auf. Es ist dies ja schon lange bekannt.

Ich darf hier nur an die Bilder der „herdförmigen Spirochätenverteilung" JAHNELS, an die vasculäre und perivasculäre Spirochätenansammlung desselben Spirochätenforschers (s. Abb. 50 und 53 im Handbuch der Geisteskrankheiten Bd. 11, Spez. Teil 7, pathol. Anatomie der progressiven Paralyse von F. JAHNEL), oder an meine Abbildungen, Arch. f. Psychiatr. 87, 143, sowie an die besonders hübschen Mikrophotogramme, die PACHECO E SILVA in seiner Arbeit „Espirochétose dos centros nervosos, Memorias do Hospital de Juquery Anno III—IV, 1926—27" abgebildet hat, erinnern. Hier finden sich auch in den Figuren 9—11, 13 typische Darstellungen einer weiteren Wallbildung, nämlich derjenigen um Ganglienzellen, wie ich sie ebenfalls in meiner ebengenannten Arbeit S. 145 wiedergegeben habe.

Es gibt also zwei Formen von Wallbildung der Spirochäten, eine an den Blutgefäßen und eine zweite an der Oberfläche der Ganglienzellen. Eine dritte noch zu wenig bekannte Anschoppung findet sich nicht selten an der Grenze von Hirnrinde und Mark.

Zwar ist diese Ansammlung der Spirochäten häufig nicht so dicht, wie an den Blutgefäßen oder an den Ganglienzellen; aber es läßt sich unschwer nachweisen, daß es auch hier zu einer Wallbildung kommt (Abb. 3). Besonders deutlich sehen wir dies an *den* Stellen, wo die graue Rindensubstanz nicht nur nach der Tiefe, sondern auch nach der Seite zu von weißer Marksubstanz umgeben ist, also gewissermaßen in die Marksubstanz eingebettet daliegt. Es ist dies etwa der Fall an den über dem Balken gelegenen Rindenteilen des Gyrus cinguli oder in Teilen der Ammonshornformation. Wir können diese Erscheinungsweise der Spirochäten noch verallgemeinern: Die Ansammlung der Erreger auf der grauen Rindenseite an der Grenze von Rinde und Mark ist nur ein Sonderfall der Spirochätenverteilung in der grauen und weißen Substanz. Besonders hübsch sehen wir dies an den grauen nervenzellhaltigen Verbindungszügen zwischen dem Schwanzkern und dem Putamen in der inneren Kapsel. Die grauen Brücken zwischen diesen beiden Kernen sind spirochätenhaltig, die weißen Fasermassen nicht. Ebenso verhalten sich die entsprechenden Bestandteile des Nucleus caudatus und des Putamens selbst: in den weißen Faserbündeln finden sich keine Spirochäten, wohl aber in den grauen Massen. Es kommt so gelegentlich zu einer Stauung der Spirochäten auf der Seite des Grau an der Grenze zwischen Grau und Weiß. Auch für andere graue Kerne, wie z. B. Corpus mamillare, Corpus geniculatum laterale, für die grauen Kerne der Brücke und sogar der Oblongata konnte diese allgemeine Gesetzmäßigkeit nachgewiesen werden. Voraussetzung ist hierbei allerdings, daß es sich um ein außerordentlich spirochätenreiches

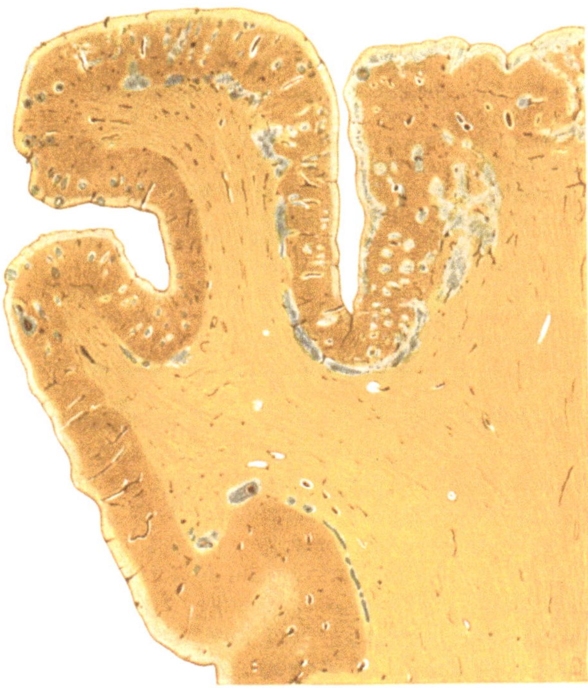

Abb. 3. Progressive Paralyse. Fall KRETSCHMAR. Zeichnung (Obj. a_0, Okul. 2, ABBEs Zeichenapparat, Vergr. 6 ×). Originalgetreue Wiedergabe der Farben. Man achte auf die Farbunterschiede zwischen Rinde und Mark und die massiven Spirochätenherde, die sich besonders stark in bogenförmiger Begrenzung an der Grenze von Rinde und Mark anhäufen.

Paralysehirn handelt. Es ergibt sich damit die allgemeine Gesetzmäßigkeit der Vorliebe der Spirochäten für die graue Substanz, wo sie sich auch findet. Entsprechend sind, je mehr Markweiß ein Kern enthält, um so weniger Spirochäten in ihm anzutreffen (z. B. Pallidum).

Wenn wir die Verteilung des paralytischen Gewebsprozesses in der Hirnrinde ins Auge fassen, so vermissen wir jegliche Betonung arealer Bevorzugungen [SAITO (1924), JAKOB]. Dabei ist die über die Hirnrinde verteilte Ausdehnung des paralytischen Krankheitsprozesses gewiß nicht gleichmäßig, das Hinterhauptshirn ist meistens am wenigsten geschädigt. JAKOB weist darauf hin, daß die Ausbreitung des paralytischen Prozesses mit seiner „vornehmlichen Lokalisation in der vorderen Frontalgegend, im Ammonshorn, in T_2 und T_3 und im Temporalpol, in der vorderen Hälfte des Gyrus fornicatus, in der Insel, in Abschnitten des Parietalhirns“ „eine auffällige Wesensverwandtschaft mit jener Prozeßausbreitung, wie sie uns die senile Demenz gemeinhin bietet“, zeige. Er führt dies auf strukturelle Baueigentümlichkeiten der im Prinzip verschonten oder weniger befallenen Gebiete zurück, insofern es sich bei den verschonten Gebieten *um solche mit relativ stärkstem Markfaserreichtum handle.* Es gelte dies für die Area praecentralis und frontalis agranularis mit dem hinteren Drittel von F_3, für die Centralis posterior, die gesamte Occipitalregion und die obere Temporalregion, namentlich das hintere Drittel von T_1 und die Querwindungen. Es sei ihm in seinem Material schon bei der makroskopischen Betrachtung, aber auch im Übersichtspräparat am Markscheidenbild an paralytischen und senil-atrophischen Gehirnen immer wieder aufgefallen, daß gerade die erweiterte BROCAsche Zone, die T_1 mit den HESCHLschen Querwindungen in intaktem Zustand aus der allgemeinen Atrophie sich abheben würden (S. 479, Spezielle Histopathologie des Großhirns, Handbuch der Psychiatrie, allgemeiner Teil 1,1, Bd. 2, 1. Teil. 1929). Wenn dieses JAKOBsche Ansicht richtig ist, so würde auch in der Rinde selbst die Verteilung des Markweißes innerhalb der Hirnrinde für die verschiedene Stärke des paralytischen Prozesses in den einzelnen Hirnrindengebieten verantwortlich zu machen sein und hier also dieselbe Gesetzmäßigkeit obwalten, wie wir sie für das Grau und Weiß überhaupt festgestellt haben.

Bei Betrachtung der Tiefenlokalisation des histologischen Prozesses in der Rinde zeigt sich nach NISSL und ALZHEIMER, SAITO, JAKOB u. a. der ganze Rindenquerschnitt betroffen, allerdings mit besonderer Bevorzugung der äußeren Hauptschicht, namentlich von Lamina II, IIIa und b. Relativ leicht ist die Lamina I befallen, in der häufig nach SAITO noch die Tangentialfaserung erhalten bleibt. Nicht selten ist nach JAKOB ein besonderes Anschwellen der krankhaften Vorgänge an der Rindenmarkgrenze. Wenn wir auch für diese laminäre Verteilung des paralytischen Prozesses den verschiedenen Reichtum an markscheidenhaltigen Nervenfasern als Erklärung heranziehen wollten, so müßte doch wohl in sehr markfaserarmen Lamina I der paralytische Prozeß sich am stärksten auswirken. Dies ist aber gerade nicht der Fall. Auch das besondere Anschwellen der krankhaften Vorgänge an der Rindenmarkgrenze findet in den Differenzen des Markfaserreichtums der einzelnen laminären Schichten keine Begründung; hier ist ja der markfaserreichste Teil der Hirnrindenschichten.

Wenn somit auch eine Gesetzmäßigkeit der Spirochätenverteilung zwischen Grau und Weiß nachgewiesen werden kann, so geht andererseits der Parallelismus, den die krankhaften Gewebsvorgänge hierzu zeigen, doch nicht *so* weit, daß Markfaserreichtum und histologischer Krankheitsprozeß überall in umgekehrtem Verhältnis zueinander stehen. Wir brauchen hierauf nicht einzugehen, wollen wir uns ja doch nicht mit der Auswirkung der Spirochätenanwesenheit auf den paralytischen Krankheitsprozeß befassen, sondern für uns gilt es darum, Verteilungsgesetzmäßigkeiten der Erreger und ihre Ursache kennenzulernen.

Wie kommt die *Wallbildung der Erreger* zustande? Hier sind verschiedene Möglichkeiten denkbar: Vielleicht könnte es sich um eine Entstehung und Entwicklung von Spirochätenschwärmen *an Ort und Stelle handeln.* Dann wären die Wallbildungen nur der Ausdruck von *Fortpflanzungszentren* der Erreger, wir müßten uns fragen, warum gerade an solchen Stellen eine gesteigerte Generationstätigkeit stattfindet und warum diese gesteigerte Fortpflanzungstätigkeit nicht zur Überschreitung der Wallgrenzen in die Gefäßwände beziehungsweise in das Gefäßlumen oder in die Ganglienzellen hinein führt und endlich, warum die Erreger trotz ihrer Eigenbewegung an ihren Geburtsstätten seßhaft bleiben.

Die andere Möglichkeit ist die, daß die Erreger bei ihren *Wanderungen* auf Widerstände stoßen, die ihnen ein Weiterwandern nach beliebigen Richtungen unmöglich machen und von ihnen infolgedessen die Einhaltung bestimmter Richtungen verlangen.

Damit gelangen wir zu einem allgemeinen Problem, das für die Entstehung der krankhaften Gewebsveränderungen bei den Infektionskrankheiten des Zentralnervensystems von allergrößter Wichtigkeit ist.

Den pathogenetisch bedeutungsvollen Fragestellungen des *Eindringens* von Krankheitskeimen *in* das Zentralnervensystem und des weiteren *Verweilens*

(Persistenz) der Erreger im Gehirn gesellt sich eben noch eine weitere parasitologische, nämlich die der *Wanderung* der Krankheitserreger *innerhalb* der nervösen Zentralorgane hinzu. Mag es in pathogenetischer Hinsicht wichtiger erscheinen, Beobachtungen über die zeitlichen und örtlichen Bedingungen des Eintretens von Parasiten in das Zentralnervensystem, sowie über ihre aktive oder inaktive (latente) Persistenz zu sammeln, so darf doch die Frage nach der Wanderung der Krankheitskeime innerhalb des infizierten und vielleicht schon krankhaft veränderten Zentralnervensystems nicht vernachlässigt werden. Gehört sie ja auch zu der vollkommenen Erfassung der Pathogenese, und gerade die Beantwortung der Wanderungsprobleme mag für die Aufklärung klinischer Verlaufsrichtungen und mancher klinischer Einzelerscheinungen wichtiger werden, als das Studium von Eintrittspforten oder Eintrittszeiten sowie von Verweilorten und Verweildauer.

Das Wandern der Krankheitserreger innerhalb des Gehirns ist nur ein Sonderfall der Wanderung von Mikroben im lebenden Gewebe überhaupt. Sehen wir von der Möglichkeit der Beobachtung künstlich infizierter Gewebskulturen, wie sie z. B. von Maximow bezüglich des Tuberkuloseerregers angestellt wurde, ab, so ist uns nur eine indirekte Erfassung der intravitalen Wanderung von Krankheitserregern im lebenden Gewebe möglich. Nur dadurch, daß wir ein infiziertes Tier abtöten oder daß ein infizierter Mensch stirbt, bekommen wir einen unserer parasitologisch-morphologischen Untersuchung zugänglichen Beobachtungsstoff in die Hände. Dabei ist zu bedenken, daß die Mikroben das tote Wirtstier noch geraume Zeit überleben und in seinen Organen postmortal weiterwandern können. Auch die agonalen Veränderungen des absterbenden Wirtstieres könnten die Lebensbedingungen der parasitischen Kleinlebewesen umgestalten. Dann wäre die bei der späteren Untersuchung der Wirtsorgane gefundene Erscheinungsweise des Krankheitserregers den Vorgängen während der eigentlichen Lebensaktionen der Erreger und Gegenreaktionen des Wirtes nicht getreu: es käme nur ein verzerrtes Bild der Parasitenanordnung und des Aussehens der Einzelindividuen zum Vorschein, aus dem erst durch Überlegungen die ursprünglichen Verhältnisse erschlossen werden müssen. Wir gelangen zwar mit Hilfe des Tierversuchs zu einer Ausschaltung der Schädigung des Parasiten durch agonale und postmortale Veränderung des Makroorganismus, wir erreichen experimentell die fast gleichzeitige Abtötung von Wirtsgeweben und Krankheitserreger, aber wir vermögen im Tierversuch eben nicht alle Infektionskrankheiten zu erzeugen. Die progressive Paralyse ist bis jetzt eine ausschließlich auf den Menschen beschränkte Krankheit geblieben, obwohl in vielen Tausenden von Versuchen an Affen und Kaninchen die Übertragung der Syphilis auf diese Tiere geglückt ist; das gleiche gilt für die Tabes dorsalis.

Für die Erforschung der Beziehungen zwischen Krankheitserreger und Wirtsgeweben, wie im besonderen für die Aufklärung der Wanderungsvorgänge der Parasiten im Wirtsgewebe steht uns also bei der progressiven Paralyse kein Versuchsmodell zur Verfügung. Wir sind hier auf die parasitologisch-morphologischen Beobachtungen an zufällig uns zugänglich gewordenen menschlichen Gehirnen angewiesen. Dieser wahllos gewonnene Beobachtungsstoff kann uns Gesetzmäßigkeiten des Verhaltens der Krankheitserreger im Gehirngewebe nur dann offenbaren, wenn wir durch Untersuchung möglichst vieler paralytischer Gehirne und eines möglichst großen Gewebsgebietes des einzelnen Gehirns die

Ungleichartigkeit des Untersuchungsmaterials hinsichtlich der Phasen des Krankheitsprozesses auszuschalten versuchen.

Ein für diesen Zweck ideales Verfahren bietet sich uns in der histotopographischen Gefrierschnittmethode nach Christeller, weil es mit dieser Hilfe möglich ist, aufeinanderfolgende Schnitte in lückenloser Serie herzustellen, einen Schnitt um den anderen mit den verschiedensten Methoden zu färben und so unmittelbar benachbarte Gewebsstellen in ihrem Verhalten bei Zellfärbung, Fett- oder Markscheidenfärbung, aber auch bezüglich der Parasitenanwesenheit kennenzulernen.

Wenn wir somit auch ein ausgezeichnetes Vergleichsmittel zwischen parasitologischem und histopathologischem Gewebsbefund in die Hand bekommen haben, so muß trotzdem betont werden, daß die so erhaltenen Aufschlüsse über die verschiedensten Stadien und Atypien des paralytischen Prozesses eben immer nur Ausschnitte aus dem Augenblicksstand des Krankheitsgeschehens darstellen. Damit werden, wenn wir etwas über die eigentlichen Krankheitsvorgänge hieraus erschließen wollen, Interpolationen notwendig, die lediglich auf Deutung beruhen und deshalb Irrtümern unterworfen sein können. Wir werden hierbei also mit äußerster Vorsicht vorzugehen haben.

Daß die Spirochaeta pallida mit kräftigster *Eigenbewegung* ausgestattet ist, wissen wir sicher. Es erhebt sich damit die Frage: Welche Bewegungsmodifikationen der Eigenbewegung kommen dadurch zustande, daß die Pallida gezwungen ist, in einem Gewebe sich zu bewegen, in dem allerhand periodische und einmalige Bewegungsvorgänge (Pulsationen der Blutgefäße, Pulsationen der Gehirnmasse Stromrichtungen der Flüssigkeit im adventitiellen Lymphraum, Flüssigkeitsströmungen der Gewebsflüssigkeit im Parenchym, Zellbewegungen von Glia-, Ganglienzellen bzw. ihren Teilen, Fortbewegungen mesodermaler Zellelemente) sich vollziehen. Da wir aber weder über die Eigenbewegung der Pallida abgesehen von wenigen Einzelheiten genügend unterrichtet sind noch andererseits über die Strömungsverhältnisse im Gewebe und die Bewegungsvorgänge der Gewebsbestandteile hinreichend sicheres wissen, stehen wir vor einer unlösbaren Aufgabe, wenn wir nach den Bewegungsmodifikationen der Eigenbewegung der Pallida etwa im Hirngewebe fragen.

So bleibt also nichts anderes übrig, als uns zunächst zu bescheiden und den Versuch der Lösung von Einzelfragen zu machen.

Wir fragen: Gibt es Wanderungshemmungen der Pallida im zentralnervösen Gewebe und läßt sich vielleicht aus der Konstatierung von Wanderungshemmungen ein Schluß auf die Wanderungsrichtung der Erreger ziehen?

Wir haben bisher Wallbildungen der Spirochäten an der Grenze zwischen Adventitia der Blutgefäße und dem Parenchym, an der Oberfläche von Ganglienzellen und an der Grenze von Hirnrinde und Mark bzw. grauer und weißer Substanz kennengelernt. Wir kehren zurück zu der bereits berührten Frage, wie die Wallbildung der Erreger durch einen Widerstand gegen ihre Wanderung zustande kommen könnte.

Nehmen wir z. B. an: Ein Zug von Spirochäten stoße auf eine Ganglienzelle. Diese kann nicht durchwandert werden, bildet also ein Hindernis für die Weiterwanderung der Parasiten. Es bleibt ihnen damit nichts anderes übrig, als dieses Hindernis zu umgehen und der nächste Weg zur Umgehung ist der an den Oberflächen der Zelle vorbei. Vielleicht kommt es hier auch noch zu einer

Verlangsamung der Wanderung. Die Folge davon wäre eine Art von Stauung der Parasiten an den Zelloberflächen. Es müßten sich also im gegebenen Moment *mehr* Spirochäten *an der Ganglienzelloberfläche* finden, *als in der Umgebung*. Bei Annahme einer Wanderungshemmung müßte auch die weitere Umgebung der Zellen stark spirochätenhaltig sein, und dies ist tatsächlich so: Wallbildungen um die Ganglienzellen habe ich nur an Stellen stärkster Spirochätenansiedlung gesehen. Handelte es sich aber um *Fortpflanzungszentren*, so wäre die Forderung eines Spirochätenreichtums der Umgebung nicht unbedingt zu verlangen. In seiner bereits angeführten Arbeit zeigt uns PACHECO E SILVA eine Abbildung (Abb. 16), auf der Spirochäten nur an *einer* Seite einer Nervenzelle angesammelt sind; diese Ansammlung liegt in der Nähe eines ebenfalls von Spirochäten umgebenen Gefäßes und *zwar ausschließlich an der dem Gefäß zugewandten Seite der Zelle*. PACHECO E SILVA schließt daraus, daß die Spirochäten von den Gefäßen nach den Nervenzellen zu hinwandern. Es mag dies für den von PACHECO E SILVA beobachteten Fall zutreffen und es mag richtig sein, für diesen durch das Momentbild festgelegten Fall eine derartige Wanderungsrichtung der Spirohäten zu erschließen. Damit ist aber zunächst noch keineswegs die Verallgemeinerung gestattet, die Wanderungsrichtung der Spirochäten gehe in jedem Fall und prinzipiell immer vom Gefäß zum Parenchym. Wäre dem so, dann müßten wir weiter fragen, woher denn die Wallbildung um die oder an der Gefäßwand kommt und ob sie nicht als Zeichen eines Generationszentrums zu betrachten sei. PACHECO E SILVA selbst nimmt zwar kein Generationszentrum an oder in der Gefäßwand an, er läßt aber die Spirochäten aus der Blutbahn durch die Gefäßwand in das Parenchym einwandern, eine Anschauung, der wir uns aus hier nicht zu erörternden Gründen verschließen müssen.

Vorläufig stehen wir noch vor der schwierigen Frage, ob sich überhaupt aus der Wanderungshemmung Schlußfolgerungen auf die Wanderungsrichtung ableiten lassen, wobei wir es als unentschieden ansehen wollen, ob die Wallbildung als Folge einer Wanderungshemmung aufzufassen ist.

Kehren wir wieder zurück zu der eigentümlichen Wanderungshemmung an der Rindenmarkgrenze, wo die Spirochäten nur auf der Seite der grauen Substanz sich finden, so müßte, wenn die Erreger von den oberen Schichten nach den tieferen ungehemmt wandern und eine Barriere an der Rindenmarkgrenze besteht, schließlich hier eine Stauung der Krankheitserreger sich zeigen. Und die Frage entsteht: Haben wir Anhaltspunkte dafür, daß in der Rinde des Paralytikers die Spirochäten von den oberen Schichten nach den tieferen zu wandern? Wenn eine solche Wanderung stattfindet, so müßten je nach den verschiedenen Stadien der Paralyse und den verschiedenen Phasen der Spirochätenwanderung die Erreger in den verschiedenen Schichten verschieden zahlreich gefunden werden. Es müßte sich zeigen, daß die Spirochäten bei der Paralyse nicht nur in der 3.—6. Schicht häufig sind, sondern daß sie vielleicht in früheren Stadien oder an den noch nicht voll dem paralytischen Prozeß unterworfenen Gebieten in den Meningen, im superfiziellen Rindensaum, in der Molekularschicht sowie in der zweiten Schicht vorkommen.

Bereits NOGUCHI hat darauf hingewiesen, daß die Spirochäten bei der Paralyse in den Nervenzellenschichten der Hirnrinde, und zwar in der 2.—6. Schicht sich finden. Auch JAHNEL, VALENTE, PACHECO E SILVA u. a. sahen die Spirochäten hauptsächlich in den Laminae III, IV und V lokalisiert. Unrichtig ist aber zweifellos, was auch JAHNEL betont, daß Spirochäten in der Molekularzone nicht vorkommen, überblicke man ein größeres Material, so könne man sich von dem öfteren Vorkommen von Spirochäten in der Molekularzone sehr leicht überzeugen. Selbst Spirochätenherde könne man an dieser Stelle gelegentlich antreffen. In einer seiner Beobachtungen seien solche Parasitenschwärme unmittelbar unter der Pia gelegen gewesen. Auch ich selbst habe solche Herde gesehen. JAHNEL erwähnt noch, daß er einem eigentümlichen Phänomen bei der vasculären Spirochätenverteilung begegnet sei. Hier habe er vereinzelte Spirochäten unmittelbar im gliösen Randsaum, also dicht unter der Pia liegend, angetroffen, so daß er den Eindruck gewonnen habe, es könnte diese Lagerung der vereinzelt angetroffenen Spirochäten in einer gewissen Relation zur vasculären Spirochätenverteilung stehen. Ob die Prädilektion der Spirochäten für den Lymphstrom dabei eine Rolle spiele, möchte er dahingestellt sein lassen. Ich selbst habe ebenfalls Spirochäten im gliösen Randsaum bei progressiver Paralyse (juveniler Fall FRIEDA ECKERT) angetroffen, kann aber nicht sagen, daß die Verteilung der Spirochäten in den Rindenschichten dabei dem vasculären Typus JAHNELs entsprochen hätte, sondern in diesem Fall wenigstens seiner disseminiert genannten Anordnungsart. Die vereinzelten Spirochäten, die PACHECO E SILVA in der Molekularzone gesehen hat, fanden sich in der Nachbarschaft der in den Meningen gelegenen Spirochätenherde. Auch PULIDO VALENTE hat bei Paralyse einige Spirochäten ganz nahe der Pia in der Membrana limitans superficialis gesehen.

Was wissen wir nun über das Spirochätenvorkommen in den Meningen?

KUFS beobachtete in einem Fall von disseminierter Meningoencephalitis mit laminärer Rindenerweichung bei Paralyse[1] neben diffus in der Hirnrinde verteilten Spirochäten sehr dicht in der obersten Rindenschicht angesammelte Keime mit scharfem Abschneiden ihres Vorkommens unter der erkrankten Pia; *allerdings fand er sie, wenn auch nur an wenigen Stellen auch in der Pia.* Im Kleinhirn zeigte sich die gleiche Lagerung der Spirochäten. Außer MC INTOSH und FILDES haben bei typischer Paralyse noch HERMEL, sowie PACHECO E SILVA (1926 in einem Fall selten, 1927 in einigen Fällen „Meningen übersät von Spirochäten, die sich unregelmäßig über ihre Maschen verteilten“) Spirochäten nachgewiesen. Insbesondere hat sich aber JAHNEL in systematischen Untersuchungen mit der Ausbreitung der Spirochäten bei Paralyse in den Meningen beschäftigt und vor allem die Meningen des Kleinhirns, der Brücke und des Rückenmarks auf Spirochäten untersucht.

In den Hüllen des Kleinhirns und der Brücke, sowie in den Wandungen der Arteria basilaris und verschiedener Kleinhirnvenen gelang es ihm, Spirochäten nachzuweisen, nnd zwar immer nur an wenigen Stellen in wechselnder Zahl, in manchen Fällen sehr wenig, zuweilen aber auch in Herden mit sehr zahlreichen Keimen, freilich jedesmal nur in solchen Fällen, wo die Parasiten auch in der Hirnrinde gefunden worden waren. Im Kleinhirn war bemerkenswerterweise ein Parallelismus zwischen dem Spirochätenvorkommen in der Kleinhirnrinde und dem in den Meningen nachweisbar; in der Brücke und in der Hirnrinde dagegen nicht, z. B. in der Brücke Vorkommen zahlreicher Spirochäten, ohne Spirochätenfunde „in den entsprechenden meningealen Partien“, während die unmittelbar unter einem meningealen Spirochätenherd befindliche Hirnsubstanz Spirochäten beherbergen oder parasitenfrei sein kann. Den Parallelismus des lokalen Spirochätenvorkommens in den Meningen des Kleinhirns und der Kleinhirnrinde zu erklären unterläßt JAHNEL, er wisse nicht, ob man diese Erscheinung als ein Eindringen der Spirochäten aus der Pia oder umgekehrt deuten solle, jedenfalls sei der Gedanke naheliegend, daß die „Meningealspirochätose im Rahmen der Spirochätenbefunde bei der Paralyse eine prinzipielle, wenn auch noch unerkannte Bedeutung haben müsse“, sie dürfe nicht als Zufälligkeit oder Rarität und auch nicht als Mischform von progressiver Paralyse und meningealer Syphilis erklärt werden. JAHNEL erwähnt noch, daß auch bei der Tabes und bei den Spirochätenbefunden IGERSHEIMERs der Meningealspirochätose eine Rolle zuzuweisen sei. IGERSHEIMER hat nämlich in den entzündlich veränderten Hüllen der untersuchten Fälle von Paralyse und Tabes mit aber auch ohne Opticusatrophie sowohl in den intrakraniellen und intracanaliculären Abschnitten der Sehnervenhüllen, wie auch in Randsepten und der Randglia des Sehnerven, einmal sogar in der Adventitia eines kleinen Opticusgefäßes Spirochäten gefunden. PACHECO E SILVA und CANDIDO DA SILVA haben in 21 Fällen von progressiver Paralyse den Sehnerv untersucht und in einem Fall Spirochäten inmitten der nervösen Substanz ziemlich zahlreich gefunden.

[1] KUFS: Z. Neur. **106**, 518 (1926).

Es ist sehr bedauerlich, daß die Paralysefälle mit meningealem Vorkommen der Spirochäten klinisch nicht veröffentlicht sind, so daß eine vergleichende Betrachtung des klinischen Verlaufs, der Paralysedauer usw. mit anderen Fällen ohne Meningealspirochätose nicht vorgenommen werden kann. Ich halte die Entdeckung der Meningealspirochätose bei progressiver Paralyse durch JAHNEL für höchst bedeutsam. Zweifellos handelt es sich hierbei um eine Erscheinung von prinzipiellem Wert. Wie wäre es denn, wenn die Spirochäten von den Meningen aus in die Hirnrinde einwandern würden? Müßten dann nicht die Fälle mit Meningealspirochätose auch klinisch als jüngere Krankheitsprozesse mit kürzerer Paralysedauer zu erkennen sein als andere Paralysen ohne Meningealspirochätose? Wir sehen, wie wichtig eine Vergleichung der Häufigkeit klinischer Daten mit den parasitologischen Befunden hier hätte werden können. Aber selbst, wenn sich solche Gesetzmäßigkeiten nicht ergeben hätten, so müßte damit die Theorie von der Einwanderung der Parasiten aus den Meningen in die Rinde noch nicht aufgegeben werden. Es könnte ja *so* sein, daß die Einwanderung nicht gleichzeitig und gleichmäßig an jeder Stelle der Rindengirlande sich vollzieht. So müßten dann die verschiedensten parasitologischen Bilder des Vorkommens von Spirochäten in den Meningen und in der Hirnrinde sich nachweisen lassen: Da, wo viel Spirochäten in den Meningen vorkommen, brauchte noch keine Spur derselben in den Rindenschichten zu finden sein, dies wäre das früheste Stadium. Weiterhin: Trotzdem noch viel Spirochäten in den Meningen sich zeigten, könnten doch schon einige irgendwo im oberflächlichen Rindengebiet sein, dies wäre das nächste Stadium der Tiefenwanderung. Je mehr Rindenschichten von der Oberfläche nach der Tiefe zu von den Spirochäten durchwandert werden, desto seltener würde ihre Anwesenheit in den Meningen werden. So wäre zu erklären, daß wir einmal in den Meningen Spirochäten finden, ohne sie in der darunterliegenden Rinde anzutreffen, und daß wir fernerhin da, wo die Spirochäten in den oberflächlichsten Rindenschichten mehr oder weniger zahlreich sind, häufig auf die lokal benachbarte Meningealspirochätose stoßen. Dabei müßten keineswegs *überall* dieselben Verteilungsverhältnisse der Spirochäten in den einander benachbarten Meningeal- und Rindengebieten vorliegen: es könnte z. B. in vorderen Hirngebieten im Gegensatz zu weiter hinten gelegenen der *Wanderungsprozeß* der Spirochäten mit der Wirkung, daß keine Spirochäten in den Meningen, die allergrößte Mehrzahl der Keime dagegen in den tieferen Rindenschichten nachweisbar wären, so gut wie abgeschlossen sein. Ja, wenn die Tiefenwanderung sich ungleichmäßig vollzieht, könnten selbst in nicht weit voneinander entfernt liegenden Windungen ganz verschiedenartige Bilder der Tiefenverteilung der Spirochäten vorkommen. Und dies ist tatsächlich der Fall. Damit wird freilich die Erkennung von Wanderungsgesetzmäßigkeiten außerordentlich erschwert.

Ich habe neuerdings einen Fall untersuchen können, der uns hier Aufklärung zu bieten geeignet ist. Es handelte sich um eine Paralyse von recht kurzer Krankheitsdauer und sehr starkem Liquorbefund (275 Zellen im cmm, 7 Teilstriche Eiweiß, WaR + 0,2. Tod nach Serien paralytischer Anfälle). Enormer Spirochätenreichtum der Hirnrinde und des Striatum, Nucleus caudatus und Putamen, massive Verfilzung der Spirochäten mit Ausbildung brauner Spirochätenherdchen und Entwicklung miliarer Gewebsnekrosen. Starke Ansammlung der Spirochäten auch im Kleinhirn. Wichtig war aber ein besonderer Befund: Es konnte am Großhirn und auch am Kleinhirn nachgewiesen werden, daß die Pia an vielen Stellen stark spirochätenhaltig war und *die von solchen Stellen in die Rinde einstrahlenden Blutgefäße waren mit dichtesten Ansammlungen von Spirochäten besiedelt.* Die Anhäufungen fanden sich aber nicht periadventitiell, sondern *intraadventitiell.* Hier haben wir den Weg vorgezeichnet, den die Parasiten gehen: Aus den Meningen wandern sie ins Hirn ein, sie benützen dabei präformierte Bahnen, nämlich die adventitielle Lymphscheide, dann verlassen sie auch diesen Raum und wandern in das Parenchym ein (Abb. 4—6). Die periadventitielle Anschoppung entsteht also wohl dadurch, daß die Spirochäten aus den intraadventitiellen Lymphräumen in Massen ins Parenchym hineingetrieben werden und erst von da aus im Parenchym sich weiter verbreiten. Ob im intraadventitiellen Raum außerdem eine Fortpflanzung der Parasiten stattfindet, kann ich nicht feststellen, möglich ist es immerhin. Die Masse der Parasiten wandert aber zweifellos aus dem meningealen Raum durch die adventitiellen Lymphbahnen der Gefäße ein. Dies zeigt sich an den Präparaten auch insofern deutlich, als da, wo Spirochäten in den Meningen gehäuft sind, sie auch im obersten intraadventitiellen Abschnitt eines Blutgefäßes vorkommen. Wo es dagegen zu einer Massenansiedlung der Spirochäten in den tieferen Rindenschichten gekommen ist, sind der oberflächennahe Lymphgefäßraum der Blutgefäße, wie die Meningen selbst, nicht mehr mit Spirochäten besetzt, sondern von ihnen frei.

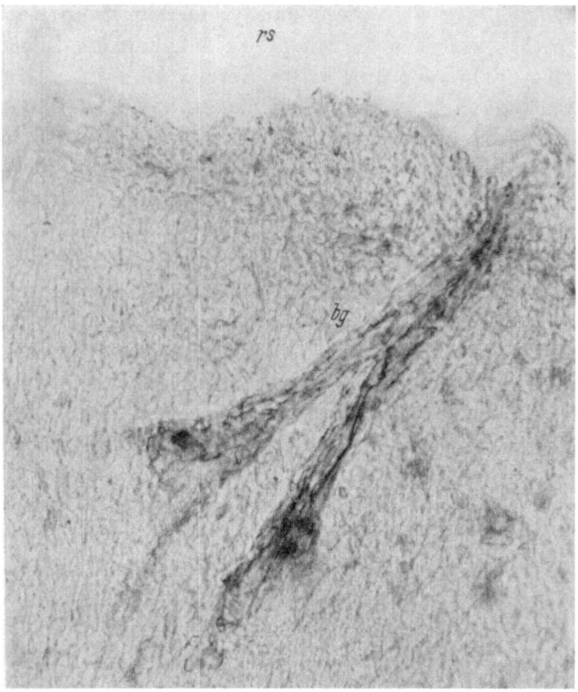

Abb. 4. Progressive Paralyse. Fall KRETSCHMAR. Gefrierschnittversilberungsmethode. Stirnhirn. *bg* Blutgefäß, das sich teilt. *rs* Rindensaum. Man sieht entlang der Blutgefäßbahn, mit dieser parallel laufend, Spirochätenzüge. (Obj. Immersion $^1/_7$, Ok. 5 ×, Balgauszug 36 cm.)

Zweifellos ist — allgemein gesprochen — der paralytische Gewebsprozeß in den vorderen Rindenteilen am stärksten ausgesprochen. Eine völlige Verschonung des Hinterhauptgebietes der Rinde trifft freilich auch nicht zu. Die relative Aussparung der Hinterhauptsgebiete könnte statt mit dem Markfaserreichtum mit zeitlichen Verhältnissen der Spirochätenwanderung erklärt werden, insofern am frühesten die vorderen Rindengebiete befallen werden und erst später die hinteren. Die Beteiligung des Kleinhirns würde dann am spätesten erfolgen. Wenn wir dieser Vermutung nachgehen und unsere Kenntnisse von der Spirochätenverteilung im Kleinhirn damit vergleichen, so werden wir als

Folge eines vielleicht jüngeren Krankheitsstadiums im Kleinhirn erwarten dürfen, daß die Spirochäten gerade in den oberflächlichsten Schichten der Kleinhirnrinde

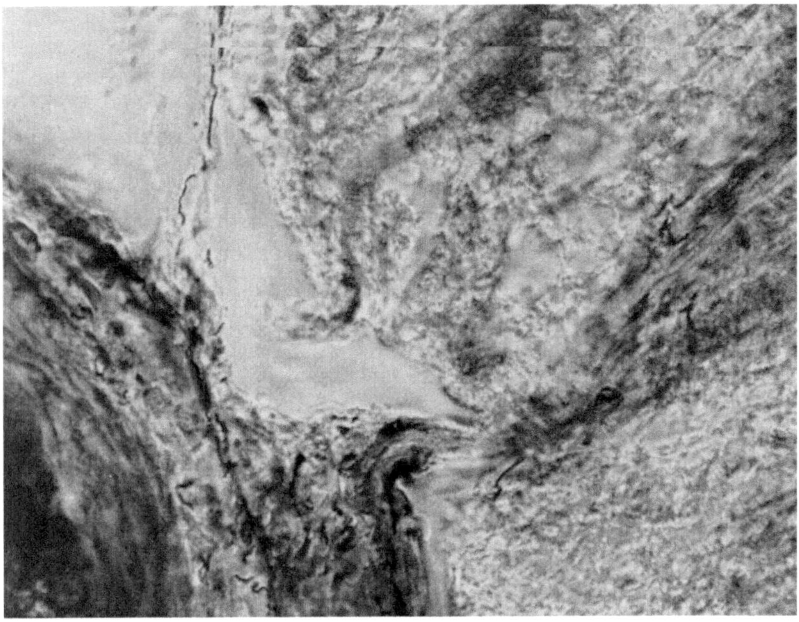

Abb. 6.

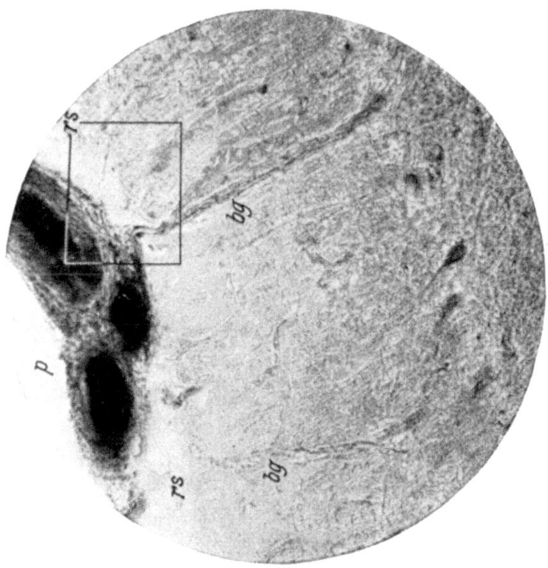

Abb. 5.

Abb. 5 und 6. Kleinhirn vom selben Fall. Bezeichnungen *bg*, *rs* wie in Abb. 4. *p* Pia über der Kleinhirnrinde. Der rechteckige Ausschnitt ist in Abb. 6 stark vergrößert. Man sieht hier die Spirochäten in der Pia und außerdem die Einwanderung aus der Pia in die benachbarte Kleinhirnrinde in der Adventitia der Blutgefäße. (Vergr. von Abb. 5: Obj. Immersion 1/7, Ok. 3×, Balgauszug 21 cm, von Abb. 6: Obj. Apochr. 120, Ok. 5×, Balgauszug 30 cm.)

vorkommen und daß hier der Parallelismus zwischen Anwesenheit der Spirochäten in den Kleinhirnhüllen und im Parenchym durchgängiger sich zeigt, als etwa in den Stirnhirnteilen. Dies scheint nun wirklich so, wie ich ja oben schon ausgeführt habe. Freilich kommen — dies darf uns nicht wundern — Spirochäten auch in den tieferen Schichten des Kleinhirns (Purkinjezellen und Körnerschicht, vereinzelt auch im Kleinhirnmark, vor; am häufigsten finden sie sich aber in der Molekularzone, im Gegensatz zum Verhalten der entsprechenden Großhirnrindenschicht. Auch große Spirochätenherde sind in der Molekularschicht des Kleinhirns beschrieben worden (KREBSBACH).

Wir betrachten unsere Schlußfolgerungen bezüglich der Tiefenwanderung der Spirochäten von den Meningen aus in die Rinde hinein und von da weiter in die Tiefe noch nicht als völlig sicher. Gegen unsere Annahme spricht ja die ungeheure Anzahl der Spirochäten, die sich in den Rindenschichten des Paralytikers in manchen Fällen vorfindet und die kaum mit der Einwanderung aller dieser Keime aus den Meningen erklärt werden kann. Wir kommen hier wohl schwerlich ohne die Voraussetzung einer autochthonen Vermehrung der Parasiten in der Hirnrinde aus. Prinzipiell ist aber damit unsere Wanderungshypothese nicht widerlegt, denn die in der Rinde entstandenen Filialgenerationen von Spirochäten könnten ja immer noch ihre Entstehung solchen Stammparasiten verdanken, die aus den Meningen in die Rinde eingewandert sind. Neben der Vermehrung der Parasiten in den Meningen selbst und einer weiteren Generationsfähigkeit der Eingewanderten in der Rinde ließe sich auch noch die Annahme einer Erregeranreicherung in der Rinde durch Einwanderung der Krankheitskeime aus den Meningen rechtfertigen. Jedenfalls spricht vieles für das Vorkommen einer solchen Genese.

Wir haben bisher die Verteilung der Parasiten im Gehirn so betrachtet, wie wenn uns nicht auch noch in Form des Silberzellennachweises ein weiteres Verteilungsmerkmal zur Verfügung stünde. Es liegt uns deshalb nunmehr ob, festzustellen, ob die Verteilung der Silberzellen neben den Spirochäten uns zu einer Änderung unserer Anschauungen vom Wanderungsprozeß der Spirochäten nötigt oder nicht. Dies ist nicht der Fall. Im Gegenteil, wir finden genau so, wie wir die Wallbildung der Spirochäten an Ganglienzellen, an und in Gefäßwandungen festgestellt haben, auch ein Silberzellenäquivalent dieser Wallbildung. Wir können ferner in den Verteilungsgrundsätzen der Silberzellen bezüglich ihrer Tiefenausdehnung und ihrer laminären Lagerung dasselbe feststellen, wie bezüglich der typisch gewundenen Parasiten, wir können endlich nachweisen, daß die Lokalisation der Silberzellen das nervöse Grau bevorzugt und die weiße Substanz ziemlich wenig beteiligt.

Ja, wir können unter Zuhilfenahme des Silberzellenbildes darüber hinaus noch etwas weiteres aussagen. Silberzellen stellen ja das letzte Signal der Spirochätenanwesenheit dar.

Betrachten wir Spirochäten und Silberzellen hinsichtlich ihrer Tiefenausdehnung, so fällt uns in der überwiegenden Mehrzahl der zur Untersuchung gelangten Paralysefälle auf, daß die *Meningen* wenig oder gar *keine Spirochäten*, dagegen unter Umständen *viele Silberzellen* enthalten. Dasselbe gilt von der Molekularschicht. In den tieferen Schichten sehen wir eine Mischung von Silberzellen mit Spirochäten in nahezu gleicher Zahl oder ein starkes Überwiegen typischer Pallidae neben wenigen Silberzellen. Nähern wir uns nun der Rindenmarkgrenze, so stoßen wir an dieser Stelle wiederum im Gegensatz zu den unmittelbar darüberliegenden Rindenschichten auf ein starkes Überwiegen der Silberzellen. Im Mark selbst treffen wir fast ausschließlich Silberzellen an und auch diese sind nur in der Nähe der Rindenmarkgrenze lokalisiert. Danach werden wir, wenn wir diese räumlichen Verhältnisse zur Beurteilung der zeitlichen Vorgänge zu Hilfe nehmen, in den Meningen, in der Molekularschicht sowie an der Rindenmarkgrenze bzw. im Mark selbst die Lebensdauer der Erreger als beendet ansehen dürfen, wenn sie in der tieferen Rinde selbst noch völlig lebenskräftig sind. Vielleicht aber haben wir in dieser Verteilung der Spirochäten und Silberzellen auch ein Merkmal für einen Wanderungsprozeß der Erreger vor uns, der von den meningealen Hüllen ausgehend, sich zunächst nach der Tiefe zu erstreckt. Im Widerspruch mit dieser Annahme stünde lediglich die Häufigkeit der Silberzellen unmittelbar an der Rindenmarkgrenze. Wenn wir aber eine Wanderungshemmung an der Rindenmarkgrenze annehmen dürfen, vielleicht in ursächlicher Abhängigkeit von einer Abneigung der Spirochäten sich im Markweiß aufzuhalten, so werden wir die Häufung von Silberzellen an der Rindenmarkgrenze erklären können, auch *ohne* daß wir die Annahme unseres Wanderungsprozesses von den Meningen nach den tiefen Schichten zu fallen lassen müssen. Wir können auch weiterhin verstehen, warum es in manchen Fällen zu bandartig über große Flächen der tieferen Rinde hinweg sich ausdehnenden Spirochätenansammlungen kommt (s. Abb. 3, S. 41). Die Fortsetzung der Wanderung der Spirochäten von der Rindentiefe in die weiße Substanz hinein ist erschwert, hier ist eine Schranke vorhanden; infolgedessen muß es an diesen Stellen zu einer Ausbreitung nach den Seiten hin, mehr oder weniger entsprechend dem Verlauf der Rindengirlande kommen und so entsteht dann die bandartige Erscheinungsweise der Spirochätenansammlungen in den tiefsten Rindenschichten (Abb. 3).

Sehen wir ferner aufmerksam paralytische Hirnrinden mit deutlichen periadventitiellen Spirochätenumwallungen der Gefäße durch, so finden wir ganz entsprechend unserer Annahme vom Wanderungsprozeß der Spirochäten von den meningealen Hüllen nach der Tiefe zu, daß ein senkrecht zur Oberfläche gestelltes längeres Gefäß, das eine große Strecke der Rinde durchzieht, in seinem unteren der Rindentiefe zugehörigen Teil eine deutliche Wallbildung der Spirochäten aufweist, während der obere Teil im adventitialen Lymphraum zahlreiche Silberzellen enthält, die sich bis zur Einsenkung dieses Gefäßes von der Pia in die Rinde hinein und schließlich auch in die Meningen verfolgen lassen. In der Umgebung dieses Gefäßes sind dann immer auch noch einige Silberzellen im Parenchym der oberen Rindenschichten nachweisbar. Solche Bilder sind keineswegs selten und wir können daraus schließen, daß die periadventitielle Wallbildung der Spirochäten in den tieferen Rindenschichten so zustande kommt, daß als bevorzugte Wege der Spirochätenwanderung von den Meningen in die Rinde hinein die pialen Gefäßtrichter und deren adventitiale Fortsetzungen in die Rinde benützt werden und daß erst von einem bestimmten Zeitpunkt ab den Spirochäten der Aufenthalt im adventitialen Lymphraum verleidet wird, daß sie dann erst in einer gewissen Rindentiefe den adventitialen Gefäßraum verlassen und sich unmittelbar neben ihm ansiedeln. Ist dies so, dann muß es ein Stadium intraadventitiellen Vorkommens der guterhaltenen Parasiten geben und dieses Stadium muß erstens einmal mit der Meningealspirochätose verknüpft sein und zweitens gerade in den meningennahen Gefäßlymphräumen besonders ausgesprochen sein. Dies ist nun tatsächlich, wie wir vorhin gezeigt haben, der Fall. Späterhin sind dann an früher stark besiedelten Stellen (Meningen, Gefäßlymphräumen) nur mehr Silberzellen da. In der unmittelbaren parenchymatösen Umgebung des adventitiellen Lymphraumes der Gefäße tieferer Rindenschichten kommen danach die Spirochäten erst in späteren Stadien des Wanderungsprozesses vor, gleichzeitig mit intraadventitiell und unmittelbar periadventitiell angehäuften Silberzellen. Ob daneben die periadventitielle Wallbildung an den Gefäßwänden nicht noch durch Fortpflanzungsvorgänge der Parasiten verstärkt wird, kann auch mit Hilfe der Silberzellenverteilung nicht sicher entschieden werden. Die Möglichkeit liegt zweifellos vor, daß beide Entstehungsarten der periadventitiellen Wallbildung vorkommen, eine *wirkliche Wallbildung* infolge Wanderungshemmung der Spirochäten bei ihrem Übertritt aus dem intraadventitiellen Raum ins Parenchym durch die pialen und gliösen Scheiden der Gefäßwände hindurch und eine scheinbare im Sinne einer Fortpflanzungsstätte der Parasiten, die unmittelbar perivasculär im Parenchym liegen würde. Die intraadventitielle Lagerung der Erreger wäre aber mit der zweiten Annahme nicht vereinbar. Daß die eigentümliche periadventitielle Wallbildung um die Gefäße nicht durch eine *Zuwanderung* auf die Gefäßbahn zustande kommt, beweist mir eine Erscheinungsform der Spirochäten, die ich bisher nur in einem Fall von progressiver Paralyse, der kurz vor seinem Tode mit mehreren Salvarsaneinspritzungen behandelt worden war, feststellen konnte. Hier zeigte sich (Abb. 7 und 8) je nach dem getroffenen Gefäß eine deutliche Distanzierung der Spirochätenwallbildung vom Gefäßzentrum; zwischen Gefäß und Spirochätenwall war ein deutlich spirochätenfreier Raum; bei quergetroffenen Gefäßen lagen die Spirochätenansammlungen in Ring-, bei längsgetroffenen in Pallisadenform da, im adventitiellen Raum dagegen Silberzellen.

Ein Wort wäre noch darüber zu sagen, daß im Hinterhauptsgebiet auch die Silberzellen entsprechend dem Vorkommen der Parasiten häufig an Zahl geringer sind, daß also auch die Verteilung der Silberzellen in dieser Hinsicht der der Spirochäten durchaus parallel geht.

Wenn die Silberzellen an der Rindenmarksgrenze und im benachbarten Mark im Gegensatz zum Vorhandensein wohlerhaltener Erreger in den unmittelbar darüber gelegenen Rindenschichten gehäuft sich zeigen, so vermuten wir, wie schon gesagt, hier neben einer Wanderungshemmung eine Erschwerung der Existenzbedingungen der Parasiten. Es wäre dann nicht richtig, wenn wir davon reden, daß die Spirochäten die graue Substanz bevorzugen, es liegt also keine besondere Vorliebe, die wir als Poliophilie bezeichnen könnten, vor, sondern eine Erschwerung der Existenzbedingungen der Erreger in der weißen Substanz, eine Leukechthrie (von λευκός = weiß, ἔχθρα = Feindschaft, Abneigung). Die Keime wandern ins Weiß ein, gehen hier aber schneller als anderwärts und rascher als besonders im Rindengrau zugrunde.

In manchen Theorien von der Entstehung der progressiven Paralyse spielt die Phagocytose eine große Rolle. So hat HAUPTMANN die Anschauung vertreten, in den abwehrgeschwächten Paralysegehirnen komme es überhaupt nicht oder weniger ausgedehnt zu einer intracellulären Verarbeitung der Spirochäten und ihrer Trümmer. Vielmehr zeige sich bei diesem Leiden eine Schwäche des cellulären Abwehrapparates überhaupt darin, daß die Spirochäten extracellulär zugrunde gingen. Auf diese Weise käme es zur Entstehung von Toxinen, die als solche manche anatomischen Veränderungen der progressiven Paralyse verursachen sollen. Wenn wir diese Anschauung mit unseren tatsächlichen Feststellungen vergleichen, so müssen wir sagen, daß in der überwiegenden Mehrzahl aller Paralysehirne eine phagocytärer Prozeß insofern nachgewiesen werden kann, als Spirochätenteile Aufnahme und weiteren Abbau in Zellen finden. Der celluläre Abwehrapparat ist also vorhanden und wirksam. Daß daneben ein extracellulärer Spirochätenuntergang stattfindet, ist wahrscheinlich; wenigstens kann eine extracelluläre Schädigung der Vitalität der Spirochäten aus gewissen extracellulär liegenden Degenerationsformen derselben erschlossen werden. Ob es sich um eine aktive Phagocytose durch Lymphocyten und

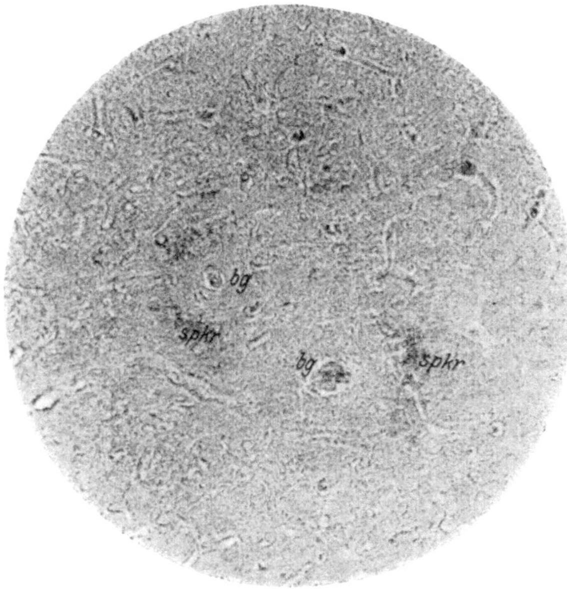

Abb. 7.

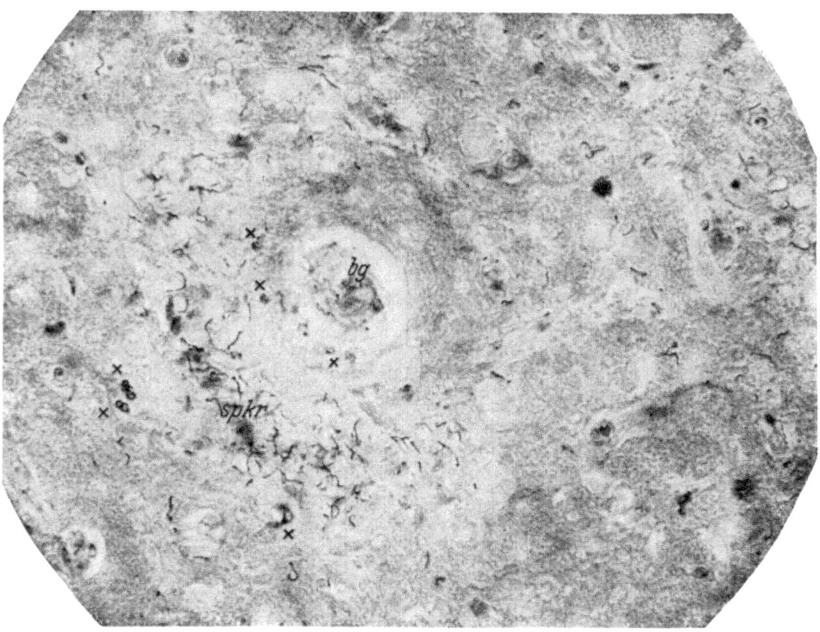

Abb. 8.

Abb. 7 und 8. Progressive Paralyse. Fall KAHN. Gefrierschnittversilberungsmethode. *bg* Blutgefäße, *spkr* Spirochätenkranz, die × × bezeichnen von Zellen (Silberzellen) angegriffene und abgebaute Spirochäten. Auf Abb. 7 (Obj. B, Ok. 7 ×, Balgauszug 32 cm) sieht man in schwacher Vergrößerung die Anordnung der Spirochätengrenze in Ringform um ein Gefäß. In Abb. 8 dasselbe vergrößert. (Obj. Immersion 1/7, Ok. 7 ×, Balgauszug 22 cm.)

Gliazellen in *dem* Sinn handelt, daß diese Zellen voll lebenskräftige Spirochäten angreifen und zu vernichten in der Lage sind, kann aus dem morphologischen Bild nicht entnommen werden. Jedenfalls aber vermögen die genannten Zellen schon geschwächte oder geschädigte Spirochäten in sich einzuschließen und vollends abzubauen. Dabei vollzieht sich der Prozeß des Spirochätenabbaus offenbar in ganz gleichartiger Weise wie bei sonstigen Stadien der Syphilis, so daß wir nicht in der Lage sind, obwohl wir mit dem neuen Verfahren die phagocytären Erscheinungen morphologisch sehr gut beobachten können, bei progressiver Paralyse einen anderen Abbautypus der Spirochäten festzustellen, als er sonst die Regel ist. Von dieser Seite her gewinnen wir also keine Stütze für die HAUPTMANNsche Theorie. Wir können sie aber auch nicht auf Grund unserer neuen Erfahrungen von den Silberzellen ablehnen. Handelt es sich doch bei dieser Theorie um eine solche biologischer Art und es wäre sehr wohl möglich, daß ein extracellulärer Spirochätenabbau zu solchen Stoffen führt, die entweder rein flüssig sind und sich deshalb unserem morphologischen Nachweis entziehen oder, wenn auch in fester Form, so doch nicht als argyrophile Teilchen erscheinen und deshalb wiederum mit unseren Methoden nicht aufgefunden werden können.

Was wir sehen, ist jedenfalls ein zu allen sonstigen Stadien der Syphilis, mit Ausnahme des tertiären, analoges Verhalten des cellulären Abwehrapparates im Paralysehirn, eine Feststellung, die allen Theorien von biologischen Zwischengliedern bei der Entstehung paralytischer Veränderungen weiteren Boden entzieht. Wären körperfremde oder gar körpereigene *toxische* Stoffe wirksame Vermittlungsphasen im Werdegang paralytischer Gewebsveränderungen, so stehen sie jetzt jedenfalls ohne jede tatsächliche Begründung da.

Wir haben oben schon vom Parallelismus zwischen Verteilung der Silberzellen und derjenigen der Spirochäten in der Hirnrinde gesprochen; wir haben insbesondere darauf hingewiesen, daß im Markweiß schlechtere Existenzbedingungen für die Spirochäten vorhanden sein müssen und daß es deshalb zu einem Untergang und einem phagocytären Abbau derselben im Mark kommt. Wir haben ferner bei unseren Untersuchungen malaria- und recurrensbehandelter Paralysefälle beobachten können, daß offenbar die Therapie zu einem raschen und starken Zerfall von Spirochäten an den von ihnen bevorzugten Ansiedlungsorten in der Hirnrinde führt und daß daneben aber auch ein Abwanderungsversuch der Spirochäten insofern erkennbar wird, als auch die der Rinde anliegenden Markschichten stärkere adventitielle Infiltratbildungen und starke Silberzellenbildung bis ins tiefere Mark hinein aufwiesen.

Ein in dieser Hinsicht besonders lehrreicher Fall von Paralyse konnte von mir bereits 1928 untersucht werden[1], der infolge einer Salvarsandermatitis starb und bei dem große Stellen der Hirnrinde keinen paralytisch-infiltrativen Prozeß mehr aufwiesen, während die unter solchen Rindenteilen gelegenen Hirn*mark*gebiete auffällig starke Gefäßinfiltrate zeigten. Bemerkenswerterweise verhielt sich die Hämosiderinreaktion in den adventitiellen Scheiden genau so. JAHNEL bemerkt mit Recht hierzu[2], daß in diesem Fall eine Komplikation in Form der Arsenobenzolschädigung vorliege. Seinen Einwand, daß entsprechend der auch sonst bei Salvarsanvergiftung nachweisbaren Lokalisationsprädilektion im Hirnmark die Hauptmasse der Veränderungen durch die Salvarsanschädigung entstanden sei und damit der von mir berichtete Fall als Beispiel einer Lokalisation des paralytischen Prozesses in der Marksubstanz „nicht ohne Einschränkung" zu verwerten sei, kann ich aber nicht gelten lassen. Denn gerade die für Salvarsanintoxikationen typischen Hirnveränderungen, die Blutungen in Form der Hirnpurpura im Hirnmark und andere toxische Gefäßveränderungen fehlten in meinem Fall. Ich selbst habe Salvarsantodesfälle mit Blutungen im Hirn wie überdies auch das Zentralnervensystem salvarsanvergifteter Kaninchen unter-

[1] STEINER: 50. Jahresversammlung der südwestdeutschen Psychiater in Würzburg, Arch. f. Psychiatr. 83, H. 1 (1928), ebenda 87, H. 1 (1929), Abb. 1—4a, Abb. 12.

[2] JAHNEL: Monographie über die pathologische Anatomie der progressiven Paralyse in BUMKE: Handbuch der Geisteskrankheiten, S. 466.

suchen, aber in solchen Hirnen nie adventitielle Lymphocyteninfiltrate, sondern immer nur Blutungen in Ring- und anderer Form beobachten können. Aber selbst wenn man die Berechtigung des JAHNELschen Einwandes zunächst zugeben wollte, so müßte sie, ganz abgesehen von dem histotopographischen Parallelismus zwischen adventitieller Eisenreaktion und lymphocytärer Infiltratbildung in den Hirnmarkgefäßen aus *dem* Grunde völlig abgelehnt werden, weil mit Hilfe des Silberzellennachweises gezeigt werden kann, daß die Hirnrinde keine Silberzellen mehr aufwies, während das Mark diese Zellen herdförmig in oft dichter Anordnung darbot. Und nach sehr langem Suchen konnten extracellulär liegende, noch ganz wohlerhaltene Spirochäten *im Mark,* wenn auch ausnehmend selten, gefunden werden, in der Rinde dagegen nirgends. Hier handelt es sich also um eine eigentümliche Abwanderung des spirochätenbedingten Krankheitsprozesses ins Mark und wir dürfen wohl annehmen, daß es sich hierbei um einen durch die Salvarsanbehandlung und die Dermatitis eingeleiteten Heilungs- und Reinigungsprozeß der Hirnrinde gehandelt hat, der durch den Tod unterbrochen wurde. Soweit hat er aber geführt, daß eine Tiefenwanderung der Spirochäten von der Hirnrinde weg nach dem Mark zu stattgefunden hat,

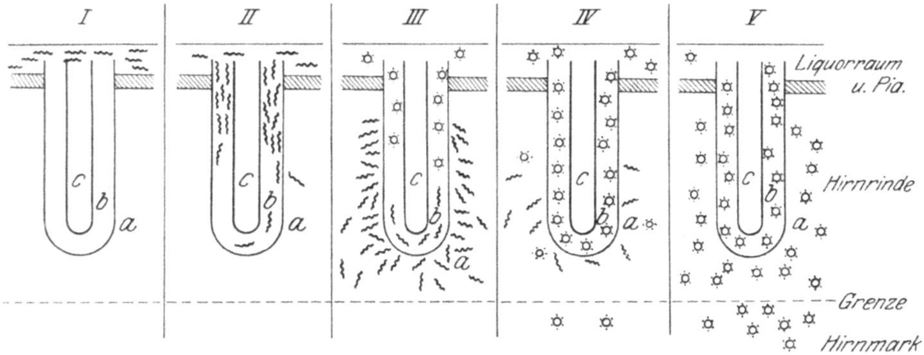

Abb. 9. Schematische Darstellung der Phasen der Spirochätenwanderung.
I Meningealspirochätose. *II* Intraadventitielle Wanderung. *III* Periadventitielles Auftreten. *IV* Ausbreitung im Parenchym. *V* Parasitenfreies Endstadium.
Zeichenerklärung: *ab* adventitieller Lymphraum, *c* Blutgefäßlumen, ≀ extracellulärer Parasit, ✡ intracellulärer Untergang.

wobei infolge der an und für sich ungünstigeren Existenzbedingungen der Spirochäten im Markweiß („Leukechthrie") ein Untergang auch der letzten Restparasiten stattfinden muß. Bemerkenswert ist, daß ganz neuerdings KUFS[1] uns ankündigt, er werde über die hochgradige Reinigung des paralytischen „Rindenbildes *nach ausgedehnter Salvarsandermatitis* und Erysipelas migrans" an anderer Stelle berichten.

Zusammenfassend können wir unter Zuhilfenahme der Silberzellendarstellung folgende Phasen der Spirochätenwanderung beim paralytischen Prozeß aufstellen, wozu vielleicht eine allerdings bis jetzt noch nicht sicher erweisbare autochthone Teilung und Fortpflanzung der Erreger innerhalb gewisser Generationszentren in der Hirnrinde hinzutritt (vgl. das obenstehende Schema Abb. 9).

1. Meningen.

2. Eindringen der Erreger in die Hirnrinde von den Meningen aus, vor allem mit Hilfe präformierter Wege, nämlich in den adventitiellen Lymphräumen der aus der Pia eintretenden Blutgefäße.

3. Wanderung im adventitiellen Lymphraum der Blutgefäße nach der Tiefe zu.

4. Übergang der Erreger aus dem intraadventitiellen in das periadventitielle Anschoppungsstadium.

5. Unbeschränkte Wanderung im Rindengrau mit der Tendenz zu lokalisierten Wanderungshemmungen, besonders an der Oberfläche der Ganglienzellen

[1] KUFS: Arch. f. Psychiatr. **90**, H. 4, 583 (1930).

6. Starke Wanderungshemmung an der Rindenmarkgrenze bzw. Grau-Weißgrenze.

7. Unter bestimmten Verhältnissen Abwanderung ins Markweiß und Untergang der eingewanderten und hier besonders daseinsgefährdeten Spirochäten.

Wenn wir Wanderungsrichtungen der Krankheitserreger und Wanderungshemmungen derselben mit einiger Wahrscheinlichkeit feststellen konnten, wenn wir die Untergangserscheinungen der Krankheitskeime und ihre Verteilung im nervösen Gewebe näher kennen gelernt haben, so müssen wir schließlich nach den Beziehungen dieser Ergebnisse zum klinischen Verhalten fragen.

Bisher war man geneigt, die *paralytischen Anfälle* mit dem Untergang der Erreger in Beziehung zu setzen. Dies ist aber wohl insofern nicht richtig, als in *allen paralytischen* Gehirnen, wie wir aus dem Silberzellenbefund entnehmen können, stellenweise Parasiten zerfallen. Auch müßten ja dann, wenn dieser Parasitenzerfall besonders umfangreich ist und besonders rasch vor sich geht, wie wir es bei der Infektionsbehandlung der progressiven Paralyse aus dem Studium der parasitologischen Befunde entnehmen, Anfälle viel häufiger auftreten, als wir sie zu sehen gewohnt sind. Ich kann mich aber doch des Eindrucks nicht erwehren, daß gerade bei den erfolgreich ausgehenden Malaria- und Recurrensbehandlungen im Anschluß an die fieberhafte Infektionskrankheit apoplektiforme oder epileptiforme paralytische Anfälle nicht selten und vor allem als *einmaliges Ereignis* beobachtet werden können. Vielleicht spielt nicht nur der Grad des Spirochätenzerfalls, sondern auch die Schnelligkeit desselben beim Zustandekommen der paralytischen Anfälle eine Rolle und damit liegen Bedingungen vor, die wir im anatomisch-parasitologischen Bild kaum zu erfassen in der Lage sind.

Die Spirochätenansiedlungen im Gewebe und der Untergang der Krankheitskeime geht außerhalb der Ganglienzellen vor sich. Wir dürfen auch annehmen, daß die Markscheiden und die Achsenzylinder von einem direkten Angriff der Parasiten und von einer Ansiedlung derselben in ihnen verschont bleiben. Trotz dieser Schonung des eigentlichen nervösen Gewebes haben wir die schweren akuten psychotischen Symptome der Paralytiker. Wie ist dies zu erklären? Doch wohl nur damit, daß wir im Rindengrau, in dem sich der Krankheitsprozeß ja vorzugsweise abspielt, eine gewaltige Betriebsstörung annehmen. Daß eine solche Betriebsstörung zunächst ohne nachweisbare Schädigung an den nervösen Elementen sich vollzieht, dürfen wir wohl aus der Analogie mit manchen anderen schweren organischen Krankheitsprozessen entnehmen, die ebenfalls ohne erkennbaren anatomischen Befund verlaufen. Zweifellos wird die Anwesenheit der lebhaft eigenbeweglichen Parasiten im Gehirn eine solche Unordnung in die feineren und feinsten axonalen und neurofibrillären Verbindungen bringen, daß schon allein durch sie die klinisch zum Vorschein kommende Alteration des psychischen Ablaufs gedeutet werden kann. Dabei gebe ich unumwunden zu, daß die technischen Möglichkeiten der histopathologischen Forschung noch nicht ausreichen, um feinere und feinste morphologische Schädigungen an Ganglienzellen, Markscheiden und Achsenzylindern darzustellen und deshalb mit bisher noch nicht nachweisbaren feinsten Veränderungen an den genannten nervösen Elementen gerechnet werden muß.

Die parasitologischen Befunde erleichtern es uns jedoch, die *Rückbildung* auch sehr schwerer klinischer Erscheinungen zu verstehen, sobald es nur der

Therapie gelungen ist, die Erreger im Gehirn abzutöten. Ist die histologische Gewebsdestruktion noch nicht sehr weit fortgeschritten, so können wir infolge des Unterganges der Parasiten und der raschen Reinigung des Gewebes von ihnen mit einer Rückbildung von Gewebsschädigungen rechnen und im Anschluß daran mit einer klinischen Remission und Restitution.

Eine auffällige klinische Erscheinung ist die in vielen Fällen vorhandene eigentümliche Euphorie der Paralytiker, sei es, daß sie lediglich in dem gehobenen Gesundheits- und Kraftgefühl der Kranken besteht oder in einem bis zum manischen Zustand gesteigerten Glücksgefühl sich äußert. Es wäre außerordentlich verfrüht, irgendwelche Erklärungen für die Entstehung dieser Euphorie zu geben. Man könnte hier etwa an eine topische Bevorzugung bestimmter Hirnrindengebiete, etwa des Stirnhirns, in ähnlichem Sinn wie bei manchen klinischen Erscheinungen im Verlauf einer Stirnhirngeschwulst denken oder aber sich vorstellen, daß der Zerfall und der Untergang der Spirochäten eine erhebliche Überschwemmung der Hirnrinde mit toxisch wirkenden Giftstoffen erzeugt, die dann wiederum zu der Euphorie Anlaß gäbe. Wir wollen vermeiden, solche Hypothesen zu bilden und uns darüber klar sein, daß irgendwelche Anhaltspunkte weder für das Zustandekommen euphorischer und manisch-expansiver noch für ein solches hypochondrischer, depressiver und paranoider Grundstimmungen der Paralytiker in unseren parasitologischen und histologischen Befunden gegeben sind. Dasselbe gilt auch für die Umwandlung des klinischen Bildes etwa aus einer manisch-exaltierten in eine ängstlich-paranoisch-halluzinatorische Phase.

Die Wanderungen der Krankheitserreger im Gehirn des Paralytikers legen uns die Frage nahe, ob nicht im Verlauf des Leidens Stadien sichtbar werden, die mit den zeitlichen und örtlichen Gegebenheiten der Wanderungsrichtung der Parasiten in Verbindung gebracht werden könnten. Wir dürfen doch wohl annehmen, daß von einem gewissen Zeitpunkt ab die Einwanderung der Krankheitserreger von den Meningen her in die Hirnrinde hinein erfolgt. Ließe sich dann nicht vielleicht vermuten, daß das sogenannte pseudo-neurasthenische erste Stadium der Paralyse in diesen Zeitpunkt des Einwanderns der Krankheitserreger in die oberste Hirnrinde fiele? Wir könnten uns dies so vorstellen, daß eine Ausbreitung der Spirochäten zunächst nur in den obersten Hirnrindenschichten, und auch da vielleicht nur intraadventitiell, noch nicht zu dem ausgesprochenen psychotischen Bild der Paralyse führe, sondern zu der eben genannten pseudoneurasthenischen Erscheinungsweise, während erst bei der Fortsetzung des Wanderungsprozesses der Erreger in die tieferen Rindenschichten hinein, etwa von der 2. oder 3. bis zur 5. die klinisch schweren Krankheitserscheinungen auftreten. Einer solchen Annahme steht aber entgegen, daß nach unseren parasitologischen Beobachtungen die Einwanderung der Krankheitserreger von den Meningen her sicher nicht an allen Rindenstellen gleichmäßig und gleichzeitig erfolgt. Hier liegen sicher große Verschiedenheiten des Einwanderungsvorgangs, auch im selben Hirn, vor, so daß wir zur Zeit noch keinerlei Beziehungen zwischen den klinischen und den parasitologischen Phasen herstellen können.

Daß eine Einwanderung der Parasiten von den Meningen her einsetzt, ist ja gewiß recht wahrscheinlich, unmittelbar beobachtet ist sie aber nicht, sondern nur erschlossen. Setzen wir diese Einwanderung als richtig voraus, so entsteht die Frage, wie lange vor Ausbruch der Paralyse die Spirochäten in den Meningen ansässig waren. Wir wissen ja, daß im frühen Sekundärstadium der Syphilis schon Syphilisspirochäten im Liquor auftreten. Daß sie hier sehr lange Zeit persistieren können, ist wohl auch in hohem Grade wahrscheinlich. So kommen wir also zur Annahme einer recht langen Verweildauer der Spirochäten in den Meningen bzw. im Liquor und wir verstehen nicht recht, warum nun erst von einem bestimmten Zeitpunkt ab die exzessive Spirochätenwucherung in den Meningen einsetzt, auf die dann der Zeitpunkt folgt, wo den Spirochäten der Aufenthalt im Liquor bzw. in den Meningen verleidet wird und was die Parasiten veranlaßt, in die Hirnrinde einzuwandern. Manche klinischen Erscheinungen in den allerersten Anfängen der Paralyse lassen eine besonders erhebliche Beteiligung der Meningen am Krankheitsprozeß vermuten, insbesondere die gelegentlich in diesem Zeitpunkt zu beobachtenden starken Kopfschmerzen. Auch wissen wir ja, daß erhebliche Liquorveränderungen im Sinne einer entzündlichen Reizung des Liquors dem Ausbruch der Paralyse recht lange Zeit vorangehen können. Daß der durch die besonders häufige Anwesenheit von Silberzellen in den Meningen nachweisbaren Meningealspirochätose eine wesentliche Bedeutung für die Pathogenese der progressiven Paralyse zukommt, ist wahrscheinlich, aber auch noch nicht sicher bewiesen. Jedenfalls dürfen wir aber eine besonders häufige Anwesenheit der Syphilisspirochäten in den Meningen und im Liquor annehmen, eine Anwesenheit, die offenbar der der Erreger in der Hirnrinde vorangeht. Damit wird aber die Wahrscheinlichkeit einer pathogenetischen Bedeutung der Meningealspirochätose beträchtlich erhöht.

Ganz besondere Schwierigkeiten entstehen, wenn wir unsere bisherigen Kenntnisse vom Verhalten der Parasiten im Gewebe zur Erklärung der tabischen Erscheinungen und der Opticusatrophie heranziehen wollen. Wir haben ja betont, daß gerade in der grauen Substanz verhältnismäßig günstige Bedingungen für die Erregerexistenz vorzuliegen scheinen, oder daß wenigstens die Daseinsbedingungen des Erregers in der weißen Substanz besonders ungünstig sind. Bei der Tabes dorsalis müssen wir aber eine bevorzugte Schädigung der weißen Substanz annehmen. Hier liegen zweifellos noch Bedingungen vor, die in einem gewissen Gegensatz zu unseren bisherigen Beobachtungen des Verhaltens der Erreger zu stehen scheinen. Nur durch weitere Erforschung des Verhaltens der Krankheitskeime bei der Tabes dorsalis unter Benützung der Silberzellendarstellung wird eine weitere Aufklärung möglich sein.

Die spontanen Remissionen im Verlauf der Paralyse finden zwanglos ihre Erklärung darin, daß die Erreger spontan, d. h. aus ihnen eigentümlichen Bedingungen heraus zugrunde gehen, wobei einzelne Exemplare übrigbleiben, aus denen sich dann wieder eine neue große Generation von Keimen entwickelt. Damit kommt es wieder zu einem Schub des Leidens. *Wo* die bei der Vernichtung der früheren Krankheitskeime übriggebliebenen Erreger verweilen und *wie lange* es dauert, bis sie von dem ihnen drohenden Vernichtungsschlag sich bis zur Fähigkeit erneuter Fortpflanzung erholt haben, wissen wir nicht und werden es wohl auch nicht mehr erfahren, da die heutige Infektionstherapie in der Lage ist, eine totale Vernichtung sämtlicher Krankheitskeime zu erreichen oder wenigstens die natürliche Existenzgrundlage der Erreger im Gewebe wesentlich zu modifizieren. Wir dürfen aus unseren Untersuchungen über die Silberzellenaussaat und den Spirochätenuntergang bei den malaria- und recurrensgeimpften Paralytikern schließen, daß in vielen Fällen eine restlose Reinigung des Gewebes von den Spirochäten stattfindet. Sie allein bedingt die klinische Besserung und schließliche Heilung der Paralyse. Bei diesem Reinigungsvorgang handelt es sich nicht um ein *Inaktivwerden von Spirochäten*, um eine *latente Persistenz* derselben, sondern um ihren Untergang und ihre endgültige Vernichtung. Freilich dürfen wir wohl nicht in allen behandelten Fällen, gewiß aber in denjenigen, in denen der Untergang *aller* Krankheitskeime erreicht ist, die Unmöglichkeit des Wiederauflebens des Krankheitsprozesses annehmen.

Unser letztes Ziel ist die Aufklärung des pathogenetischen Vorgangs einer Krankheit mit der Aussicht, günstigere Bedingungen für die Heilbestrebungen zu schaffen. Bei der progressiven Paralyse hinkt die Aufklärung der Pathogenese dem empirisch gewonnenen Heilerfolg nach. Trotzdem sollten wir es uns nicht verdrießen lassen, auch weiterhin eine Vertiefung unserer Einsicht in die Pathogenese dieses Leidens zu versuchen. Auch die Aufklärung der Wirkungsweise unserer Heilverfahren gehört ja mit zu dieser pathogenetischen Forschung. Eines ist aber dabei besonders wichtig: Der *Vergleich* klinisch-symptomatologisch und in ihrer Verlaufsrichtung bis ins einzelne hinein gut durchgearbeiteter Krankheitsfälle mit den histologischen und parasitologischen Befunden.

B. Spirochäten und Silberzellen bei atypischen Paralysen.

An atypischen histologischen Befunden haben wir das Vorkommen des Status spongiosus in der Hirnrinde, bzw. in einzelnen Schichten derselben, und an anderen Stellen des Paralytikerhirns zu verzeichnen (LISSAUER, FISCHER, BIELSCHOWSKY, KÖPPEN, BORDA, PROBST, STRÄUSSLER und KOSKINAS), wir kennen die sog. kolloid-hyaline Degeneration (MIGNON und MARCHAND, WITTE, SIOLI, C. SCHRÖDER, DÜRCK, LÖWENBERG, STRÄUSSLER und KOSKINAS, KUFS) zum Teil mit dem Status spongiosus als Endresultat des Prozesses verknüpft, wir kennen die miliaren, nicht-gummösen Nekrosen und Abscesse, die schon NISSL zuerst gesehen und nach ihm STRÄUSSLER als erster beschrieben hat (später HAUPTMANN, HERSCHMANN, SCHOB, bei DÜRCK sowie bei STRÄUSSLER und KOSKINAS in Kombination mit kolloid-hyaliner Degeneration). Bei den langsam verlaufenden Paralysen, bei den Spontan- und den therapeutischen Remissionen finden wir gegenüber der gewöhnlichen Paralyse atypische Befunde, die vor allem in einer Veränderung der Infiltrate sowohl nach Art der Infiltrationszellen, wie nach ihrer Stärke bestehen; statt Plasmazellen mehr Lymphocyten (STRÄUSSLER), Rückbildung der Infiltrationen, Auswanderung der Infiltratzellen aus den Lymphscheiden ins Gewebe hinein, zeigen die Neigung zur Ausheilung an. Bei den therapeutischen Remissionen vermissen wir daneben noch frische proliferative Neurogliaveränderungen und frische degenerative Erscheinungen an der nervösen Substanz. Endlich sei hier auch auf die SPIELMEYERschen imperfekten Paralysefälle mit spärlichen Infiltrationen in den Meningen und an den einstrahlenden Gefäßen, mit endarteriitischen Wucherungen und mehr oder weniger diffusen Ausfällen nervöser Substanz hingewiesen. Mag es bei diesen Fällen schon recht schwierig, in manchen Fällen unmöglich sein, zu einer sicheren Differentialdiagnose zwischen Hirnsyphilis und progressiver Paralyse zu kommen, so besitzen wir andererseits Erfahrungen, die uns mit Sicherheit Kombinationen von progressiver Paralyse mit anderen syphilitischen Prozessen innerhalb des Zentralnervensystems beweisen. Solche Kombinationen gehören, an ihrer

Häufigkeit gemessen, zweifellos auch zu den Atypien. Es handelt sich hier um die Verbindung von progressiver Paralyse mit größeren Gummen und miliaren gummösen Prozessen (JAKOB, STRÄUSSLER sogar bei einem Fall juveniler Paralyse, JAHNEL, KUFS), die Kombination mit endarteriitischen Vorgängen nach Art der HEUBNERschen Endarteriitis, wie auch im Sinne der NISSLschen Endarteriitis der kleinen Hirngefäße. Endlich kennen wir noch eine Gruppe von topischen Atypien schon seit LISSAUERs Forschungen mit der von ihm nachgewiesenen ungewöhnlichen Verteilung des paralytischen Prozesses, wir wissen insbesondere, daß der Thalamus opticus nicht nur sekundär, sondern auch primär am paralytischen Prozeß stärker beteiligt sein kann, wir nennen die Erfahrungen von CÉCILE und OSKAR VOGT, wonach bei zwei Paralysen mit choreatischen Erscheinungen ein Schwund im Striatum ähnlich wie bei der HUNTINGTONschen Chorea zu verzeichnen war. In einzelnen Fällen ist eine auffallend starke Beteiligung des Kleinhirns nachweisbar (RAECKE, STRÄUSSLER). Selbst in tieferen Hirnteilen kann, wie FÜNFGELD angibt, eine besondere Akzentuation des paralytischen Prozesses vorliegen.

Außer den bisher genannten Atypien ließen sich noch einige Sonderbefunde nennen, so z. B. die Wucherungen des adventitiellen Bindegewebes, das Gliastrauchwerk, das Auftreten von Füllkörperchen, wie ich es in einem Fall sehr akuter Paralyse beobachten konnte, der Nachweis von zwei- oder mehrkernigen Purkinjezellen, besonders bei der Paralyse der kongenital-syphilitischen, sowie die kugeligen Anschwellungen an den Fortsätzen der Purkinjezellen bei dieser Form (STRÄUSSLER) und sichere Entwicklungshemmungen anderer Art, die Ammonshornsklerose, die SPIELMEYER genauer erforscht hat und bei der nach den Untersuchungen seiner Mitarbeiter METZ und NEUBÜRGER Kreislaufstörungen ursächlich in Betracht kommen. Ganz neuerdings werden von SPIELMEYER gewisse Veränderungen in der paralytischen Großhirnrinde in Form umschriebener Verödungen und Sklerosen ebenfalls auf zentrale Kreislaufstörungen bezogen, wobei mir der Hinweis gestattet sei, daß schon 1912 ALZHEIMER in seinem Referat davon spricht, man könne, „allerdings nur als Ausnahme von der Regel" auch bei der Paralyse nervöse Ausfälle in herdförmiger Anordnung beobachten, die von Gefäßveränderungen abhängig seien.

Wegen ihrer Häufigkeit lassen sich die herdförmigen Markscheidenausfälle, die unzweifelhaft mit entsprechenden Herden bei der multiplen Sklerose Ähnlichkeit haben, nicht den Atypien zurechnen. Über sie wird in einem besonderen Kapitel zu berichten sein.

Von atypischen Paralysen konnte ich an meinem Material bisher zwei Fälle mit gehäuften miliaren Gummen, einen Fall mit größeren alten Gummen, mehrere Fälle von spongiösem Schichtenschwund, sowie zwei Fälle mit kolloid-hyaliner Degeneration auch unter Zuhilfenahme der neuen Methode untersuchen.

Bei den mit miliaren Gummen kombinierten Paralysen ist es in beiden Fällen gelungen, seltene, aber typische Pallidae in den mit Silberzellen übersäten äußeren Randschichten von miliaren Gummen nachzuweisen. Im Innern der gummösen Bildung finden sich Riesenzellen, die keinerlei argyrophilen Inhalt haben. Im übrigen Gehirn zeigt sich der typische Silberzellenbefund, wie er bei Paralyse die Regel ist, nämlich in den adventitiellen Infiltraten und im rein nervösen Gewebe. Dabei fiel mir auf, daß die Silberzellenbildung sich viel mehr auf den adventitiellen Raum beschränkte, als sonst bei Paralyse. Wohl fanden sich

Silberzellenherdchen im Parenchym; sie waren aber zweifellos seltener als bei der gewöhnlichen Paralyse. Besonders stark war die Silberzellenbildung dagegen in den vielschichtigen, mit dichtesten cellulären Infiltrationen besetzten adventitiellen Lymphräumen.

Spirochäten fanden sich außerhalb des Bereichs der miliaren Gummen bemerkenswerterweise überhaupt nur vereinzelt, auch im nervösen Gewebe, gewöhnlich kamen sie mit Silberzellen gemischt vor. In dem einen meiner beiden Fälle war der Tod während der Malariabehandlung erfolgt, der andere war unbehandelt. Von wesentlicher Bedeutung scheint mir, daß die miliaren Gummen selten Spirochäten und massenhaft Silberzellen enthalten. Bisher ist der Nachweis von Spirochäten in den miliaren Gummen bei Paralyse nicht geglückt; so hat STRÄUSSLER keine Spirochäten gefunden und auch HERMEL, der über eine Reihe solcher Fälle aus dem JAKOBschen Institut berichtet, mußte sein Suchen als ergebnislos bezeichnen; dagegen habe ich selbst in meinen beiden Fällen in der Randzone der miliaren Gummen seltene, aber typische Pallidae gefunden. Die Anhäufung der Silberzellen in der Randzone der gummösen Bildungen weist auf einen raschen Zerfall massenhaft früher vorhandener Spirochäten hin. Offenbar läßt sich die Bildung solcher miliarer syphilitischer Prozesse nicht auf eine von vornherein vorliegende Spirochätenarmut derartiger Herdstellen zurückführen. Hier müssen andere Bedingungen maßgebend sein, in die wir bisher noch keinen Einblick gewinnen konnten. Ich halte es auch für verfrüht, die günstigere oder ungünstigere Abwehrbereitschaft des Gewebes zur Erklärung der Verschiedenheit der Gewebsreaktionen an nahe benachbarten Stellen heranzuziehen, wie ich überdies auch den BERGELschen Erklärungsversuch gummöser Bildungen — als Reaktionsprodukt gegen die vielleicht nucleineiweißhaltigen inneren Kernsubstanzen der Spirochäten, während die Lymphocytenreaktion eine solche gegen die lipoiden Hüllen der Spirochäten sein soll — für unzutreffend halte. Festzustehen scheint mir jedenfalls, daß in den miliaren gummösen Bildungen ein besonders ausgedehnter Spirochätenzerfall stattfindet; denn nur so können wir die überaus große Zahl der noch Spirochätentrümmer enthaltenden Silberzellen erklären, die wohl vorwiegend als Lymphocyten angesehen werden müssen. Nicht ohne Interesse ist ein Vergleich der nach dem BIELSCHOWSKY-MARESCH- oder ACHUCARROschen Verfahren hergestellten, die miliaren Gummen enthaltenden Schnitte mit solchen, an denen mein Gefrierschnittversilberungsverfahren angewandt wurde. Die Gitterfasern kommen bei der Behandlung nach Achucarro sehr anschaulich zur Darstellung, die Inhalte der Silberzellen dagegen nicht. Bildungszentren der Gitterfasern sind Zellen mit länglichen Kernen, die Kerne der Lymphocyten sind wohl deutlich dargestellt, zeigen aber nirgends einen Zusammenhang mit den Gitterfasern.

Bei den Fällen mit kolloider Degeneration, die in dem einen Fall hauptsächlich im Corpus striatum, gelegentlich allerdings auch in der Rinde sich vorfand (juvenile Paralyse, Fall Orth), konnten keinerlei Silberzellen mehr nachgewiesen werden. Auch Spirochäten fehlten völlig. Es handelte sich dabei um einen schon lange dauernden Endzustand eines paralytisch verblödeten Mädchens. Im anderen Fall war die kolloide Degeneration bisher in der Rinde des Hinterhauptes in den tieferen Rindenschichten eigentümlich laminär und vasculär verteilt; auch an diesen Stellen konnten keine Silberzellen aufgefunden werden, während in den vorderen Teilen desselben Gehirns miliare Gummen und

nicht geringer Anzahl vorhanden. In seiner ausführlichen Darstellung der pathologischen Anatomie der progressiven Paralyse im BUMKEschen Handbuch der Geisteskrankheiten kommt JAHNEL nochmals auf diese seine Ergebnisse bei der Recurrensinfektion der Paralytiker zurück und betont hier neben dem Vorkommen in den Meningen nochmals die fast elektive Bevölkerung des obersten Hirnrindensaumes durch die Recurrenspirochäten. Er vertritt die Ansicht, es läge nahe, anzunehmen, das Eindringen der Recurrenserreger erfolge von der äußeren, vom Liquor umspielten Oberfläche des Zentralnervensystems aus.

Ich selbst habe in den letzten Jahren 5 Fälle von progressiver Paralyse, die dem Recurrensverfahren unterzogen worden waren, anatomisch untersuchen können, sie seien in tabellarischer Übersicht hier aufgeführt (außerdem einen früheren, in die Tabelle nicht aufgenommenen Fall).

Progressive Paralysen	Klinikaufenthalt	Recurrensimpftag	Recurrensdauer bis zum Tod
Ste	2. 1.—23. 2. 28	14. 2. 28	9 Tage
Lö	17. 7.—12. 8. 28	24. 7. 28	19 ,,
Gö.	8. 3.— 4. 6. 28	22. 3. 28	44 ,,
Hu	18. 8.—19. 10. 28	1. 9. 28	49 ,,
Schrei	17. 10. 27 — 7. 1. 28	5. 11. 27	63 ,,

In einem verhältnismäßig frühen Stadium der Recurrensinfektion, Fall Lö, 19 Tage nach der Impfung, fanden sich die Recurrensspirochäten hauptsächlich und in großer Ansammlung in dem *obersten superfiziellen Gliasaum,* ganz ähnlich wie es schon von JAHNEL beschrieben ist. Interessant ist dabei die hier vornehmlich parallel zur Oberfläche angeordnete Stellung der Erreger, entsprechend dem Verlauf der Gliafasern an dieser Stelle. Auch in den *Meningen des Großhirns* und *des Kleinhirns* habe ich in diesem Fall Recurrensspirochäten gefunden. Nicht unerwähnt darf auch ihr Vorkommen im *Plexus chorioideus* außerhalb der Blutbahn bleiben. Die Untersuchung mit meinem Gefrierschnittversilberungsverfahren bringt die Erreger sehr gut zur Anschauung. Von besonderem Wert ist dabei die gute topische Übersichtlichkeit. Das Verhalten großer Hirngebiete kann auf diese Weise rasch studiert werden. So konnte ich die superfizielle Anordnung der Recurrenserreger bisher nur an zwei Rindenstellen nachweisen, am Gyrus rectus und an der Grenze zwischen dem Gyrus callosomarginalis und der obersten Frontalwindung, beidemale also im Stirnhirn. An anderen Stellen fanden sich die Recurrensspirochäten nicht mehr im superfiziellen Rindensaum, sondern schon in tieferen Schichten der Hirnrinde, sie sind an manchen Stellen, auch hier wieder vorwiegend in der Stirnhirnrinde, oft besonders zahlreich, liegen *aber immer vereinzelt, nie agglomeriert,* wie die Pallidae. Auf die zu Gefäßen benachbarte Lage der Recurrenskeime möchte ich bei der reichlichen Gefäßversorgung des Rindengraus keinen besonderen Wert legen. Sehr vereinzelte Exemplare habe ich auch unmittelbar unter dem Ependym, manchmal sogar noch zwischen Ependymzellen liegend, feststellen können. Ein solches Exemplar zeigte sich z. B. unter dem Ependym des Aquaedukts auf einem Querschnitt des oberen Endes der Brücke (siehe Abb. 4 in meiner Arbeit Z. Neur. **134**, 570). Im Hirnmark habe ich die Parasiten ebenfalls einwandfrei nachweisen können; ebenso im Kleinhirn. Gewöhnlich treffen wir sie im Hirnmark nur dann an, wenn sie auch in der darüber liegenden tiefen Rinde anwesend sind; interessant ist die vorwiegend zu der Richtung der Markfasern parallele Lagerung (ebenda Abb. 5a u. 5b, 571). Bei den in einem späteren Stadium der Recurrensinfektion verstorbenen Paralytikern habe ich zweimal die Erreger nur mehr im Rindenparenchym, nie mehr im superfiziellen Rindensaum gefunden, die Intervalle dieser Fälle zwischen Infektion und Tod betrugen 49 und 63 Tage. Bei dem am frühesten, 9 Tage nach der Infektion gestorbenen Fall habe ich keine Parasiten angetroffen, weder in der Blutbahn noch im Hirnparenchym, noch in den Meningen.

Besonderes Augenmerk richtete ich bei meinen Untersuchungen auf das Vorkommen der Erreger *innerhalb* der Blutbahn. Trotz emsigen Suchens habe ich aber nie einen Parasiten innerhalb der Blutbahn gefunden.

Wir dürfen demnach bei der Recurrensinfektion des Paralytikers bezüglich der Invasion der Erreger ins Zentralnervensystem 4 verschiedene Stadien unterscheiden: 1. Vorkommen in der Blutbahn, 2. Auftreten im Liquor, im Plexus chorioideus und in den Meningen, 3. gleichzeitig damit oder bald nachher Ansammlung im gliösen Rindensaum und wahrscheinlich auch Eindringen durch die Ependymschichten, Einwanderung in die Rinde und ins Parenchym überhaupt, 4. Weiterwanderung in der Rinde im Sinne eines Fortschreitens auch in die tieferen Rindenschichten, ja selbst ins Mark.

Die Ansammlung und Häufung der Erreger im superfiziellen Randsaum der Hirnoberfläche weist, wie wir als höchstwahrscheinlich annehmen möchten, auf eine Wanderungshemmung der Recurrensspirochäten hin. Wodurch diese zustande kommt, ist völlig unklar. Es könnte sich um eine für die Parasiten schwierige Überwindung mechanischer Hindernisse handeln, wie sie durch den dichten Gewebsfilz an der Hirnoberfläche dargestellt werden, aber auch sonstige biologische Verhältnisse der Grenzmembranen könnten dabei eine Rolle spielen. Die vorzugsweise der Oberfläche parallele Stellung der Parasiten im gliösen Rindensaum scheint mir ein weiteres Zeichen dafür, daß es hier Hindernisse zu überwinden gilt. Die Weiterwanderung der Erreger mag wohl am leichtesten in einer der Faserrichtung parallelen Linie vor sich gehen, für die Überwindung der superfiziellen Gliabarriere scheint diese Änderung der Wandederungsrichtung der Parasiten für ihr Eindringen ins Parenchym vorteilhaft. Man könnte den Einwand machen, daß infolge Weiterlebens der Mikroben nach dem Tode ihres Wirtes noch ein Einwandern der Erreger aus den Meningen in die superfizielle Gliaschicht stattfände. Ich kann diesen Einwand nicht völlig entkräften, möchte aber darauf hinweisen, daß ja außer mir auch Jahnel in zwei Fällen diese eigentümliche Anreicherung der Recurrenserreger im Hirnrindensaum feststellen konnte. Wir werden späterhin noch auf weitere Beweise für die *intravitale Anreicherung* der gliösen Grenzschicht mit Recurrensspirochäten zu sprechen kommen.

Sehr wahrscheinlich findet somit eine Einwanderung der Recurrenserreger ins Hirnparenchym von den Meningen bzw. vom Ependym aus statt und es erhebt sich damit die Frage, warum denn von den Erregern nicht der nähere Weg der Auswanderung aus der Blutbahn ins Hirnparenchym hinein gewählt wird. An irgend einer Stelle und zu irgend einer Zeit müssen ja die Mikroben aus der Blutbahn überhaupt auswandern, um in den Liquor zu kommen. Wir können das Auftreten der Erreger im Liquorraum uns ja wohl kaum anders vorstellen, als daß sie aus den Blutgefäßen des Plexus chorioideus oder aus meningealen Blutgefäßen ausgewandert sind. Warum sollten die Recurrensspirochäten dann nicht in der Lage sein, in entsprechender Weise aus den im Hirnparenchym selbst liegenden Blutgefäßen auszuwandern? Vielleicht sind beide Wege der Einwanderung ins Hirngewebe, der aus dem Liquorraum und der aus der Blutbahn der im Hirn selbst befindlichen Blutgefäße möglich, der aus dem Liquorraum steht jedenfalls morphologisch fest.

Das Verhalten der wandernden Recurrenserreger ist nunmehr etwas aufgeklärt: Bald nach ihrem Auftreten in den Meningen und noch gleichzeitig mit ihm findet auch eine Besiedlung des Hirnparenchyms statt, ferner müssen wir im obersten Gliasaum der Hirnrinde eine gewisse Wanderungshemmung vermuten, die zu einer Anreicherung der Erreger an dieser Stelle führt und schließlich ist in späteren Stadien der Infektion eine Persistenz lediglich in tieferen Rindenschichten und im darunterliegenden Mark nachzuweisen, bis ganz zum Schluß auch die letzten Restparasiten hier verschwinden.

Wir finden also bei der zu therapeutischen Zwecken vorgenommenen Recurrensinfektion des Paralytikers einen eigentümlichen Wanderungsvorgang der Recurrenserreger im Hirn. Wir halten uns für berechtigt, ihn in eine gewisse Analogie zu dem von uns angenommenen Wanderungsvorgang der Syphilisspirochäten im Paralysehirn zu setzen, da wir ja schon aus der Untersuchung großer Übersichtsschnitte Anhaltspunkte für ähnliche Wanderungsvorgänge der Pallida gewonnen haben. Wir glauben nunmehr, unserer Annahme einer Einwanderung von Syphilisspirochäten aus den Meningen ins Hirngewebe hinein bei Paralyse eine erhöhte Wahrscheinlichkeit zusprechen zu dürfen, wie auch unserer Ansicht, daß die Erreger die Rindenschichten durchwandern. Wir dürfen das Vorhandensein der vermuteten Schranken, die sich dem Wanderungsvorgang entgegenstellen und zu Wanderungshemmungen der Erreger führen, mit mehr Berechtigung betonen. Bei der Ausbreitung der Recurrenserreger und der Syphiliserreger im Gehirn spielen ähnliche Gesetzmäßigkeiten eine Rolle mit der geringen Änderung, daß wir bei der Recurrensinfektion nur im superfiziellen Gliasaum der Hirnrindenoberfläche eine Wanderungshemmung nachweisen können, während Grau und Weiß ziemlich gleichmäßig Erreger enthalten und jedenfalls bezüglich des Graus nicht die eigentümliche Bevorzugung, wie sie für die Pallida gilt, vorhanden ist. Ferner fehlt bei der Recurrensinfektion die für die progressive Paralyse so ungemein charakteristische Benützung des präformierten adventitiellen Lymphraums bei der Ein- und Weiterwanderung der Pallida von den Meningen in die Rinde. Außerdem treffen wir die Recurrensspirochäten immer nur in Einzelexemplaren, nie miteinander verklebt oder gar zu mehreren vereinigt an und gewöhnlich in viel geringerer Gesamtzahl. So scheinen uns die beim Recurrensfieber nachgewiesenen Wanderungsvorgänge gerade im Hinblick auf die Pathogenese der progressiven Paralyse besonders bedeutsam.

Wie steht es nun mit den Untergangserscheinungen der Recurrenserreger? Auch hier reagiert das Gewebe durch seinen cellulären Abwehrapparat in Form von *Silberzellen*. Hätte es noch eines Beweises bedurft, daß die Silberzellen bei progressiver Paralyse mit dem intracellulären Spirochätenabbau beschäftigt und Zeichen eines solchen sind, so wird uns dieser durch die Abbauvorgänge der im Hirnparenchym gelagerten Recurrensspirochäten geliefert. Auch hier treten nämlich vielleicht mit etwas größeren und derberen Spirochätenbruchstücken, sonst aber völlig gleichartig beladene Silberzellen auf, ebenfalls mit allen Übergängen von intracellulär gelagerten, noch gut erkennbaren Spirochätenbruchstücken bis zu feiner argyrophiler Körnelung des Zellinhalts. Bei den recurrensbehandelten Paralytikern wird es damit freilich oft schwierig, den Inhalt der Silberzellen hinsichtlich seiner Zugehörigkeit zur Spirochaete pallida oder zur Recurrensspirochäte zu beurteilen. Je weiter vorgeschritten der intracelluläre Spirochätenabbau ist, desto gleichartiger werden die morphologisch nachweisbaren Spirochätenabbaustoffe und desto unmöglicher die Identifizierung der Abbauprodukte hinsichtlich ihrer Zugehörigkeit zu einer bestimmten Spirochätenart. Die Silberzellen liegen bei der Recurrensinfektion ganz ähnlich wie die Parasiten selbst gerne in der Hirnrinde isoliert, nie in Form von Silberzellenherdchen. Der gliöse Rindensaum enthält dagegen Silberzellen oft gehäuft, ein weiterer Beweis gegen die *postmortale Anreicherung* der extracellulär liegenden Recurrensspirochäten im superfiziellen Rindensaum.

Eine interessante Feststellung ergibt sich bei den Recurrensfällen noch insofern, als es bei den künstlichen Recurrensinfektionen der Paralytiker zu einer Recurrensmeningitis kommt, bei der in der ersten Zeit ihres Bestehens, wie SPIELMEYER feststellen konnte, reichlich Makrophagen in den Hirnhäuten auftreten. Ich kann dies nur bestätigen, auch in meinem Fall Lö (s. oben) war die Makrophagenbildung in den Hirnhäuten sehr stark ausgesprochen. Merkwürdigerweise enthalten aber die Makrophagen keinerlei argyrophile Spirochätenbruchstücke oder argyrophile Körnchen, die als stark abgebaute Spirochätenteile aufgefaßt werden könnten. Dies muß uns um so mehr wundern, als wir ja aus den von vielen Forschern bestätigten Untersuchungen über die Makrophagen und das Reticuloendothel überhaupt erfahren haben, daß gerade die Histiocyten oder Makrophagen beim fermentativen Abbau der pathogenen Mikroorganismen eine große Rolle spielen. Die in Makrophagen aufgenommenen bakteriellen Parasiten verlieren sehr rasch ihre Färbbarkeit, verkleinern sich, verändern ihre Form und Dichtigkeit bis zu schattenhafter Gestalt und werden ihrer besonderen eigentümlichen Eigenschaften, wie sie etwa aus der Gramfärbbarkeit oder der Darstellbarkeit der Lipoidhülle zu entnehmen sind, intracellulär entkleidet. Häufig geschehen alle diese Vorgänge innerhalb von Resorptionsvacuolen im Innern des Makrophagen. In ähnlicher Weise vollzieht sich auch der intracelluläre Abbau von Trypanosomen oder Malariaplasmodien. Bei letzteren sehen wir noch als übrigbleibenden Rest ein schwarzes Pigmentkörnchen innerhalb einer Zellvacuole. Aus verschiedenen Gründen dürfen wir annehmen, daß der intracelluläre Abbau von Mikroben innerhalb der Makrophagen sich sehr rasch vollzieht. Es könnte also der fehlende Nachweis argyrophiler Körnchen oder der völlige Mangel von Spirochätenbruchstücken in den Makrophagen der Hirnhäute bei Recurrensmeningitis mit dieser sehr raschen Erledigung des intracellulären Mikrobenabbaus zusammenhängen. Auffällig bleibt dann aber die daraus zu entnehmende scheinbare Langsamkeit des Abbaus in den Lymphocyten, die in den Hirnhäuten bei Recurrensmeningitis Spirochätenbruchstücke und argyrophile Körnchen reichlich enthalten. Vielleicht sind die Makrophagen zur Aufnahme von Spirochätenteilen aber überhaupt nicht befähigt. Dem steht freilich entgegen, daß von einzelnen Autoren, z. B. von JAKOB, syphilisspirochätenhaltige Makrophagen im *Hirnparenchym* beschrieben worden sind. Aus der SCHOBschen Schilderung seiner mit Spirochätenteilen beladenen Makrophagen kann ich nicht mit Sicherheit entnehmen, daß seine Makrophagen mit den sonst mit diesem Ausdruck belegten Zellen identisch sind, vielmehr dürfte es sich dabei um große Gliazellen handeln. Freie Bindegewebswanderzellen (Makrophagen, Histiocyten) kennen wir ja im Hirngewebe selbst kaum. Zweifellos beteiligt sich der mesenchymale Resorptionsapparat kräftig an der Bekämpfung der Spirochäteninfektion, von besonderem Interesse ist dabei aber, daß der Spirochätenabbau sowohl bei der Recurrens- als auch bei der Pallidainfektion wenigstens sichtbar nicht von Makrophagen, sondern von Lymphocyten übernommen wird. Jedenfalls können wir da, wo Makrophagen in den Hirnhäuten auftreten — dies ist nur bei der Recurrensmeningitis, nicht bei der paralytischen Meningitis der Fall — nichts von morphologisch erkennbaren intracellulären Abbauprozessen der Spirochätenbestandteile in den Makrophagen nachweisen. So müssen wir also dem gliösen Apparat und dem lymphocytären System, nicht dem sogenannten Reticuloendothel die Hauptrolle der cellulären Abwehr gegen Spirochäten und Spirochätenteile im Zentralnervensystem bei Paralyse und Recurrensspirochätose zuschreiben. Daß in einem Fall, wie Schob ihn beschrieben hat, auch einmal das leukocytäre System, das ja gewöhnlich als erstes gegen einen Infekt energisch eingreift, in Aktion treten kann, ist eine große Ausnahme.

D. Über eine besondere Art des Untergangs der Pallida bei progressiver Paralyse und die Pathogenese des herdförmigen Markscheidenzerfalles.

Von den drei großen Gruppen der Gewebsveränderungen des Zentralnervensystems bei progressiver Paralyse, den infiltrativentzündlichen am Mesoderm, den gliösproliferativen und den degenerativen am Parenchym stellen die degenerativen Parenchymveränderungen der pathogenetischen Deutung die größten Schwierigkeiten entgegen. Die adventitiellen Infiltrate der Gefäßwände sind uns als unmittelbare Folgeerscheinung des infektiösen Prozesses verständlich, wobei keineswegs damit gesagt sein soll, daß die Infiltratzellen auch die Anwesenheit der Krankheitserreger an Ort und Stelle beweisen. Gewiß ist in den Beziehungen zwischen Auftreten der Infiltratzellen (Plasmazellen und Lymphocyten) und dem der Spirochäten noch sehr viel unklar, trotzdem dürfen wir wohl die entzündliche Reaktion der Gefäßwände als unmittelbare Wirkung der Noxe ansehen, während bei den gliösen Erscheinungen die Frage des Ersatzes neben den defensiven Funktionen mitspielt. Die degenerativen Erscheinungen entstehen nach der wohl heute allgemein anerkannten Auffassung Nissls selbständig und unabhängig von den infiltrativen. In welchen pathogenetischen Beziehungen die reinen Parenchymdegenerationen zum Krankheitskeim stehen, ist dagegen noch völlig unklar. Wenn einzelne Forscher dazu neigen, die Parenchymdegenerationen auf toxische Einflüsse, vielleicht sogar eiweißtoxische Vorgänge zurückzuführen und damit nur eine indirekte Mitwirkung der Spirochäten bei der Entstehung der degenerativen Veränderungen annehmen, so ist die Beweisführung hierfür noch keineswegs gesichert. Ich kann und will zu diesen komplizierten Fragen hier keine Stellung nehmen, vielmehr handelt es sich für mich darum, auf Grund neuer histologischer Befunde mich lediglich mit einer Sonderform einer Parenchymdegeneration bei progressiver Paralyse zu befassen: mit dem *herdförmigen Schwinden der corticalen Markscheidenfaserung* (fleckige Markscheidenatrophie, fleckiger Markscheidenschwund, fleckweiser Markfaserschwund, herdförmig verteilte Markfaseratrophie, fleckige Marklichtung, corticaler Markfraß oder „Mottenfraß" SPIELMEYERS, circumscripte Entmarkungsherde).

Auf unsere bisherigen Kenntnisse vom herdförmigen Markscheidenschwund bei progressiver Paralyse, auf seine Beziehungen zum diffusen Markfaserschwund TUCZEKS, auf die morphologischen Verhältnisse bei der herdförmigen Entmarkung in der paralytischen Hirnrinde und an anderen Stellen des paralytischen Zentralnervensystems, auf die Häufigkeit des Vorkommens dieses eigenartigen Gewebsprozesses bin ich in einer früheren Arbeit ausführlich eingegangen. Ich kann daher darauf [Z. Neur. **131,** 632 (1931)] hinweisen und brauche auf Einzelheiten nicht mehr zurückzukommen. Ich darf aber nochmals hier betonen, daß histopathologische Gemeinsamkeiten von progressiver Paralyse und multipler Sklerose auffallen: So weisen nicht nur die drei histologischen Parallelen zwischen multipler Sklerose und progressiver Paralyse, die Persistenz der Achsenzylinder, die Differenz in der Gliafaserproduktion bei der Entmarkung von Grau und Weiß und die in derselben Anordnung erkennbare Differenz im lipoiden Abbautypus auf eine nahe Verwandtschaft im pathogenetischen Geschehen hin und zwar auf einen mit der exogenen Noxe in Beziehung stehenden Faktor. Sondern es liegen auch noch andere histologische Berührungspunkte vor, wie das nicht nur im Herdbereich, sondern auch außerhalb desselben nicht seltene Auftreten von Lymphocyten und Plasmazellen bei der multiplen Sklerose und die Neigung zur mesenchymalen Bindegewebsfaserwucherung bei beiden Krankheiten. Freilich wird es keinem Kundigen einfallen, die beiden Krankheitsprozesse auch nur histopathologisch zu identifizieren. Der diffuse infiltrative Hirnrindenprozeß bei progressiver Paralyse ist etwas, was bei multipler Sklerose nicht vorkommt, und andererseits fehlt der progressiven Paralyse die regional bevorzugte Verteilung der Entmarkungsherde mit ihrer circumventrikulären Anordnung und überhaupt die Multiplizität der Herde im Weiß und ihre relative Spärlichkeit im Grau. Wenn also auch die histologische Differentialdiagnose keine Schwierigkeiten machen kann, so bleibt trotzdem noch soviel verwandtes übrig, daß die vergleichende Krankheitsforschung aus der bekannten Noxe des einen Krankheitsprozesses, nämlich der progressiven Paralyse die Arbeitshypothese des Suchens nach einer vielleicht verwandten, aber noch unbekannten Noxe des anderen Krankheitsprozesses, der multiplen Sklerose, ableiten darf.

Über die Gefäßabhängigkeit von Entmarkungsherden der paralytischen Hirnrinde haben schon BORDA, FISCHER, KUFS, SAITO u. a. berichtet. Ich selbst konnte bei einem mit verbreiteter herdförmiger Entmarkung einhergehenden Paralysefall auch im subcorticalen Mark deutliche topische Beziehungen des herdförmigen Entmarkungsprozesses zu zentral dazu gelegenen Gefäßquer- und Längsschnitten nachweisen (s. Abb. 4 meiner oben genannten Arbeit und Abb. 54 und 55, S. 135). Wichtiger aber ist, daß ich bei der Aufklärung der Pathogenese der herdförmigen Markscheidendestruktion auf einen eigentümlichen, bisher noch nirgends erhobenen Befund gestoßen bin, den ich in der erwähnten Arbeit ausführlich dargestellt habe: Die Bildung eigentümlich kugelig-scholliger, zunächst völlig acellulärer Gebilde, die ich als *Myelopholiden* bezeichnet habe.

Bei verhältnismäßig frischen herdförmigen Markscheidendestruktionen sehen wir nämlich in der paralytischen Rinde zahlreich verstreut, an einzelnen Orten häufiger, an anderen seltener, das Auftreten eigentümlicher kugeliger oder ovaler Gebilde. Daß es sich um frische Prozesse handeln muß, geht aus der kurzen klinischen Dauer der Krankheit hervor. Die Färbung der Myelopholiden entspricht durchaus derjenigen der intakten Markscheide. Mit allen Markscheidenfärbungen sind diese Gebilde darstellbar, am schönsten freilich mit der SPIELMEYERschen Markscheidendarstellungsmethode am Gefrierschnitt. Die Kugeln zeigen auch keineswegs die Farbreaktionen der Corpora amylacea oder des scharlach- bzw. sudanfärbbaren Lipoids. Im ungefärbten Schnitt fallen sie durch ihre eigentümliche Lichtbrechung auf. Gewöhnlich bestehen diese Myelopholiden aus mehreren, 4—8 und noch mehr Kugeln, es kommt jedoch auch die Einzahl oder der Zusammentritt nur zweier Kugeln vor. Das Gebilde ist zunächst kernlos und scheint keinerlei Zusammenhang mit irgend einer Zelle zu haben, auch eine Einscheidung oder Umkleidung durch Gliafasern bzw. Gliaplasma habe ich nicht feststellen können. Die Myelopholiden in Form kleinerer gleichmäßiger Kügelchen lassen dagegen deutlich einen Zusammenhang mit einer Zelle erkennen, ein Kern tritt auf, der durch seine Lagerung sicher als zu einer mit Myelopholiden beladenen Zelle zugehörig kenntlich ist, die Lage des Kerns ist gewöhnlich durch eine weniger dichte Myelopholidenanordnung markiert. Spätere Stadien myelopholidenbeladener Zellen zeichnen sich nicht nur durch die Kleinheit der Kügelchen, sondern auch durch eine Farbänderung ab, statt des tiefen Markscheidenschwarz erscheint ein viel helleres Grau. An manchen Rindenstellen findet man fast nur mehr die feingekörnten, kernhaltigen Stadien der Myelopholiden, an anderen die groben kernlosen, wieder an anderen eine Mischung beider Stadien.

Die *Lagerung der Myelopholiden im Gewebe* ist völlig unsystematisch (Abb. 10 und 11). Eines ist gewiß: im herdfernen, normal markscheidenhaltigen Gewebe finden sie sich nicht, wie sie sich auch in alten, anscheinend völlig markleeren Markscheiden-destruktionsherden nur sehr spärlich nachweisen lassen. An den Herdgrenzen sind sie oft zahlreicher, als im Zentrum der Herde, nicht selten sehen wir sie auch noch über die Herdgrenze hinaus im anscheinend normalen Gebiet, wo aber ihr Nachweis infolge der schwarzen Färbung der Markscheiden besonders in den untersten Rindenpartien sehr erschwert ist. Beziehungen der Myelopholiden zu den Gefäßen sind nicht nachweisbar; gewiß finden sich die Gebilde auch gelegentlich im adventitiellen Lymphraum eines größeren Gefäßes oder an die Außenwand einer Capillare angelagert, viel häufiger liegen sie aber mitten im Gewebe; wie sie überdies auch einmal an eine Ganglienzelle angelagert vorkommen. Da sie aber sich im Gewebe ubiquitär finden, darf diese topische Nachbarschaft zu Gefäßen oder Nervenzellen nicht weiter wundernehmen. Ihr gelegentliches Auftreten im adventitiellen Lymphraum, und zwar hier häufiger in Form der kleinen durch eine Zelle zusammengefaßten Myelopholiden, als in Form grober Kugeln ohne Zusammenhang mit einer Zelle weist auf eine gewisse Wanderungsfähigkeit der Gebilde hin, wenn wir ihre Entstehung aus der Markscheide annehmen dürfen.

In dem einen meiner beiden Fälle mit ausgebreiteter herdförmiger Markscheidendestruktion fanden sich die Myelopholiden in allen Teilen der Großhirnrinde, daneben aber auch im Thalamus, im Striatum, besonders im Putamen, Claustrum, kurz überall da, wo Markscheidendestruktionen sich abspielten oder abgespielt hatten. In dem anderen Fall waren sie in der Rinde zahlreich, aber sonst weniger verbreitet.

Als Gesetzmäßigkeit, die unbedingt auf die Herkunft aus der Markscheidenmasse hinweist, kann gelten: Die Gebilde finden sich überall da, wo eine

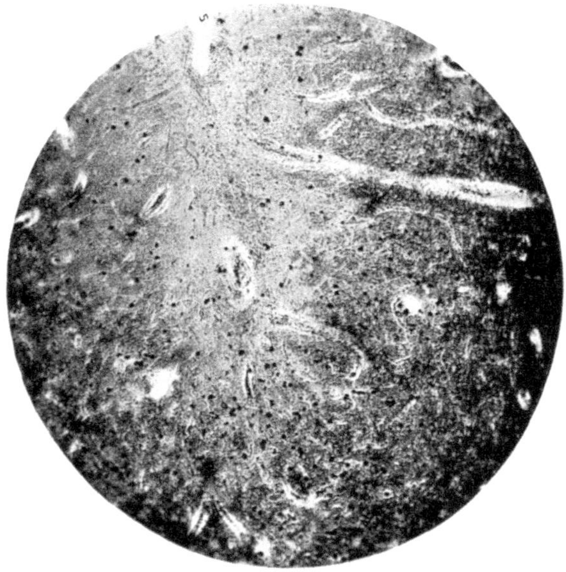

Abb. 10. Progressive Paralyse. Fall Baumann. Stirnhirnpol links. Spielmeyersche Markscheidenfärbung am Gefrierschnitt. Myelopholidenausstreuungen. *s* **Grund einer Rindenfurche. (Obj. B, Ok. 3 ×, Balgauszug 24 cm.)**

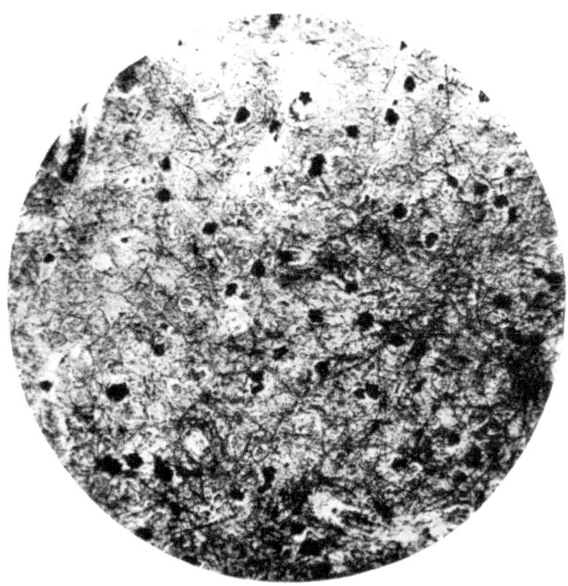

Abb. 11. Stelle aus demselben Schnitt bei stärkerer Vergrößerung. (Obj. B, Ok. 7 ×, Balgauszug 32,5 cm.)

Markscheidendestruktion stattgefunden hat, und nirgends dort, wo die Markscheiden völlig unversehrt sind. Sie sind freilich nicht obligat mit jedem Markscheidenzerfall verbunden, es wird eine Reihe von Markscheidenabbauformen geben, bei denen sie nie auftreten, sie stellen danach eine *besondere Form der Markscheidendestruktion* dar. So möchte ich ausdrücklich betonen, daß ich sie in Rindenherden bei multipler Sklerose, trotzdem ich eifrig danach gesucht habe, nicht finden konnte, ebensowenig auch bei anderen Erkrankungsprozessen der Hirnrinde (arteriosklerotische und traumatische Erweichungen, Verödungen, Status spongiosus der Hirnrinde usw.).

Die Häufigkeit des Vorkommens der Myelopholiden ist bei allem sonstigen Parallelismus mit Art und Anordnung der herdförmigen Markscheidendestruktion der Rinde geringer als diese. Von meinen 4 Paralysefällen mit herdförmiger Rindenentmarkung habe ich bei 2 die Myelopholiden in ausgedehnter Verbreitung und besonders stattlicher Anzahl gefunden, andeutungsweise vorhanden waren sie bei einem weiteren Fall, im letzten der 4 fehlten sie ganz. Entweder muß es sich also um eine rasch vorübergehende Frühphase der herdförmigen Markscheidendestruktion handeln, oder die Markscheide kann auch einem prinzipiell andersartigen Abbautypus unterworfen sein.

Die Spirochätendarstellung brachte nun eine überraschende Aufklärung, indem an den Stellen der Entmarkungsherdbildung gehäuft, daneben auch in ihrer Umgebung eine Ansammlung eigentümlich schwarz versilberter Gebilde von der Größenordnung der Spirochäten sich fand.

Es zeigen sich nämlich im versilberten Schnitt nicht die früher beschriebenen Spirochätenringe, Knäuel und Kugeln, sondern *Nadeln* und *Spieße* (Abb. 12 und 13). Daß es sich um zur Pallida zugehörige Gebilde handelt, beweisen alle möglichen Übergänge von freilich nur noch selten vorhandenen typischen Pallidaexemplaren zu anderen, in denen die Spießform schon auftritt, aber noch 3—4 Windungen typischer Art erhalten sind, bis endlich zu solchen, die im ganzen Exemplar nur mehr die Spießform bieten. Der Vergleich mit einem Spieß ist insofern nicht ganz zutreffend, als das degenerierte Exemplar an *beiden* Enden zugespitzt ist. Häufiger als in Einzelexemplaren finden sich die Spieße zusammengeballt und bilden dann einen Keil oder eine Bündel- oder Büschelform. Oft sehen wir die Zusammenballung nicht in völliger Aneinanderlagerung durchgeführt, sondern 3—8 oder noch mehr Spieße liegen in den verschiedensten optischen Ebenen kreuz und quer durcheinander, aber immer auf einen verhältnismäßig kleinen Raum zusammengedrängt. Die Versilberung der Spieße ist gewöhnlich tiefschwarz, doch finden sich auch hellere, bräunliche Exemplare. Auffällig ist ferner das nadelartige Aussehen, bei oberflächlicher Durchmusterung könnte man die Spieße für eigentümliche krystallartige Nädelchen halten; gerade an den mangelhaft versilberten Nadeln (was man durch stärkere Uranisierung auch bewußt erzeugen kann) zeigt sich aber ihre *nichtkrystallinische Natur* deutlich. Wir dürfen ja annehmen, daß der metallische Silberüberzug dieser Nädelchen, wenn sie ganz schwarz erscheinen, sehr fein kolloiddispers oder sogar vielleicht schon molekulardispers ist, denn sonst könnte er nicht schwarz erscheinen. Daß dabei eine spiegelartige Aggregierung des metallischen Silbers an den Spirochäten, vielleicht sogar zu kleinsten submikronischen Kryställchen erfolgt, dürfte nicht unwahrscheinlich sein. Damit wird der krystallartige Eindruck, den die Spieß- und Nadelformen machen, erhöht.

Die Degeneration der Spirochäten in spitze, nadel- oder spießartige Gebilde, die ich als Aichomomorphie (von *αἰχμή, ἡ* = die Lanzenspitze) bezeichnen möchte, ist etwas durchaus Eigenartiges und unterscheidet sich vollkommen von dem sonst erkennbaren Degenerationstypus der Spirochäten. Wir haben in weit

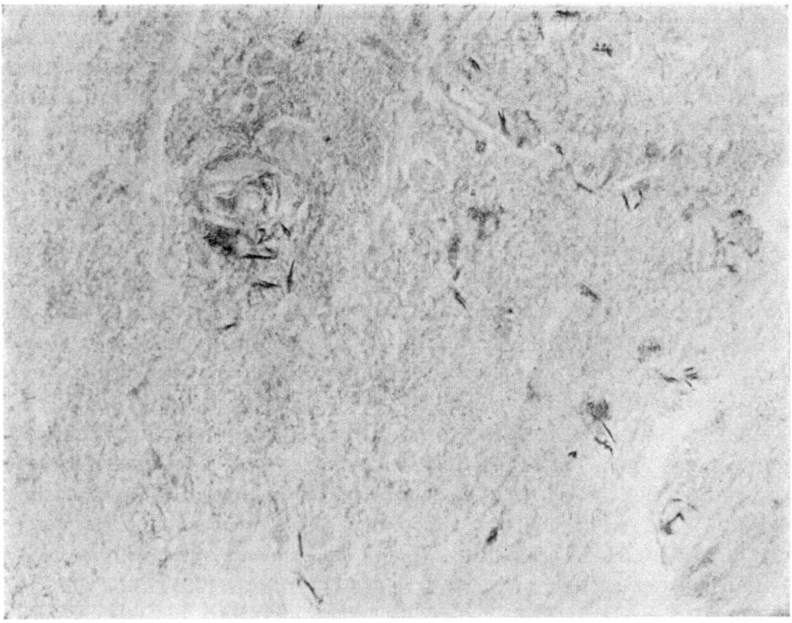

Abb. 12. Derselbe Fall. Entsprechende Stelle mit der Gefrierschnittversilberungsmethode behandelt. Aichmomorphe Spirochätendegeneration in Form spitzer Nadeln. (Obj. Immerson 1/7, Ok. 7×, Balgauszug 27,5 cm.)

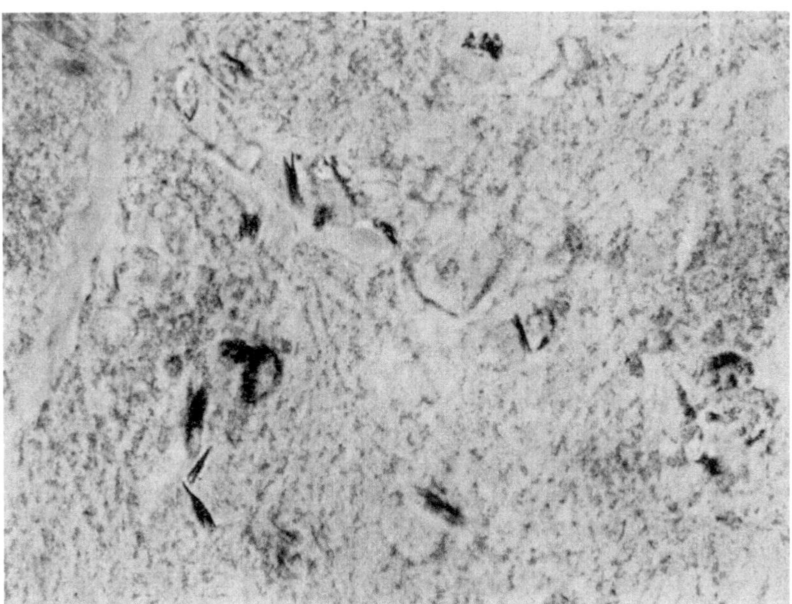

Abb. 13. Ausschnitt aus Abb. 12 bei stärkerer Vergrößerung (rechtes oberes Viertel der Abb. 12, Apoch. 120, Ok. 5 ×, Balgauszug 32 cm.)

über 50 Fällen den Degenerationstypus der Spirochäten mit Hilfe unserer Gefrierschnittversilberungsmethode studieren können und mit völliger Sicherheit festgestellt, daß in der überaus großen Mehrzahl der Fälle der Abbau der Pallidae über die Autoagglomeration in Ring- und Knäuelform mit schließlicher intracellulärer Aufnahme und Verwandlung in kleine fädige und endlich feinkörnige noch argyrophile Zellinhalte vor sich geht und zwar innerhalb von Infiltratzellen (Lymphocyten) genau so, wie innerhalb kleinkerniger Gliazellen. Auch die im Großhirnparenchym sich ansiedelnden Recurrensspirochäte unterliegt dem gleichen, schließlich intracellulär sich abspielenden Degenerationstypus. Hiervon unterscheidet sich die nadelförmige Degeneration der Pallidae bei Fällen von herdförmiger Markscheidendestruktion völlig, wenn auch hierbei eine Mischung *beider* Typen der Pallidadegeneration, der gewöhnlichen intracellulär-argyrocytären und der nadelförmigen vorkommt. Dabei tritt allerdings der gewöhnliche Typus an Häufigkeit stark zurück.

Nun findet sich beim aichmomorphen Degenerationstypus noch eine Eigentümlichkeit. Wie schon gesagt, ist nicht nur die Form der Degeneration eine andere, sondern die Glia- und Infiltratzellen sind beim gewöhnlichen Degenerationstypus auch zugleich Totengräber, Verbrennungsstätten und Reinigungsorgane. Was von Spirochätenleichenteilen im Gewebe liegt, wird intracellulär aufgenommen und verarbeitet. Die Spieße liegen dagegen vielfach *frei im Gewebe*, ohne Beziehung zu einer Zelle; nicht allzu selten erkennen wir aber, daß sie doch nicht völlig vom Gewebe isoliert sind: *Besonders da, wo sie in Mehrzahl beisammenliegen, sind sie gerne von einem kugeligen oder ovalen, eigentümlichen lichtbrechenden Gebilde umgeben*, das freilich kernlos und in seiner Struktur entweder homogen ist oder aus mehreren ebenso lichtbrechenden kleinen Kugeln besteht. Das ganze Gebilde ist nach außen hin, d. h. an seinen Grenzen zum Parenchym, scharf gegen dasselbe abgegrenzt, oft sieht es so aus, wie wenn noch eine äußere Verdichtung in Form einer angedeuteten Membran vorhanden wäre. *Einzeln* sind die Nadeln selten — dies sei nochmals ausdrücklich betont — in eine solche Kugel eingeschlossen. Es handelt sich also um eine häufige kugelige Einhüllung der Nadeln bzw. des Nadelkonglomerates durch eine eigentümliche Substanz. Wenn wir nun die zugehörigen Markscheidenbilder zu Rate ziehen, so fällt uns die *Ähnlichkeit* dieser kugeligen oder ovalen Umhüllungen *mit den Myelopholiden* auf: ihre Gestalt, ihre Lagerung im Gewebe erinnert durchaus an die Markkugeln und Rosetten, die wir Myelopholiden genannt haben. Bewiesen wird dieser Zusammenhang dadurch, daß wir versilberte Schnitte nachträglich der Markscheidenfärbung unterwerfen und nun an vorher bezeichneten charakteristischen Stellen die Identität der die Spirochätennadeln enthaltenden Kugeln mit Myelopholiden nachweisen können. Dabei verhält sich die topische Beziehung der Myelopholide zu den Spirochätennadeln so, daß beim Zusammentritt mehrerer Markkugeln zu einer Myelopholide die Spirochätennadeln wohl nicht *zwischen* den einzelnen Markkugeln liegen, sondern jede Markkugel enthält in sich Spirochätennadeln. Vielleicht kommen auch Spirochätennadeln zwischen einzelnen Markkugeln einer Myelopholide vor; ich habe dies aber nicht sicher feststellen können. Jedenfalls ist der weitaus häufigere Fall, daß eine Myelopholide die Spirochätennadeln völlig in sich trägt und noch ein zur Myelopholide gehöriger Zwischenraum zwischen den Spitzen der Spirochätennadeln und dem Rand der Myelopholide übrig bleibt. Wie die Myelopholide schließlich abgebaut wird, haben wir oben beschrieben, auch in sie tritt der Kern ein und verwandelt sie unter Verkleinerung der schwarzen Markkugeln in kleinere gleichmäßige, oft nur mehr graue Kügelchen in ein celluläres Gebilde. Insofern hat schließlich der Spirochätenabbau auch bei dem aichmomorphen Degenerationstypus ein celluläres Endstadium, offenbar aber doch nur über den Umweg des Myelopholidenabbaus.

Im Silberbild finden sich die mit Spirochätennadeln beladenen Myelopholiden gewöhnlich im Gewebe selbst, sie kommen aber auch an Gefäße angelagert und im adventitiellen Lymphraum vor. Die von Myelopholiden freien Spirochätennadeln oder Büschel treffen wir ebenfalls im Gewebe an, manchmal innerhalb von Gefäßwandinfiltraten (Abb. 14 und 15 der angeführten Arbeit), außerdem aber auch den Ganglienzellen auf- oder angelagert (s. Abb. 19 meiner Arbeit „Nissls Paralysestudien und der heutige Stand der Metasyphilislehre"), gewöhnlich auch nicht einzeln, sondern zusammengeschweißt. Wir dürfen danach wohl annehmen, daß die Spirochätennadeln *zuerst* auftreten und daß das Erscheinen der Myelopholiden vielleicht in pathogenetischer Abhängigkeit von ihnen steht. Darauf weist das isolierte Vorhandensein der Spirochätennadeln ohne Myelopholidenumhüllung im Parenchym hin, während die kernlosen Myelopholiden fast immer Spirochätennadeln enthalten. Auch ist der Spirochätenabbau innerhalb der Myelopholide gut zu verfolgen; er ist weiter vorgeschritten als außerhalb derselben. Der Spiralform am meisten entsprechende Exemplare der Erreger finden sich ausschließlich frei im Gewebe, innerhalb der Myelopholide ist nur mehr die Nadelform erkennbar und auch diese zeigt oft nicht mehr die stark schwarze Versilberung, wie die Nadeln außerhalb der Myelopholide, sondern eine mehr bräunliche Färbung. Dabei kann dann die argyrophile Spirochätensubstanz getrennt von der Nadel an die Peripherie der Myelopholide rücken und den Rand derselben durch einen mehr oder weniger feinkörnigen Kranz geschwärzter Pünktchen markieren.

In *frischen* Stadien des herdförmigen Markscheidendestruktionsprozesses der paralytischen Rinde bzw. des Grau überhaupt ist also das Auftreten eigentümlicher kernloser Markschollen in Kugel- oder Rosettenform nachzuweisen, die ich als etwas besonderes ansehen möchte (Myelopholiden). In diese Myelopholiden eingelagert finden sich sehr häufig degenerierte Spirochäten, die als spitze, starre Nadeln (aichmomorpher Degenerationstyp) erscheinen. Diese Spirochätendegeneration ist eine Sonderform des Unterganges, wie sie sonst *nicht* vorkommt, weder bei Paralysen ohne Entmarkungsherde, noch in anderen Krankheitsfällen. Das Primäre ist der Spirochätenuntergang, sekundär kommt es zur Bildung der Myelopholiden. Darüber hinaus kann gesagt werden, daß sich ein weitgehender topischer Parallelismus zwischen Entmarkungsherden bzw. Myelopholiden einerseits und aichmomorphem Degenerationstyp der Spirochäten andererseits findet. Überall da, wo Myelopholiden vorkommen, z. B. außer der Hirnrinde im Thalamus und im Striatum, sind auch die Spirochätennadeln nachweisbar. Im Hirnmark, wo keine herdförmige Entmarkung aufzufinden ist, fehlen Myelopholiden wie Spirochätennadeln. In alten Entmarkungsherden der Rinde ohne Myelopholiden sind die Spirochätennadeln ebenfalls nicht vorhanden. In einem Krankheitsfall, in dem viele Myelopholiden da sind, lassen sich auch zahlreiche Spirochätennadeln nachweisen; wo es sich um ein weniger häufiges Vorkommen der Myelopholiden handelt, entspricht dem auch eine größere Seltenheit des aichmomorphen Degenerationstypus der Spirochäten.

Man könnte einwenden, es seien Fälle von herdförmiger Entmarkung der paralytischen Rinde beobachtet, bei denen der Nachweis gut erhaltener typischer Spiralformen der Erreger geführt worden sei. Dies ist gewiß richtig, auch in einem meiner beiden starke herdförmige Entmarkung aufweisenden Fälle (es ist der Fall Hanic.) ließen sich an manchen Orten klassisch gewundene Spirochäten nachweisen, während der andere Fall (Baum.) fast ausschließlich Nadeln, Spieße und Büschel und äußerst selten typische Schraubenformen zeigte. Ich habe ja auch nur behauptet, daß die Bildung der Entmarkungsherde mit der aichmomorphen Sonderform der Spirochätendegeneration in Zusammenhang steht. Dann dürften ja außerhalb der Herde liegende Spirochäten sehr wohl noch den üblichen Spiraltypus zeigen, ja sie müssen es eigentlich.

In den Entmarkungsherden des Markweißes, die sich recht selten einmal finden, tritt der aichmomorphe Degenerationstypus der Spirochäten auffälligerweise zu gunsten des gewöhnlichen argyrocytären Typus (in Form der Silberzellen) zurück (Abb. 56, S. 136). Hier kommt es auch zu einer deutlichen lipoiden Abbauform des Gewebes. Solche Herde gleichen dann völlig denen der multiplen Sklerose. Worauf diese Eigentümlichkeit des Markweißes beruht, kann ich bis jetzt nicht entscheiden. Zu betonen ist hier nochmals, daß auch im Grau die argyrocytäre Degenerationsform *neben* der aichmomorphen häufig sich findet, nur tritt sie quantitativ erheblich hinter diese zurück. Den spießförmigen Untergangstyp der Spirochäten habe ich nie isoliert in einem Gehirn aufgefunden. Für die weiße Substanz scheint aber schon allein die Silberzellendegenerationsform zur Ausbildung von Entmarkungsherden zu genügen, offenbar ist auch die Neigung des Markweißes zu lipoidem Abbau wesentlich größer als die des Rindengraus.

In solchen Paralysefällen, in denen es zur Ansammlung enormer Spirochätenmassen mit massiver Verfilzung derselben in der Rinde gekommen ist, finden wir gelegentlich wohl auch einmal Entmarkungen, diese sind aber diffus und keineswegs herdförmig, außerdem finden sich keine Myelopholiden. Im allgemeinen können wir dementsprechend *keinerlei Parallelismus* zwischen wohl erhaltenen Spirochätenschwärmen und mangelhafter oder fehlender Anfärbbarkeit der Markscheiden feststellen. Bisher ist jedenfalls das Vorkommen wohl erhaltener, die typische Spiralform aufweisender Spirochäten *innerhalb* eines Entmarkungsherdes nicht bewiesen und, wenn überhaupt in den *Entmarkungsflecken* Anzeichen für eine Spirochätenanwesenheit sich finden, werden diese nur in Form des nadelförmigen Spirochätendegenerationstypus mit gleichzeitiger Myelopholidenbildung kenntlich. Zur Kontrolle habe ich, nachdem ich diesen Zusammenhang auf Grund des ersten von mir beobachteten derartigen Falles erkannt hatte, vor Anfertigung der Markscheidenschnitte mir immer erst die Silberschnitte vorlegen lassen und auf diese Weise den zweiten Fall mit herdförmiger Rindenentmarkung schon am Silberbild aus den nadelförmigen Spirochätenuntergangsformen diagnostiziert, obwohl von irgend einer sinnfälligen Markierung der Grenzen zwischen Entmarkung und normalem Markfaserbestand im Silberbild nicht die Rede sein konnte. Auch herdfreie Rindenstellen ließen sich von herdhaltigen lediglich durch den stärkeren Gehalt der letzteren an Nadel- und Büschelformen der Spirochäten im Voraus ohne Besichtigung des Markscheidenbildes unterscheiden.

Es bleibt noch übrig, auf den *Zusammenhang der Myelopholidenbildung mit dem nadelförmigen Spirochätengenerationstypus* näher einzugehen. Daß hierbei im Gegensatz zu sonst der extracelluläre Untergang der Spirochäten zu offenbar außerordentlich scharf zugespitzten, kantigen Formen führt und damit ein anderes Verhalten des Gewebes im Vergleich zur Gewebsreaktion gegenüber dem besonders schmiegsamen, glatten und elastischen *lebenden* Parasiten hergestellt wird, ist wohl sicher. Während der lebende Parasit auf Grund seiner freilich unbekannten biologischen Eigenschaften die äußere Grenze der Nervenfaser und damit der Markscheide meistens respektieren dürfte, sind die starren und zu einer spitzen, stacheligen Nadel oder einem Büschel von solchen degenerierten Spirochäten hierzu nicht mehr imstande. Liegen diese degenerierten Exemplare in der unmittelbaren Nachbarschaft einer Markscheide, so kommt es zu einer mechanischen Verletzung der äußeren Markscheidenperipherie, zu einer mikrotraumatischen Schädigung, vielleicht auch zu einer chemischen Anätzung oder Fermentwirkung. Histologisch ist nicht zu entscheiden, ob es sich um eine Doppelwirksamkeit beider Schädigungsarten oder um ein ausschließendes Entweder-Oder der beiden handelt. Ich möchte in Anbetracht der Starre und Unbiegsamkeit der Nadeln dem mechanischen Faktor den Vorzug geben.

Zu erklären wäre noch, daß Myelopholiden auch innerhalb des Adventitialraumes der Gefäßwände sich zeigen, wo es ja keine Markscheiden gibt. Wenn die Tropfenbildung mit der Markscheidendestruktion zusammenhängt, was wir als hinreichend gesichert annehmen dürfen, so können die Myelopholiden nur durch Transport in den Adventitialraum gelangt sein. Dieser Transport muß mit dem Flüssigkeitsstrom des Gewebes erfolgen, er kann, da es sich ja um keine cellulären Gebilde handelt, nicht durch Eigenbewegung geschehen. Außerhalb der Adventitialscheide, unmittelbar perivasculär gelegen, treffen wir die Myelopholiden oft an, dagegen ist mir der Nachweis einer zum Teil im Adventitialraum, zum anderen Teil noch außerhalb desselben im Parenchym gelegenen Myelopholide nicht geglückt. Trotzdem kann an der Transportfähigkeit der Marktropfen nicht gezweifelt werden, gerade die Kugelform ist ja nicht nur für kernlose, acelluläre mobile Gebilde, sondern sogar für viele bewegte und aus ihrem Verband losgelöste *Zellen* im Zentralnervensystem (Körnchenzellen, Transportzellen, Abräumzellen, Makrophagen) charakteristisch. Weiterhin spricht für die Entstehung der Myelopholiden innerhalb des Parenchyms ihr viel häufigerer Sitz im Parenchym von Hirnrinde und anderem Grau, ihr Vorkommen in den adventitiellen Gefäßwandräumen ist im Vergleich hiermit ungleich seltener. Wenn sie hier sich finden, so können sich nur durch Transport aus dem Parenchym und Durchtritt durch die Grenzscheiden zwischen Parenchym und Adventitia hineingelangt sein.

Die Anspießung oder Anätzung der Markscheide durch den in Nadelform degenerierten Erreger führt zu einem Austritt von Markscheidensubstanz, und es ist interessant, daß das färberische Verhalten der in der Myelopholide enthaltenen Markscheidensubstanz nicht der sudan- oder scharlachfärbbaren Stufe des Lipoids entspricht, sondern dem tinktoriellen Verhalten der intakten Markscheide durchaus gleicht. Erst später erfolgt ein cellulärer Einmarsch in die Myelopholide und damit die Verkleinerung der großen Kugeln und eine Änderung der Farbnuance, die wir wohl intracellulären chemischen Prozessen zuschreiben dürfen. Die Gleichförmigkeit des färberischen Verhaltens offenbar frisch entstandener Myelopholiden mit derjenigen der unversehrten Markscheide dürfte vielleicht ein Hinweis sein, daß nicht die ganze Substanz der Markscheideaus fließt, sondern daß ein möglicherweise gar nicht so kleiner Teil der Markscheide mit dem Gerüst derselben, für uns zwar nicht darstellbar, bestehen bleibt. Nicht nur die Persistenz der Achsenzylinder weist darauf hin, sondern auch eine Erscheinung, die sich an kleinen „Entmarkungs"herden nachweisen läßt. In diesen gestattet es die auf eine kleine Strecke segmental beschränkte „Entmarkung" *einer und derselben* Markscheide leicht, die einander gegenüberliegenden unversehrten, normal gefärbten Enden derselben Markscheide zu vergleichen. Es zeigt sich dabei gewöhnlich die *gleiche Kalibrierung des Markrohres* an beiden Enden und dies ist doch nur so zu deuten, daß, für uns freilich unsichtbar, die Dicke des Markscheidenrohres auch im „entmarkten" Teil festgehalten worden ist. Wie wir uns dies *ohne* Teilerhaltung irgendeiner Substanz der Markscheide vorstellen sollen, ist mir nicht recht verständlich.

Lediglich aus dem färberischen Verhalten der Myelopholide auf ein Zurückbleiben von Markscheidensubstanz innerhalb des unsichtbaren Markscheidenrohres zu schließen, scheint mir nicht ohne weiteres berechtigt, deshalb habe ich ja auch noch die weiteren Argumente angeführt. Die tinktorielle Gleichartigkeit *beweist* auch keineswegs die chemische Identität des Stoffes, sondern bedeutet höchstens eine gewisse Wahrscheinlichkeit für sie. Treffen wir doch gerade bei den verschiedenen Markscheidenfärbungen recht häufig auch die roten Blutkörperchen tief schwarz und im selben Ton wie die Markscheide und die Myelopholiden gefärbt an, ohne daß es freilich wegen der charakteristischen Form beider Elemente, der Myelopholiden und der Blutkörperchen und ihrer Lage Schwierigkeiten machen würde, sie histologisch auseinander zu halten. Niemand wird aber behaupten wollen, daß der für die schwarze Färbung verantwortliche Stoff der Markscheide und der roten Blutkörperchen chemisch identisch sei. Deshalb müssen wir auch mit der Annahme einer chemischen Gleichheit oder Gleichwertigkeit des Stoffes der Myelopholide und der unversehrten Markscheide vorsichtig sein.

Ich möchte nicht mißverstanden werden: Ich behaupte keineswegs, daß der herdförmige Markscheidendestruktionsprozeß im Rindengrau und in anderen Teilen des nervösen Graus bei progressiver Paralyse *in jedem Fall* in Form der Myelopholidenbildung infolge der nadelförmigen, aichmomorphen Degeneration der Pallidae vor sich geht. Ich hüte mich vor der Verallgemeinerung dieses Befundes, dazu ist der mir zur Verfügung stehende Beobachtungsstoff zu klein. Unter 50 Fällen habe ich nur 4mal ausgedehntere herdförmige Markscheidendestruktionsprozesse in der Hirnrinde angetroffen, davon zeigten nur 2 eine deutliche Myelopholidenbildung mit nadelförmiger Spirochätendegeneration, die beiden andern dagegen nicht. Auch die beiden positiven Fälle unterscheiden sich: der klinisch frischere zeigte die Myelopholidenbildung auffallend stark, während sie bei dem zweiten Fall (Hannic.) zwar sehr deutlich ausgesprochen, aber doch im Vergleich zum ersten Fall in ihrer Verteilung über die ganze Rinde seltener und auch an den Herdstellen weniger zahlreich war. Auch der Markfraß war hier freilich weniger ausgedehnt als im ersten Fall, es kam gelegentlich zur Bildung seltener, aber größerer „Entmarkungsherde".

Wahrscheinlich steht also das Vorhandensein von Myelopholiden und nadelförmigem Spirochätendegenerationstypus mit dem Alter von Entmarkungsherden in Zusammenhang, in ganz frischen Markscheidendestruktionsherden findet man sie zahlreich, in älteren seltener, in ganz alten nicht mehr. So würde sich auch das Fehlen dieser neuen Befunde in meinen zwei negativen Fällen mit ausgedehntem Markfraß erklären lassen. Immerhin ist diese Erklärung kein Beweis, und ich halte es für sehr wohl möglich, daß es noch andere pathogenetische Bedingungen des paralytischen Markscheidenschwundes gibt als die von mir aufgefundenen. Daß aber die *eine* von mir beschriebene Form der herdförmigen Markscheidendestruktion vorkommt und pathogenetisch so gedeutet werden muß, wie ich es tat, dafür scheint mir der Beweis erbracht zu sein. Vielleicht findet sie sich nicht einmal so selten, als es bisher den Anschein hat.

Die Pallida geht in dem von mir geschilderten Degenerationstypus extracellulär zugrunde, wie sie dies übrigens auch bei der anderen von mir festgestellten gewöhnlichen Degenerationsform, über die ja in den vorhergehenden Kapiteln bereits ausführlich berichtet worden ist, tut. Nur die *Verarbeitung der Degenerationsformen* ist verschieden. Bei der gewöhnlichen Degeneration kommt es sofort zu einer Verarbeitung der Leichenteile in Infiltratzellen (Lymphocyten) intraadventitiell und durch Gliazellen im Parenchym. Bei der hier festgestellten Sonderform der Spirochätendegeneration ist dagegen die extracelluläre Lagerung der Spirochätenteile verlängert, es kommt erst spät auf dem Umweg über die Myelopholide zu einer intracellulären Verarbeitung der stacheligen und starren Leichenteile der Parasiten. Selbst in den adventitiellen Lymphräumen liegt die spitze Parasitennadel häufig ohne Verband mit den hier gehäuft vorhandenen Zellen. Das unterscheidende Merkmal gegenüber der gewöhnlichen Spirochätendegeneration im Hirn des Paralytikers ist somit nicht die extracelluläre Degeneration, sondern die sehr verspätete und nur auf einem Umweg vor sich gehende, intracelluläre Verarbeitung der Degenerationsprodukte der Erreger. Worauf die Verschiedenheit der Erregerdegeneration überhaupt beruht, ist schwer zu sagen. Wir können hierüber nur Vermutungen äußern. Es könnte sich um eine biologische Abart des Erregers handeln, ebenso aber auch um eine eigenartige Abwehr des Wirtes, die die Krankheitskeime zu dieser Sonderform der Degeneration zwingt. Vielleicht mag hierfür sprechen, daß in beiden Fällen von herdförmiger Entmarkung mit Myelopholidenbildung neben der Sonderform der Spirochätendegeneration auch der gewöhnliche Untergangstypus der Spirochäten, allerdings in spärlicherer Zahl, sich fand. Bei Annahme einer biologischen Abart des Erregers müßten wir dann mindestens das Vorhandensein einer Mischung zweier Spirochätenstämme voraussetzen, eines an Zahl der Einzelexemplare schwächer vertretenen Stamms, der zum gewöhnlichen Degenerationstypus führt und eines anderen, mit zahlreicheren Vertretern, der zur nadelförmigen Degeneration Veranlassung gibt. Erst die Sammlung eines größeren Beobachtungsstoffs, die insbesondere auch die senilen Paralysen, bei denen ja Entmarkungsherde überhaupt nicht vorkommen sollen, die infantilen Paralysen und die Lissauerschen Paralysen, bei denen herdförmige Markscheidendestruktionen besonders häufig sein sollen, umfaßt, würde die Aussicht auf eine Entscheidung der Alternative zwischen biologischer Abart des Erregers und eigenartiger Abwehr des Wirtes auf Grund besonderer konstitutioneller Momente desselben erhöhen. Dabei besteht ja auch noch die Möglichkeit, daß beide Faktoren zugleich eine Rolle spielen. Ich halte aber, bei der infolge unserer therapeutischen Erfolge eingetretenen Verminderung der Syphilishäufigkeit und wegen der durch die moderne Infektionstherapie bedingten Spirochätenarmut oder Spirochätenlosigkeit paralytischer Gehirne die Hoffnung auf eine Lösung der genannten Fragen für recht gering.

Noch eines ist zu betonen: die allgemeinpathologisch bedeutsame Erscheinung, daß eine Sonderform des Untergangs von Krankheitserregern einerlei, durch welches ursächliche Moment sie auch hervorgerufen sei, eine Sonderform des Gewebszerfalls bedingt. Je mehr wir in die Beziehungen zwischen den Krankheitserregern und den mittelbar oder unmittelbar durch sie hervorgerufenen Gewebsveränderungen einzudringen versuchen, desto deutlicher wird uns vor Augen geführt, daß wir manchen Krankheitserregern viel mehr unmittelbare Gewebsschädigungen zutrauen dürfen, als wir es bisher geahnt haben. Wir leiten hieraus zum mindesten *die* Forderung ab, über mittelbare Erregerwirkungen und ursächliche Zwischenglieder in Form eigenschädlicher Reaktionen des Wirtskörpers selbst erst dann etwas auszusagen, wenn positive Beweise vorliegen.

III. Die Anwendung des neuen Verfahrens auf die Erforschung der multiplen Sklerose.

Wenn die multiple Sklerose eine Infektionskrankheit ist, woran wir wohl kaum mehr zweifeln können, so ist ihr Erreger ätiologisch noch umstritten. Die neuen englischen Forschungen (Chevassut, Purves-Stewart), die bisher nur im Kulturverfahren mit Hilfe eines besonderen Dunkelfeldnachweises und nicht im fixierten und gefärbten Präparat auffindbare eigentümlich rundliche dem Virus der Pleuropneumonie ähnliche wachstumsfähige Gebilde („Spherula insularis“) ergeben haben, sind bis heute nicht bestätigt worden (s. hierzu auch später S. 182).

So müssen wir auf unserem Standpunkt bestehen, daß der Erreger der multiplen Sklerose noch nicht bekannt ist. Auch die Gruppe, der der vermutete Erreger zugehört, können wir nicht bestimmen. Wir wissen weiter nicht, wann und wie der Erreger in den Körper des erkrankten Menschen hinein kommt und wann er in das Zentralnervensystem eintritt. Wir wissen nicht, wo im Zentralnervensystem er sich mit Vorliebe ansiedelt und schließlich ist es unklar, wann und wie er im Nervensystem zugrunde geht. Alle diese Einzelprobleme mögen wie Glieder einer Kette ineinander verschlungen sein, jedoch keineswegs so, daß die Beantwortung einer einzelnen Frage nun die Lösung aller übrigen Probleme einschließt oder die mangelnde Klärung eines Teilproblems die Möglichkeit der Beantwortung anderer Einzelfragen ausschließt. Wir kennen z. B. Infektionen, deren Eintrittswege in das Zentralnervensystem trotz der Unbekanntheit des Erregers infolge der dabei auftretenden Gewebsschädigungen anatomisch verfolgbar sind (experimentelle Herpesencephalitis). Wir kennen in anderen Fällen Reaktionsprodukte eigener Art im Gewebe mit Bevorzugung bestimmter Hirnteile (z. B. Ammonshorn), die wir entweder auf Untergangserscheinungen des uns unbekannten Erregers oder auf ein Wechselspiel zwischen Erreger und Zellreaktionen im Gewebe zurückzuführen haben.

Etwas derartiges sehen wir z. B. bei den NEGRIschen Körperchen der LYSSA oder bei den JOESTschen Körperchen der BORNAschen Krankheit. Auch bei der progressiven Paralyse sind uns ja mit meinem neuen Verfahren typische intracelluläre Untergangs- und Abbauerscheinungen der Spirochäten bekannt geworden, die den Kreis unseres Wissens bezüglich des Auftretens und der Verteilung der Spirochäten im Zentralnervensystem erweitern.

So müssen wir also bei der multiplen Sklerose, auch wenn der Erreger noch unbekannt ist, uns mit allen vorhin genannten Einzelfragen getrennt befassen, besteht doch die Möglichkeit einer Beantwortung einzelner Probleme, selbst wenn die Aufklärung der Hauptfrage nach Aussehen und Art des Krankheitserregers noch nicht geglückt ist.

1. Allgemeines über Krankheitserreger, Infektion und Nervensystem mit besonderer Bezugnahme auf die multiple Sklerose.

Für das Verständnis der Infektionskrankheiten des Zentralnervensystems ist eine möglichst umfassende Kenntnis aller Lebensäußerungen der Krankheitserreger von größter Bedeutung. Hier ist freilich unser Wissen noch äußerst mangelhaft. Von einer großen Zahl von Infektionskrankheiten kennen wir den Erreger nicht, ja oft noch nicht einmal die Zugehörigkeit zu einer bestimmten *Gruppe* von Erregern. Aber selbst in den Fällen, wo die Erreger bekannt sind, sind ihre Lebensverhältnisse in und außerhalb des befallenen Wirtskörpers noch recht wenig erforscht. Haben wir doch in der menschlichen Pathologie, aber auch bei unseren Versuchstieren einen vielgestaltigen Makroorganismus vor uns und damit wird die Erforschung biologischer Vorgänge der Parasiten und ihrer Verbreitung in den einzelnen Organsystemen und Organen des Wirtstieres außerordentlich erschwert.

Wollten wir es unternehmen, eine ins einzelne gehende *Einteilung der Infektionskrankheiten* des Zentralnervensystems auf der Grundlage biologischer und morphologischer Erregermerkmale vorzunehmen, so müßten wir versagen. Wer die einmütige Ablehnung oberflächlicher Einteilungsversuche der Infektionskrankheiten des Zentralnervensystems auf der Würzburger Tagung der Gesellschaft Deutscher Nervenärzte im Jahre 1929 von seiten aller Sachverständiger miterlebt hat, wird sich scheuen, ein Einteilungsschema aufzustellen, bevor nicht die Lösung einer Reihe von Vorfragen geglückt ist.

Bei der multiplen Sklerose haben wir vorläufig nur den einheitlichen Gewebsbefund im Zentralnervensystem als sichere Grundlage der Erregerwirksamkeit zur Verfügung. Vom Standpunkt der vergleichenden Krankheitsforschung aus kann es nicht wertlos sein, zu erfahren, wie bei allen möglichen anderen durch einen bekannten Erreger verursachten Infektionen die Noxe am Zentralnervensystem sich auswirkt und wie im besonderen eine Anwendung dieser Erkenntnisse auf die Erforschung der multiplen Sklerose möglich ist. Ich kann hier, was den ersten Punkt angeht, auf die ausgezeichneten Ausführungen von SPIELMEYER in seinem Referat „Infektion und Nervensystem“ 1929 und auf das Encephalitiskapitel von SPATZ im BUMKEschen Handbuch der Geisteskrankheiten 1930 verweisen.

Wir entnehmen hieraus, daß ein und derselbe Krankheitserreger die verschiedensten Veränderungen am Zentralnervensystem setzen kann: Kreislaufstörungen, selbständige

Degenerationen, reaktive Gliawucherung, unabhängig auftretende Bindegewebsgefäßreaktionen etwa im Sinne leuko- und lymphocytärer Infiltrationen kommen als Auswirkung von Infektionskrankheiten im Zentralnervensystem zweifellos vor. „Bei ganz verschiedenen Infektionskrankheiten finden sich Gemeinsamkeiten in den Gewebsbildern und bei ursächlich gleichen Prozessen starke histologische Abweichungen voneinander". „Wo eine Schädlichkeit eine krankhafte Störung der lebendigen Abwehrmechanismen hervorruft, sind die Gewebsbilder in den Grundzügen übereinstimmend, gleichviel ob es sich um die Auswirkung visibler oder invisibler Noxen handelt, um infektiös-toxische Schädlichkeiten, um Vergiftungen exogener Art oder auch um Reaktionen von endogen körpereigenen, selbst organeigenen Stoffwechsel- und Zerfallsprodukten. Denn immer wird der gleiche Abwehrapparat in Funktion gesetzt" (SPIELMEYER).

SPATZ hat den Versuch unternommen, auf Grund der *Ausbreitungsprozesse* der histologischen Gewebsveränderungen eine Einteilung der echten Hirnentzündungen, der Encephalitiden zu geben. Er lehnt es ab, auf die *Art der histologischen Gewebsveränderungen* allein eine Einteilung der einzelnen Encephalitisformen aufzubauen und gelangt durch das Studium der *Ausbreitung* der encephalitischen Reaktionen zu 6 wohl charakterisierten Typen, je nach der Verteilungsweise der encephalitischen Reaktion. Ich kann hier auf die von SPATZ aufgestellten Typen der Verteilung (1. Meningoencephalitis, 2. metastatische Herdencephalitis, 3. kontinuierliche Polioencephalitis, mit Bevorzugung des Endhirns, Paralysetypus, 4. fleckförmige Polioencephalitis mit Bevorzugung des Hirnstamms, Encephalitis epidemica-Typus, 5. herdförmige Entmarkungsencephalitis, Typus der akuten multiplen Sklerose, 6. diffuse perivenöse Herdencephalitis, Typus der Encephalitis post vaccinationem) nicht näher eingehen und betone nur, daß SPATZ selbst mit dieser Einteilung nicht den Anspruch macht, etwas durchaus Endgültiges zu bieten, er will außerdem aus diesem Einteilungsversuch keinerlei Schlüsse auf *biologische* oder *ätiologische Verwandtschaften der Erreger* gezogen wissen.

SPATZ gibt weiter an, daß Toxine an und für sich die Fähigkeit zur Erzeugung entzündlicher Veränderungen im Gehirn haben. Jedoch behauptet er für die Toxine eine „mildere" diffuse Reizwirkung, da die im Blute kreisenden toxischen Stoffe, „wenn sie überhaupt die Schranken überschreiten, offenbar in diffuser Verteilung eingeführt werden und nicht in solchen Mengen, daß sie örtlich als Reiz für die entzündliche Reaktion in Betracht kämen". Da also die *konzentrierte örtliche Reizwirkung* praktisch genommen in erster Linie *durch das Auftreten von Mikroorganismen bedingt werde,* so könne man sagen, daß *echte Encephalitis* eine *örtliche Erregerwirkung* ansage.

In voreiliger Konstruktion wurde versucht, die multiple Sklerose einer Gruppe von Infektionskrankheiten einzugliedern, die durch invisible Erreger verursacht werden. Das Virus, auf dem die Encephalitis post vaccinationem und die Encephalomyelitis disseminata beruhe, sei mindestens gruppenverwandt — so wurde behauptet — mit dem der multiplen Sklerose. Da dort ein invisibles Virus eine Rolle spiele, müsse auch die multiple Sklerose durch ein invisibles Virus verursacht und dieses mit den Erregern anderer Encephalomyelitiden gruppenverwandt sein, was sich auch in der Eigenart der Gewebsreaktion zeige. Die übereinstimmende Ansicht aller auf diesem Gebiet maßgebenden Forscher geht dagegen dahin, daß es unmöglich ist, durch Bakterien bedingte Encephalitiden und durch invisible filtrierbare Virusarten erzeugte Encephalitisformen *nach der Art der Gewebsreaktion* zu trennen (SPIELMEYER, SPATZ). Wir könnten kaum einen größeren Fehler begehen, als wenn wir annehmen wollten, bei den durch invisible Virusarten erzeugten Infektionen des Zentralnervensystems reagiere das Gliagewebe zuerst, bei den bakteriellen dagegen das Gefäßstützgewebe. In rein gliösen Wucherungen können z. B. Staphylokokken liegen und in reinen Gliaherden Trichinellen. Vom biologischen Standpunkt aus warnt JAHNEL davor, a priori verwandtschaftliche Beziehungen zwischen denjenigen Ultramikroben zu konstruieren, die Krankheiten *eines* einzelnen Organes verursachen. Beim Studium der invisiblen Ansteckungstoffe, deren Existenz wir ja nur aus ihrer Fähigkeit der Erzeugung einer Krankheit mit mehr oder weniger kennzeichnendem anatomischem Substrat erschließen können, sei überhaupt allergrößte Vorsicht am Platze. Es hat für uns wirklich gar keinen Zweck, auf die vagen Denkmöglichkeiten der Zugehörigkeit der multiplen Sklerose zu angeblich gruppenverwandten, durch invisible Erreger verursachten Encephalitiden näher einzugehen und die hypothetische Gemeinsamkeit der Verursachung dieser Infektionen des Zentralnervensystems zu erörtern. Ist es ja noch völlig ungewiß, ob der Erreger der multiplen Sklerose zu den invisiblen Ansteckungsstoffen gehört und selbst, wenn er dazu gehören würde, so ist damit noch lange nicht gesagt, daß alle unter der Grenze der mikroskopischen und vielleicht auch der ultramikroskopischen Sichtbarkeit liegenden Ansteckungsstoffe biologisch und morphologisch ähnlich und verwandt sein müssen. Ich kann hier nur JAHNELs Worte unterstreichen, wenn er sagt, er vermöge keinerlei Gewinn darin zu erblicken, wenn man ohne jegliche Unterlagen das noch unbekannte ätiologische Agens der multiplen Sklerose in das Reich der submikroskopischen Parasiten hineinprophezeie.

Erkennen wir an, daß die multiple Sklerose eine Krankheitseinheit darstellt, daß sie weiterhin höchstwahrscheinlich eine Infektionskrankheit des Zentralnervensystems ist und daß ihr Erreger noch unbekannt ist, so werden wir zur Aufklärung dieses pathogenetisch noch so unklaren Krankheitsvorganges die vergleichende Betrachtung von irgendwie histologisch erfaßbaren Herdbildungen im Zentralnervensystem bei *anderen* Infektionen desselben heranzuziehen versuchen. Ich kann auf diese vergleichenden Forschungen hier im einzelnen nicht eingehen und erwähne nur die interessanten Ergebnisse der Arbeiten von DÜRCK über die kleinen knötchenförmigen Gliawucherungen bei Malaria und anderen Infektionskrankheiten (Chagaskrankheit), die gliösen Fleckfieberknötchen SPIELMEYERs, die häufigen herdförmigen Gliaproliferationen bei der epidemischen Encephalitis, der epidemischen Kinderlähmung, der BORNAschen Krankheit, der Staupeencephalitis und die BABESschen Knötchen bei der Lyssa, reine knötchenförmige Gliaproliferationen bei Sepsis mit dem Nachweis von Staphylokokken innerhalb solcher Knötchen. Alle solche Herdbildungen sind von denen der multiplen Sklerose zu unterscheiden, weil, abgesehen von anderen histologischen Differenzen, bei ihnen der Entmarkungsvorgang der im Herde liegenden Markscheiden sich ganz anders gestaltet, wenn er überhaupt vorkommt. Einzig und allein die herdförmigen Entmarkungen bei progressiver Paralyse entsprechen im allgemeinen dem Typus der Entmarkung bei multipler Sklerose. Gerade die herdförmige Gestaltung der genannten Gliaproliferationen ist aber besonders interessant und eine Analogie zu vielen anderen exogenen Krankheitsprozessen. Damit soll freilich nicht gesagt sein, daß es nicht auch einen diffusen Typus der Encephalitis gibt, daß also die Infektionserreger im Zentralnervensystem auch zu diffus verbreiteten Encephalitiden führen können. Ich brauche hier nur an die von SPATZ aufgestellten Typen der kontinuierlichen Polioencephalitis im Sinne des Paralysetypus und an die diffuse perivenöse Herdencephalitis nach Vaccination zu erinnern.

Bei der multiplen Sklerose steht aber jedenfalls der *herd*förmige *Entmarkungs*prozeß völlig im Vordergrunde, er beherrscht durchaus das anatomische Bild und wenn wir die Beziehungen zwischen dem vermutlichen Erreger und der Gewebsreaktion untersuchen wollen, so müssen wir von diesem besonderen Typus der Gewebserkrankung ausgehen.

Daß kein anderer Gewebsprozeß herdförmige Entmarkungen macht, „die in allen Stücken der multiplen Sklerose ähnlich sind wie die Paralyse" (SPIELMEYER), haben wir eben schon hervorgehoben. Es wäre aber vollkommen unrichtig, wollten wir nun aus der Ähnlichkeit solchen herdförmigen Markfaserschwundes die Identität oder auch nur die Gruppenverwandtschaft des Krankheitserregers erschließen. Herdförmige Entmarkungen sind gewiß nicht nur auf die multiple Sklerose oder die progressive Paralyse beschränkt. Wir sehen auch bei atherosklerotischen Prozessen, bei unvollständigen Erweichungen, bei der perniziösen Anämie und anderen Blutkrankheiten, Leukämie (FRIEDRICH SCHULTZE, NONNE) eigentümliche, herdförmige Entmarkungsvorgänge, vor allem im Rückenmark bei den letztgenannten Krankheiten. Daß daneben *im Gehirn* herdförmige gliöse Wucherungen bei perniziöser Anämie mit oder ohne Blutungen (SCHRÖDER, SPIELMEYER, H. DÜRCK), bei Skorbut (SPIELMEYER), bei Leukämie und sekundären Anämien verschiedener Ätiologie (H. DÜRCK) vorkommen, darauf soll hier nur hingewiesen werden. Gerade bei der perniziösen Anämie handelt es sich wohl sicher um eine toxische Entstehung der Rückenmarksveränderung, was ja auch gleichartige Befunde bei anderen Stoffwechselkrankheiten, wenn sie nur mit schwerer Kachexie verbunden sind, wahrscheinlich machen. So habe ich bei schweren Krebskachexien die LICHTHEIMschen Herdchen der sog. Myelitis funicularis (anämischen Spinalerkrankung) feststellen können und NONNE weist neuerdings darauf hin, daß er solche Veränderungen in zwei Fällen von Skorbut sowie in Fällen von Kachexie auf der Basis von chronischem Alkoholismus usw. gefunden hat. Aber: Histologisch fehlen bei den LICHTHEIMschen Herdchen alle Zeichen von cellulärer Infiltratbildung in den Gefäßwänden und in den Meningen. Meistens sind die LICHTHEIMschen Herdchen um ein Gefäß gruppiert, der Krankheitsprozeß erstreckt sich abgesehen von der herdförmigen Entmarkung auch auf die Achsenzylinder, ja zunächst können sich *lediglich* an den Achsenzylindern krankhafte Veränderungen zeigen. REDLICH betont im Gegensatz zu BIELSCHOWSKY, daß die für die Entmarkungsherde der multiplen Sklerose und bei progressiver Paralyse so charakteristische Persistenz der Achsenzylinder in den Herdchen der anämischen Spinalerkrankung nur vereinzelt vorkommen dürfte.

Im histologischen Gesamtbild der herdförmigen Entmarkung bei multipler Sklerose liegt zweifellos eine ausreichende Möglichkeit der Unterscheidung gegenüber ätiologisch andersartigen Entmarkungsvorgängen begründet. Die neben dem herdförmigen Markfaserschwund sich findenden lymphocytären und plasmacellulären Reaktionen in den Gefäßwänden und in den Meningen erlauben. auch wenn wir von den Unterschieden in der Verteilung der Entmarkungsherde und von ihrem histologisch verschiedenen Charakter bezüglich der Gliastrukturen und des Verhaltens der Achsenzylinder absehen, eine sichere Abtrennung von anderen Entmarkungsvorgängen. Wir dürfen den histologischen Gewebsprozeß und seine Ausbreitung bei multipler Sklerose wenigstens *dafür* in Anspruch nehmen, daß wir hieraus eine ätiologische Einheitlichkeit der Krankheit ableiten. Die multiple Sklerose ist eine Krankheitseinheit, darüber besteht nicht der geringste Zweifel mehr, eine sekundäre multiple Sklerose, etwa im Sinne STRÜMPELLs und EDUARD MÜLLERs brauchen wir heute nicht mehr anzuerkennen.

Die Entscheidung aber, ob die multiple Sklerose eine Infektionskrankheit ist, kann das histologische Bild nicht geben. Aus anderen hier nicht näher zu erwähnenden Gründen halten wir die Verursachung der multiplen Sklerose durch einen lebenden Krankheitskeim für sehr wahrscheinlich. Und wenn wir dann das histologische Bild unter dem Gesichtspunkt der wahrscheinlich infektiösen Ätiologie dieser Krankheit betrachten, so finden wir nichts, was gegen diese Verursachung spräche. Eine gewisse Symmetrie der Entmarkungsherde, besonders im Rückenmark und der Medulla oblongata liegt bei multipler Sklerose zweifellos vor. Diese Symmetrie der Herde, z. B. im Vorder- und Hinterstrang weist nach REDLICH auf ein beiden symmetrischen Partien gemeinsames Gefäßgebiet hin, die Verteilung mancher Herde im Rückenmark, verlängerten Mark und Brücke in Ausdehnung und Form entsprechend der Gefäßversorgung lege der Gedanken nahe, „als sei ein schädliches Agens aus dem Gefäß ausgeströmt und habe im Parenchym seine Wirkung entfaltet, förmlich, wie ein Tintenklecks auf einem Löschpapier sich ausbreitet", und eine solche Symmetrie der Herde sei schwer mit der Annahme eines lebenden Virus zu vereinigen. Ich bin nicht dieser Ansicht, denn zweifellos kommen auch viele Herde bei multipler Sklerose vor, worauf übrigens auch REDLICH selbst hinweist, die mit Gefäßbezirken nicht übereinstimmen, und wenn wir die Herde an Serienschnitten studieren, so findet sich eine *ausgesprochene Inkongruenz* zwischen der Ausbreitung des

Gefäßbezirkes und derjenigen der Entmarkung. Aber selbst wenn man eine gewisse Abhängigkeit vom Blutgefäßverlauf zugibt, so ist damit keineswegs die Annahme eines lebenden Erregers widerlegt. Die Ausbreitung des Erregers könnte ja von irgend einem Teil der Blutgefäße aus erfolgen; dies müßte keineswegs die Blutbahn, das Lumen selbst, sein, es könnte auch ein Teil der Gefäßwand hierfür in Betracht kommen.

Wenn die multiple Sklerose eine Infektionskrankheit ist, so werden wir weiterhin nicht umhin können, Fragen zu erörtern, die mit der Anwesenheit des Krankheitserregers im erkrankenden oder erkrankten Gewebe zu tun haben. Dies können wir bis jetzt kaum anders als vergleichend pathologisch tun und ich halte es deshalb für viel wichtiger, bei möglichst vielen ätiologisch einheitlichen Infektionskrankheiten, bevor wir mehr oder weniger konstruktive Einteilungschemata aufstellen, zunächst umfassend das Verhalten des Infektionserregers unter vielfach abgewandelten experimentellen und anderen Bedingungen zu studieren, die Summe der Gewebsreaktionen kennen zu lernen und den ganzen Vorgang des infektiösen Leidens vom Eintritt des Krankheitserregers bis zum Tode oder zur Ausheilung zu untersuchen und dann erst Vergleiche mit der multiplen Sklerose anzustellen.

Eine besondere, vor jedem Versuch der Aufstellung eines Einteilungsschemas zu lösende Vorfrage hat sich neben den Fragen der Eintrittszeit, Eintrittshäufigkeit und Eintrittspforte ins Zentralnervensystem auch mit der Anwesenheit und Verweildauer (Persistenz) der Infektionserreger zu befassen. Wie lange bleibt ein Erreger im Zentralnervensystem haften? Warum wird er persistent? Genügt schon ein kurzes Verweilen, um die histologische Reaktion hervorzubringen? Ist eine Persistenz möglich, ohne daß es zu erkennbaren Schädigungen des Gewebes kommt? Wie verhält es sich mit der Anzahl der persistierenden Erreger? Solche Fragen ließen sich noch leicht vermehren, darauf kommt es uns aber hier nicht an. Vielmehr müssen wir zuerst darüber im klaren sein, welche Formen der Anwesenheit und Persistenz von Erregern im Zentralnervensystem es geben mag.

Allgemein sind folgende Möglichkeiten denkbar:

a) Der Krankheitserreger ist im erkrankten Gewebe noch vorhanden.

b) Er ist schon zugrunde gegangen.

c) Er war nie im erkrankten Gewebe vorhanden, sondern die Gewebsschädigung ist auf irgendwelche, nur indirekt mit dem Erreger in Zusammenhang stehende Verhältnisse zurückzuführen (Toxine, körper- oder organeigene Noxen, die irgendwie nur mittelbar durch die Anwesenheit des Erregers an ganz anderen Stellen des Körpers bedingt sind).

Wenn wir ferner das *Verweilen* von Infektionserregern bei den verschiedensten Infektionskrankheiten des Nervensystems ins Auge fassen, so ergeben sich eine Reihe von verschiedenen Verhaltensweisen der Krankheitserreger hinsichtlich ihrer Persistenz *im Zentralnervensystem:*

1. Dauerndes Fernbleiben des Erregers aus dem Zentralnervensystem.

2. Eindringen von Krankheitserregern ins Zentralnervensystem mit baldigem Untergang derselben, also keine Persistenz mit

a) Verschwinden der ursprünglichen Krankheitserscheinungen, oder

b) Fortdauer derselben und Fortschreiten der Gewebsprozesse.

3. Eindringen von Mikroben in das Zentralnervensystem mit *apathogener* und *inaktiver Persistenz,* d. h. ohne Entwicklung einer Infektionskrankheit.

4. Eindringen von Mikroben in das Zentralnervensystem mit *zunächst apathogener* und *inaktiver Persistenz,* und Möglichkeit der *Wandlung* der inaktiven in eine pathogene Persistenz. *Aktivierung der inaktiven Persistenz* unter dem Einfluß irgendwelcher Reize.

5. Erzeugung einer generalisierten Infektionskrankheit mit schließlicher inaktiver Persistenz der Erreger nur im Zentralnervensystem. Inaktive Persistenz nach vorausgegangener allgemeiner Infektion.

6. Erzeugung einer Infektionskrankheit mit Eindringen der Erreger ins Zentralnervensystem, Persistenz derselben und fortdauernder, zum Teil in Schüben verlaufender aktiver Lebensbetätigung des Krankheitskeims (Fortpflanzung innerhalb des Zentralnervensystems), aktive Persistenz mit der Unterform der Verwandlung in zeitweilige Inaktivität, *intermittierende aktive Persistenz.*

In die erstgenannte Gruppe wäre das Verhalten des Erregers beim Tetanus und bei der Diphterie zu rechnen, in die zweite unter a) vielleicht das Verhalten der Erreger der HEINE-MEDINschen Krankheit und unter b) können wir als Beispiel eine Erscheinung anführen, die bei der lethargischen Encephalitis sich findet: Die Nigradegeneration bzw. der Parkinsonismus bei dieser Krankheit. Ich selbst stehe im Gegensatz zu JAKOB allerdings auf dem Standpunkt, daß wir auch in den Spätstadien des Leidens noch eine Anwesenheit und eine Persistenz des Virus, allerdings in stark örtlicher Bindung, annehmen müssen. Beweisen kann ich diese meine Anschauung allerdings nicht, ebensowenig freilich wie JAKOB das Weiterschreiten des histologischen Prozesses bei fehlender Persistenz des Virus mit schlüssigen Gründen belegen kann. Hierher würde auch das von LEVADITI unter dem Namen der „Neuroinfektions mortelles autostérilisables" beschriebene Phänomen gehören, bei dem ein tötlicher Ausgang infolge der Infektion eintritt, ohne daß dann der Virusnachweis im Zentralnervensystem selbst gelingt. LEVADITI hat meiner Ansicht nach ohne ausreichende Beweisführung aus der Unmöglichkeit des biologischen und anderweitigen Nachweises des Virus geschlossen, daß hier nun auch der Erreger schon zu Lebzeiten trotz tötlichen Ausgangs der Infektion zugrunde gegangen ist. Die Möglichkeit ist ja durchaus gegeben, daß die Abwehrreaktion des lebenden Gewebes die Erreger vernichtet und dabei selbst schwere, letal wirkende Körperschädigungen hervorruft. Ja, auch ein fermentatives oder irgendwie andersartig bedingtes Weiterschreiten des Gewebsprozesses könnte stattfinden, ohne daß der Erreger selbst noch weiter wirksam ist. Die fortschreitende Gewebsschädigung kann gewiß schließlich ohne weitere Anwesenheit und Wirksamkeit des Erregers zum Tode des befallenen Makroorganismus führen; aber eine schlüssige Beweisführung, daß es so ist, steht meiner Ansicht nach bei allen hierfür in Anspruch genommenen Infektionskrankheiten (Hühnerpest, Spätstadium der Poliomyelitis) noch aus. Fällt die Überimpfung von virushaltigen Geweben beim selben Krankheitsträger im Frühstadium der Erkrankung positiv aus, im Spätstadium und nach dem Tode dagegen negativ, so ist damit nicht bewiesen, daß das Virus zugrunde gegangen ist. Es könnte ja auch in eine biologisch irgendwie unwirksame, bei Überimpfung apathogene Form übergegangen sein. Als Beispiel für die dritte Gruppe wäre etwa das Verhalten des Herpesvirus beim Menschen zu nennen, das ohne Krankheitserscheinungen zu machen, auch im Liquor des gesunden Menschen vorhanden zu sein scheint. Vielleicht dürfen wir hierher auch das Verhalten der Pallida im Gehirn der Maus rechnen. Daß die Entstehung der Encephalitis post vaccinationem der vierten Gruppe zugehört, dafür haben wir, wenn auch keine Beweise, so doch Anhaltspunkte, insofern das verantwortlich zu machende Virus schon längere Zeit vor der eigentlichen Erkrankung im Gehirn oder im Körper anwesend sein könnte. Die von PONDMAN und ALDERSHOFF beschriebene Häufung von Bipolarisseptikämien bei Kaninchen nach Vaccination weisen darauf hin, daß durch Vaccination inaktiv persistierende Erreger aktiviert werden und so Krankheiten entstehen können. So ließe sich vielleicht auch ein im Gehirn inaktiv persistierender Erreger durch irgendwelche andersartige Neuinfektion aktivieren. Einen Beweis für einen solchen Fall haben wir aber bisher keineswegs. Es ist PLAUT völlig Recht zu geben, wenn er betont, daß das Wenige, was wir bisher über den Einfluß einer neuen Infektion auf eine bereits bestehende cerebrale Erregeransiedlung wissen, nicht gerade für eine Wirkung im Sinne der Aktivierung, sondern eher für das Gegenteil spreche. Als Beispiel für den fünften Fall erwähne ich die Spirochätenpersistenz im Zentralnervensystem während der Immunperiode bei der Recurrensinfektion des Menschen, der Ratte und der Maus. Hier hat man von einer Neurotropie gesprochen. Demgegenüber ist folgendes zu betonen: Entweder sucht der Krankheitserreger nach seinem Eintritt in den Wirtskörper sofort das Nervensystem auf, siedelt sich in ihm an und wirkt hier krankheitserzeugend oder es kommt in der Frühperiode nach Eintritt der Krankheitserreger lediglich zu einer Blutinfektion, die schließlich abklingt und mit einem Schwinden der Erreger aus der Blutbahn endigt. Dabei kann es dann zu einem Durchtritt der Krankheitskeime durch die Gefäßwand und zu einem Eindringen in besonders bevorzugte Organe kommen. Gehört das Nervensystem zu einer solchen Bevorzugung, so kann man von Neurotropie reden. In ähnlicher Weise mag auch eine zunächst allgemeine Durchseuchung *sämtlicher Organe* erfolgen, mit schließlicher Bevorzugung nur eines Organsystems. Bei der inaktiven Persistenz in der Spätperiode der Recurrenserkrankung liegt insofern ein Sonderfall vor, als die eigentliche Erkrankung schon völlig abgeklungen ist. Hier dürfen wir also eine inaktive Persistenz annehmen, mit der parallel der eigenartige Neurotropismus einhergeht. Experimentelle Beeinflussungen dieser Neurotropie sind möglich und damit eine gewisse Aufklärung ihres Zustandekommens. So hat SCHLOSSBERGER nachgewiesen, daß Syphilisspirochäten neurotrop für das Kaninchen werden, wenn man mit ihnen vorher Passagen durch Mäusegehirne macht. PLAUT hat festgestellt, daß der Truffistamm durch Mäusegehirnpassagen für das Kaninchen neurotrop gemacht werden kann, dagegen der Nichols- und Mulzerstamm nicht. Die Verweildauer der Recurrensspirochäten im Mäusegehirn läßt sich ebenfalls nach PLAUT durch Rattengehirnpassagen und durch eingeschobene Kaninchengehirnpassagen verlängern. Ich selbst konnte durch Parabioseversuche und durch kombinierte Verwendung von Immunserum, Gehirnsubstanz und Spirochäten das Zustandekommen der Neurotropie bei der Recurrensratte etwas aufklären.

Die Persistenz bleibt natürlich nicht während der ganzen Lebensdauer der Tiere bestehen; schließlich kommt es, nach meinen Erfahrungen bei Recurrens oft erst nach recht langer Zeit (viele Monate), zu einem Untergang der Krankheitserreger.

Die *intermittierende aktive Persistenz* finden wir bei der Syphilis in ausgesprochener Form. Auch bei anderen chronischen Infektionskrankheiten (wie Tuberkulose, Lepra, afrikanische Schlafkrankheit) dürfen wir wohl mit ihr rechnen.

Anwesenheit und Verweildauer der Erreger im befallenen Tierkörper und besonders im Zentralnervensystem kann demnach unter den verschiedensten Formen vor sich gehen. Wir haben nunmehr die Aufgabe, *bei der multiplen Sklerose* zu prüfen, ob und welche Hinweise für eine Erregerpersistenz und für welche Form derselben vorhanden sind. Hier braucht die Erregeranwesenheit und ihre Persistenz zunächst überhaupt keine anatomisch greifbaren Veränderungen zu machen und wenn sie solche macht, können die Erreger schon wieder verschwunden sein, bevor der anatomische Prozeß zum Stillstand gekommen ist. Im histologischen Bild sehen wir ja nur eine Momentaufnahme eines langen Entwicklungsprozesses, der in Reaktionen des Gewebes auf die Erreger, in Gegenreaktionen der Erreger gegen die Abwehrstoffe des Wirtskörpers und in weiteren Gewebsveränderungen vor sich geht. Wissen wir doch, daß Gewebsreaktionen im Sinne histologisch nachweisbarer Veränderungen zu keiner Zeit als sichere Zeichen einer unmittelbaren Anwesenheit der Erreger selbst gedeutet werden können, selbst wenn ein Erreger biologisch nachweisbar ist. Von Erregern gebildete Stoffe rein humoraler Art können pathologische Gewebsveränderungen an Stellen hervorrufen, an die die Erreger nie hingekommen sind.

Man entnimmt hieraus, wie schwierig es ist, aus histologischen Veränderungen auf Erregeranwesenheit und Erregerpersistenz zu schließen. Damit ist natürlich nicht gesagt, daß eine Gewebsveränderung nicht die Folge einer örtlichen Erregerwirkung sein *kann*. Erregeranwesenheit und Zeichen einer Erregerwirkung sind aber dabei wohl zu unterscheiden; die Erregeranwesenheit kann kurz sein, während die Zeichen der Erregerwirkung im Gewebe lange nachhalten. So zeigt dann die Gewebsveränderung lange nach dem Untergang oder dem Abwandern des Erregers nur die früher irgendwann einmal gewesene Ortsansässigkeit des Krankheitskeimes an. Wir besitzen also im günstigsten Fall bei der multiplen Sklerose in den herdförmigen Gewebsveränderungen nur „Visitenkarten" der Erreger und wir können nicht sagen, wann der Besuch der geweblich veränderten Stelle durch den Erreger stattgefunden hat.

Es wäre außerordentlich erfreulich, wenn *irgend ein histologisches Einzelmerkmal* uns die jetzige oder auch nur die frühere Anwesenheit des Erregers an Ort und Stelle anzeigen würde. Die Ansicht, Plasmazellen seien ein Zeichen für die Anwesenheit eines aktiven Virus im Zentralnervensystem, ist zweifellos unrichtig. Wissen wir ja doch, daß Plasmazellen in Gefäßscheiden auch bei einer großen Zahl von nichtinfektiösen Krankheiten des Zentralnervensystems sich finden. Wir wissen aus der Paralyseforschung, daß Spirochäten an Stellen vorkommen, wo keine Plasmazellen da sind und umgekehrt Plasmazelleninfiltrate da, wo keine Spirochäten sich finden. Argumente dagegen, daß die Plasmazellen gewissermaßen einen Indicator für das Vorhandensein eines aktiven Virus darstellen, ließen sich noch viele anführen. Wir kennen aber überhaupt *kein histologisches Einzelmerkmal*, das für das Vorhandensein eines lebenden Erregers pathognomonisch wäre. Auch bei Betrachtung *histologischer Syndrome* ergibt sich nichts, was uns auf eine frühere oder noch vorhandene Erregeranwesenheit im Gewebe hinweisen würde. Wenn wir uns fragen, was die früheste und empfindlichste Reaktion des Gewebes auf die örtliche Anwesenheit eines Krankheitserregers überhaupt ist, so bekommen wir die verschiedensten Antworten. Einmal ist es eine eigenartige plasmatische Gliareaktion, ein andermal ein eigenartiger Zellvermehrungsvorgang am Gefäßbindegewebe, wieder ein anderes Mal sehen wir Erreger im Gewebe liegen, ohne daß wir irgend eine Reaktion des Gewebes mit unseren histologischen Verfahren nachweisen können. Es wird danach begreiflich sein, daß von irgend welchen allgemeingültigen Gesetzmäßigkeiten geweblicher Reaktionen auf die Anwesenheit von Erregern nicht die Rede sein kann.

Somit bleibt nichts anderes übrig, als in jedem einzelnen Fall einer Infektionskrankheit des Zentralnervensystems die geweblichen Reaktionen aufs genaueste zu studieren, um auf diese Weise Unterschiede zwischen Frühreaktionen des Gewebes auf die Erregeranwesenheit und Spätreaktionen aufzufinden. Sehen wir uns eine ätiologisch so klare Infektionskrankheit des Zentralnervensystems wie die progressive Paralyse an, so können wir selbst hier auch heute noch mit Ausnahme der miliaren Nekroseherdchen keine einzige Gewebsreaktion nachweisen, die mit der unmittelbaren Erregeranwesenheit sicher zusammenhinge. Dabei ist die Bildung der miliaren nekrotischen Herdchen selten und sie findet sich nur bei einer massiven Verfilzung erheblichster Spirochätenmengen im Gewebe, so daß wir in dieser histologischen Erscheinung eigentlich nur eine Ausnahmereaktion sehen dürfen. Der von mir im 2. Abschnitt, Kapitel D dargestellte Zusammenhang zwischen dem herdförmigen Markfaserschwund bei progressiver Paralyse und einem eigenartigen Typus des Erregeruntergangs in Form spitzer Nadeln stellt einen weiteren Sonderfall dar, wo wir einen Zusammenhang zwischen der Erregeranwesenheit bzw. seinem Untergang und einem alterativen Gewebsprozeß feststellen können. Es wäre aber ganz verfehlt, wollte man etwa sagen, die Pathogenese der herdförmigen Markscheidendestruktion bei der progressiven Paralyse träfe auch für diejenige der multiplen Sklerose zu, hier können ja ganz andere Bedingungen vorliegen. Und selbst bei der progressiven Paralyse *muß* die herdförmige Markscheidendestruktion nicht immer auf dieselbe Art des Erregeruntergangs unbedingt zurückgeführt werden. Es könnte ja auch mehrere voneinander verschiedene Entstehungsformen des herdförmigen Markfaserschwundes geben.

So sind wir also nicht in der Lage, auch nur beschränkt gültige Regeln nachzuweisen, die uns in Form geweblicher Veränderungen irgend einen Hinweis auf Erregeranwesenheit oder Erregerwirkung überhaupt geben würden. Wir sind deshalb gezwungen, für jede einheitliche Infektionskrankheit des Zentralnervensystems nach den für sie allein gültigen Zeichen einer geweblichen Reaktion auf die Erregeranwesenheit zu suchen.

2. Gewebsveränderungen als Zeichen einer Erregerwirksamkeit bei multipler Sklerose.

Machen wir uns einmal klar, was wir über die Entstehung der krankhaften Gewebsveränderungen bei multipler Sklerose wissen, so müssen wir sagen, daß von gesicherten Ergebnissen eigentlich so gut wie nichts bekannt ist. Man wird mit Recht sagen, daß diese Unkenntnis ihren Grund in dem Dunkel hat, das über der Noxe lagert. Wenn wir ferner sehen, wie selbst bei der progressiven Paralyse die Zusammenhänge zwischen Erregerwirkung und Gewebsveränderungen noch keineswegs geklärt sind, werden wir einer Lösbarkeit desselben Problems bei der multiplen Sklerose noch skeptischer gegenüberstehen. Und doch ist es nicht *von vornherein* aussichtslos, isolierte Angriffspunkte der noch unbekannten Noxe der multiplen Sklerose, wenigstens an einzelnen Gewebsbestandteilen, zu *suchen*. Die Auffindung von Einsatzpunkten der ursächlichen Schädlichkeit im Gewebe setzt ja die Kenntnis dieser Schädlichkeit in allen ihren Einzelheiten keineswegs voraus. Die Aussicht auf einen Erfolg unseres Bemühens würde wachsen, wenn wir in der Lage wären, aus der *Art* der geweblichen Veränderungen etwas über die *Zeit* ihrer Entstehung auszusagen. Wenn wir früheste histopathologische Erscheinungen von späteren und ganz späten unterscheiden könnten, so ließe sich vielleicht gerade in den frühesten Stadien der Gewebsveränderung etwas wie eine Kontaktstelle zwischen Noxe und Gewebe nachweisen. Eine ähnliche Überlegung würde gelten, wenn wir imstande wären, feinste Reaktionen irgend eines Gewebsbestandteiles als Früherscheinung der Herdbildung nachzuweisen. Aus all dem geht hervor, daß für uns nicht nur die einzelnen Gewebsveränderungen an und für sich, sondern auch ihr Alter von der größten Bedeutung sind. Wir werden deshalb zunächst einmal fragen müssen, wie entwickeln sich die Herde und haben wir Anhaltspunkte für die zeitlichen Verhältnisse dieser Entwicklung?

a) Größe der Herde und ihr Alter.

Man wird geneigt sein, eine geringe Ausdehnung von Entmarkungsherden als Zeichen ihrer Jugend auffassen und solche Herde damit als besonders geeigneten Ort für die Auffindung von Kontaktstellen zwischen Noxe und Gewebe anzusehen. Kleine isolierte Herde sind gerne perivasculär gelegen (Abb. 14, 15 u. 16). Die lipoide Degeneration zeigt dann häufig noch Frühstadien, insofern hier eine celluläre Weiterverarbeitung des Lipoids fehlt und die graue Farbe des lipoiden Abbaustoffes im Markscheidenbild noch eine gewisse Ähnlichkeit mit den Farbreaktionen der unversehrten Markscheiden aufweist. Gewiß haben wir in solchen Herden frühe Stadien der Herdbildung überhaupt vor uns, aber irgend ein Hinweis auf den Angriffspunkt der Noxe fehlt auch in solchen Herdbildungen völlig. Wir sehen, daß diese kleinen perivasculär gelegenen

Entmarkungsherdchen der multiplen Sklerose sehr gerne konfluieren und so schließlich größere Herde bilden, in denen dann die Abhängigkeit von der Gefäßverteilung nicht mehr zum Vorschein kommt. Aber es ist durchaus ungewiß, ob *alle* großen Herde durch das Zusammenfließen kleinerer entstehen. Interessant ist eine Parallele zur progressiven Paralyse, indem auch hier gelegentlich solche perivasculär gelegenen Herdchen in der Rinde und

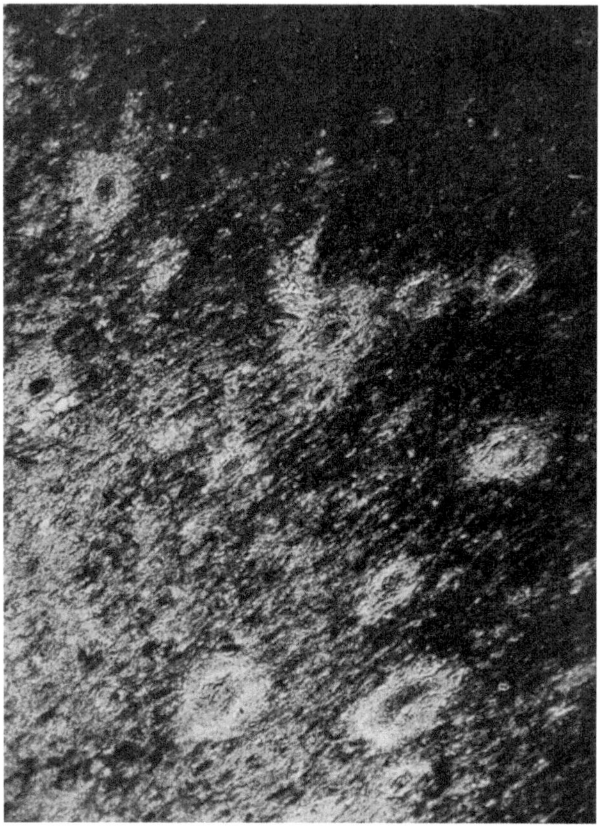

Abb. 14. Multiple Sklerose. Fall Haybach. Markscheidenfärbung am Gefrierschnitt. Perivasculäre Entmarkung am Rand eines großen Entmarkungsherdes. (Obj. B, Ok. 7 ×, Balgauszug 28 cm.)

seltener, aber in deutlicherer Abhängigkeit vom Gefäß in den Markzungen auftreten (s. Abb. 54 u. 55, S. 135). Wir werden späterhin auf diesen eigentümlichen Parallelismus noch einzugehen haben.

b) Die Form der Herde

gibt uns keinen Anhaltspunkt für das Alter desselben oder für irgend eine Beziehung zum Erreger. Wir haben ja eben schon betont, daß kleine Herde in ihrer topischen Lagerung gerne eine Abhängigkeit von der Blutgefäßanordnung zeigen; jedoch trifft dies nicht für alle kleinen Herde zu und diese Abhängigkeit von der Gefäßverteilung ist, wie wir auf Serienschnitten sehr gut verfolgen können, keineswegs kontinuierlich, sie kann beliebig unterbrochen sein. Es sieht so aus, wie wenn allerdings zunächst die Herdbildung von einem Zentrum ausginge, das durch ein Gefäß dargestellt wird, daß dann aber bald eine auch

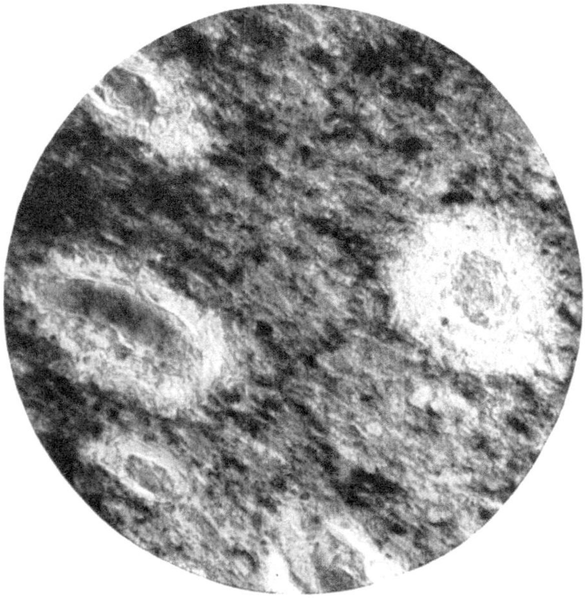

Abb. 15. Stellt einen seitenverkehrt dargestellten Ausschnitt aus der untersten Partie der Abb. 14 dar. (Obj. Immersion $^1/_7$, Ok. 7 ×, Balgauszug 15 cm.)

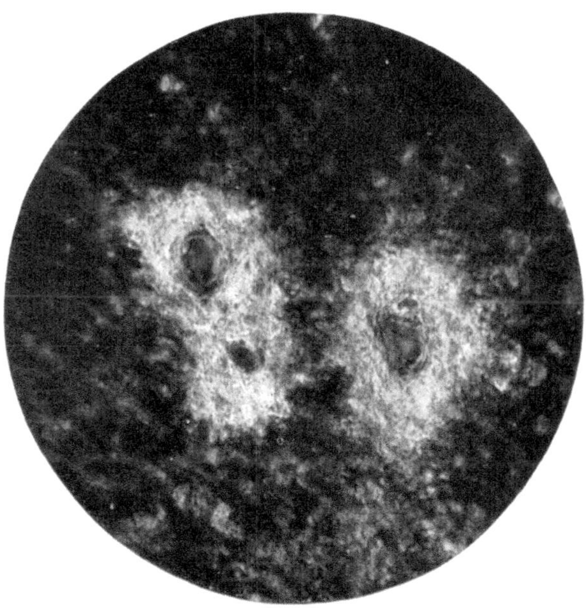

Abb. 16. Isolierte kleine perivasculäre Entmarkungsherde vom selben Fall. Färbung und Vergrößerung wie Abb. 15.

örtlich erkennbare Loslösung von dieser Bindung erfolgt. Vielleicht dürfen wir aber doch aus der gefäßgebundenen Form isolierter kleiner Herde einen gewissen Rückschluß auf die *Ausbreitungsweise* der Noxe in solchen Herden ziehen. Danach spielt also die Blutbahn oder wenigstens die Gefäßwand eine besondere Vermittlungsrolle für die Verteilung der Noxe im Gewebe, zum mindesten in gewissen Herden. Daß diese Herde aber früheste Stadien der Gewebsreaktion darstellen, können wir nicht behaupten und auch nicht wahrscheinlich machen.

c) Die Ungleichwertigkeit der einzelnen Herdzonen.

Überlegen wir uns unvoreingenommen, in welcher Zone eines Entmarkungsherdes die günstigste Stelle für die Auffindung von Angriffspunkten der Noxe gelegen sei, so werden wir *centrale* Teile der Herde für weniger geeignet halten

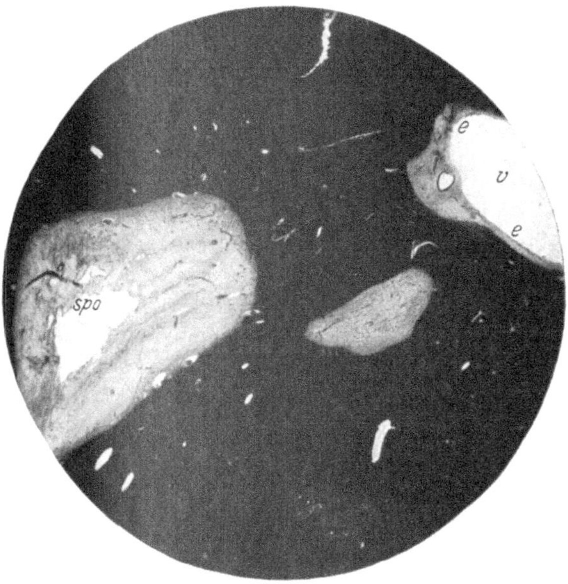

Abb. 17. Multiple Sklerose. Fall BRACK. Markscheidenfärbung am Gefrierschnitt. [*v* Hinterhorn, *e* Ependym, *spo* starke spongiöse Auflockerung, von der ein zentraler Teil beim Gefrierschneiden ausgefallen ist. (Obj. Mikrotar 70, Balgauszug 19 cm.)

und vor allem auf die Herd*peripherie* achten müssen. An den Grenzen zwischen Entmarkung und normalem Gewebe, da wo der Herd sich ausdehnen will — und dies kann örtlich ja nur an den Grenzen zum normalen Gewebe vor sich gehen — könnte ein besonders brauchbarer Ort für die Auffindung von Ansatzpunkten der Noxe gelegen sein. Wenn wir in Fällen von multipler Sklerose die Peripherie der Entmarkungsherde absuchen, so stoßen wir tatsächlich gelegentlich — ich habe dies in 6 von 24 Fällen deutlich ausgesprochen gefunden — auf einen neuen Befund, der sich besonders an Entmarkungsherden der tiefer gelegenen weißen Substanz zeigt, während er in Rindenherden bisher von mir nicht beobachtet werden konnte. Häufig sind es gerade die großen Herde, die diese Veränderung an ihren Grenzen tragen. Das unmittelbar der Entmarkungsgrenze benachbarte, noch markscheidenintakte Gewebe zeigt nämlich eine eigentümliche *Auflockerung*. Wir sehen da eine Hohlraumbildung, ohne daß wir irgend einen Inhalt der Gewebshöhlen feststellen können.

Jedenfalls enthalten die Hohlräume keinerlei lipoide Stoffe und überhaupt keine geformten Bestandteile. Die Zerklüftung des Gewebes *innerhalb* eines Herdes ist ja schon lange bekannt; man sprach dann gerne von einem areolären Typus des Herdes. Noch im Jahre 1904 hat zwar EDUARD MÜLLER geleugnet, daß Herde von areolärem Typus in Fällen von echter multipler Sklerose vorkämen. Dagegen hat BORST sichere multiple Sklerosen mit Gewebsauflockerung innerhalb sklerotischer Herde beschrieben. Er erklärt solche Vorgänge mit einer Hyperlymphose. Daß es gelegentlich neben typischen Herden auch zu einer erheblichen, selten einmal sogar makroskopisch erkennbaren Zerklüftung innerhalb eines Herdes im Sinne stärkster und gröbster spongiöser Veränderung kommen kann, habe ich sicher beobachten können. So entstehen

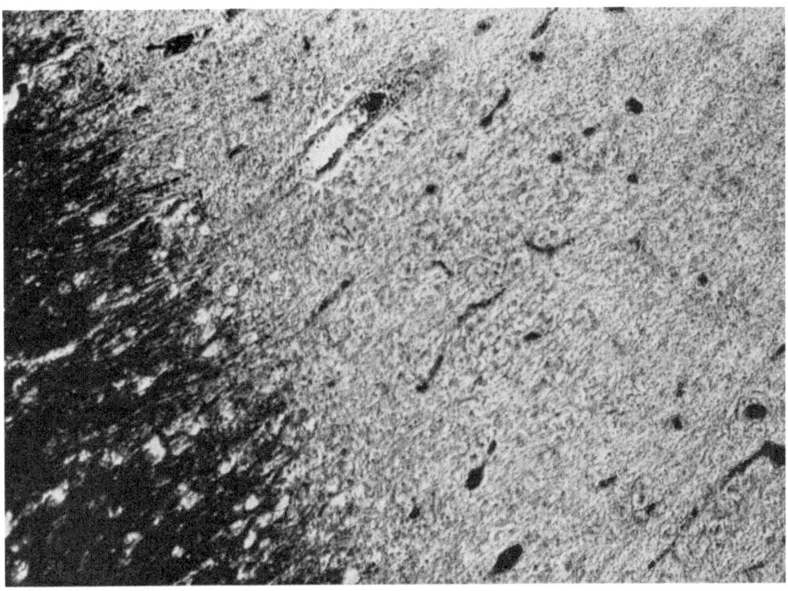

Abb. 18. Multiple Sklerose. Fall STEINMANN. Markscheidenfärbung am Gefrierschnitt. Grenze des Entmarkungsherdes in der linken Seite des Bildes schiefdurchlaufend mit circumfokaler Areolierung im markscheidenintakten Gewebe. (Okj. B, Ok. 7 ×, Balgauszug 26 cm.)

dann im Gefrierschnittverfahren sogar Ausfälle von Gewebe, künstliche Gewebsdefekte, die durch den grobmaschigen Bau und die Lücken verursacht sind. Die adventitiellen Räume sind dabei stark erweitert (Abb. 17, sowie später 29). Davon soll aber jetzt nicht die Rede sein, vielmehr handelt es sich bei der von mir gemeinten Veränderung um einen unmittelbar der Entmarkungszone angelagerten, dem oft geschwungenen oder gebuchteten Verlauf der Herdperipherie bandförmig parallelgehenden Streifen markscheidenintakten Gewebes; in diesem Streifen liegen ziemlich gleichmäßig verteilt rundliche oder ovale Gewebshöhlen von annähernd gleicher Größe. Weiter nach dem normalen Gewebe zu hört diese Auflockerung, die ich als bandförmige *periphere, circumfokale Areolierung* bezeichnen möchte (Abb. 18), auf. Es ist wohl kaum angängig, in diesem Vorgang einen besonderen Anhaltspunkt für die örtliche Wirksamkeit der Noxe an solchen Stellen zu sehen. Ich möchte eher in ihm eine Reaktion auf den Unterschied zwischen den Elastizitätsverhältnissen des

Gewebes *im Herd* und denen außerhalb desselben im normalen Gewebe erblicken. Wissen wir doch, daß beim Schneiden im Groben, aber auch beim Mikrotomschneiden das Herdgewebe eine ganz andere, gewöhnlich derbere Konsistenz als das Gewebe der gesunden Umgebung hat. Wir dürfen hieraus wohl auch auf ein Äquivalent dieser Konsistenzverschiedenheiten zu Lebzeiten des Kranken schließen und annehmen, daß die circumfokale Areolierung eine Gewebsreaktion auf die starke und vielleicht auch plötzlich einsetzende Konsistenzänderung des Gewebes im Herd und die dadurch bedingte Verschiebung in den Elastizitätsverhältnissen der lebenden Substanz ist. Wir haben demnach in der peripheren Areolierung keinen Anhaltspunkt für das Alter eines Herdes und noch weniger für eine örtliche Wirksamkeit der Noxe.

d) Die histologischen Erscheinungen und ihre Beziehung zum Alter der Herde.

Wir sind gewohnt, histologische Analysen in *der* Weise zu treiben, daß wir uns zunächst mit unseren *verschiedenen* Färbeverfahren die *einzelnen* Gewebsbestandteile darstellen, die zelligen Teile (Nerven-, Glia- und Gefäßwandzellen), die Nervenfasern, wobei Markscheide und Achsenzylinder für sich getrennt zur Darstellung kommen, ferner Gliafasern und schließlich den Bindegewebsfaserapparat. Hinzu kommen noch die bei der histologischen Untersuchung anderer Körperorgane und Bestandteile gebräuchlichen Verfahren, um Abbaustoffe fettähnlicher (lipoider) und anderer Art nachzuweisen. Die von uns auf diese Weise erhobenen Einzelbefunde setzen wir zusammen und kommen so zu verschiedenen Bildern von kombinierten Gewebsveränderungen, die zwar in manchen Einzelheiten einander gleichen können, in ihrer Gesamterscheinung aber doch so stark voneinander abweichen, daß die differentialdiagnostische Trennung von Krankheitseinheiten möglich wird.

Dieses Vorgehen gibt uns wohl auch die Berechtigung, von einer histopathologisch sicher abgrenzbaren Kennzeichnung der Krankheitseinheit der multiplen Sklerose zu sprechen. Abgesehen hiervon handelt es sich für uns aber um die Beantwortung der Frage, ob in histologischen Einzelheiten oder in der Gesamterscheinung eines Herdes etwas aufzufinden ist, was uns als Merkmal für sein *Alter* dienen kann. Gelingt es uns, ganz frische Herdbildungen als solche zu erkennen, so besteht eher eine Möglichkeit, daß wir an solchen Stellen zur Kenntnis von Angriffspunkten der Noxe gelangen.

In der *Gliafaserproduktion* haben wir zweifellos ein Anzeichen eines späteren Stadiums des ganzen Gewebsprozesses, insbesondere dann, wenn die Faserbildung die Gestalt des dichten, überaus festgefügten, kernarmen Faserfilzes angenommen hat. Die *protoplasmatische Gliawucherung* ist im allgemeinen im Vergleich zur Glia*faser*proliferation jüngeren Datums. Wenn es richtig ist, daß protoplasmatische Gliawucherungen sich an Stellen finden, an denen es noch nicht zur deutlich nachweisbaren Destruktion von Markscheiden gekommen ist, so werden wir diese protoplasmatische Gliawucherung als *Frühreaktion* des Gewebes auf die vermutete Schädlichkeit anzusehen haben. Freilich nur mit einer Einschränkung! Die protoplasmatischen Gliawucherungen *außerhalb* von Entmarkungsherden könnten eine ganz andere Bedeutung haben, als die Proliferation der Gliazellen *innerhalb* der Entmarkungsherde bzw. am Rande derselben. Es ist nämlich durchaus denkbar, daß solche außerhalb der Entmarkungsherde liegenden plasmatischen Gliaproduktionen durch Umstände hervorgerufen werden, die ihre eigentliche Ursache in Vorgängen *innerhalb* der Entmarkungsherde haben. Die Glia ist ja ein außerordentlich empfindlicher Reaktionsapparat auf Schädigungen des nervösen Gewebes; sie stellt sich mit ihren Ersatzfunktionen auf leichteste, uns vielleicht histologisch sonst noch gar nicht zugängliche Untergangserscheinungen des nervösen Gewebes hin ein. Auf diese Weise könnte eine Schädigung an einem leitenden nervösen Element *innerhalb* eines Herdes, wenn sie sich auch noch in *weiterer Entfernung vom Herd* auswirkt, an einer solchen Stelle außerhalb des Herdes gliöse Ersatzleistungen oder überhaupt gliöse Reaktionen auslösen. Daß die *außerhalb* von Herden festgestellten protoplasmatischen Gliawucherungen einer völligen Rückbildung fähig sind, ist möglich, aber weder bewiesen, noch auch nur wahrscheinlich. Auf keinen Fall aber können wir die protoplasmatisch-gliösen Wucherungen *außerhalb* der Herde als sicher erwiesene erste und früheste Stadien eines Entmarkungsvorgangs überhaupt auffassen. Ganz verfehlt wäre es vollends, eine zeitliche Folge so zu konstruieren, daß als erste Gewebserscheinung eine protoplasmatische Gliawucherung angenommen wird, die dann in eine Fasergliaproduktion übergehen sollte, von der aus und durch die endlich die Schädigung der Markscheide erfolgen würde. Kennen wir doch genug gliös-plasmatische Herdbildungen, ohne daß dabei innerhalb eines solchen Herdes die Markscheide erkennbar geschädigt wird (z. B. bei der Encephalitis lethargica und anderen Encephalitiden)! Ferner finden wir oft in den Rindenherden der multiplen Sklerose enorme Markscheidenschädigungen, ohne daß es dabei zu einer Gliafaserwucherung oder auch nur zu einer stärkeren plasmatischen Gliareaktion kommt. Eine solche könnte freilich dagewesen sein und sich wieder zurückgebildet haben, ihre Umbildung ist aber dann sicher nicht in der Weise erfolgt, daß im Anschluß an sie eine Gliafaserproduktion eingesetzt hat. Wir müssen die alten Anschauungen, die bei der multiplen Sklerose in der Gliafaserproduktion den Wesenskern des histopathologischen Vorgangs gesehen haben, der gewissermaßen so eine Erdrückung der Markscheide herbeigeführt hätte, als endgültig widerlegt ansehen.

Viel schwieriger ist die Beantwortung der Frage, welcher Bestandteil der *Nervenfaser* zuerst angegriffen wird, die *Markscheide* oder der *Achsenzylinder*. Beide Teile der Nervenfaser enthalten ja keineswegs in ihrer lebenden Substanz *die* Grenzflächen, wie wir sie im toten Gewebe, etwa bei Dunkelfeldbeleuchtung oder gar erst im fixierten und gefärbten Präparat erblicken.

Wir können im fixierten Gewebe feststellen, wie weit von außen her gliöses Gewebe durch die Markscheide hindurch an den Achsenzylinder hinkommt, wie weit dieses aber in ihn eindringt, ist bisher nicht festzustellen gewesen, da die in unseren Besitz befindlichen Methoden offenbar hierfür nicht ausreichen. Daß die Markscheide von feinen Zügen aus Gliaplasma durchzogen wird, wenigstens in der weißen Substanz des Rückenmarks und damit die eigentliche Markscheidensubstanz als Einlagerung in ein feines Wabenwerk des Gliasyncytiums aufzufassen ist, wird heute wohl allgemein angenommen. Man spricht auch gerne von einer gliösen Achsenzylinderhaut, die sich an der Oberfläche des Achsenzylinders befinden soll. Aber hierbei müssen wir bedenken, daß es sich um außerordentlich feine und kleine Gebilde handelt, die wir bisher nur im fixierten Präparat zu sehen in der Lage sind. Dieses aber ist ein äußerst verzerrtes Äquivalentbild der lebenden Gestalt und so sind Rückschlüsse auf das Aussehen zu

Lebzeiten von Markscheide und Achsenzylinder nur in allervorsichtigstem Maße gestattet. Wir dürfen wohl im lebenden Gewebe der Nervenfaser innige Stoffaustauschverhältnisse zwischen Achsenzylinder und Markscheide oder den diesen anatomischen Begriffen entsprechenden lebenden Gebilden voraussetzen. Daß dabei der äußere Teil der Nervenfaser eine große Verwundbarkeit und Empfindlichkeit aufweist, ist wohl sicher. Trotzdem ist nicht von der Hand zu weisen, daß durch anscheinend unversehrte Markscheiden hindurch auch der Achsenzylinder geschädigt werden kann. Ob der Markscheide lediglich eine Isolierungsfunktion der leitenden Elemente voneinander zukommt, wissen wir nicht. Es scheint hievon abgesehen berechtigt, den beiden Bestandteilen der zentralen Nervenfaser, der Markscheide und dem Achsenzylinder, eine größere biologische Zusammengehörigkeit zuzusprechen, als es bisher geschieht. Durchschneiden wir eine Nervenfaser, so gehen sowohl Markscheide wie Achsenzylinder zugrunde und wenn wir bei der Regeneration Wachstumsdifferenzen zwischen Markscheide und Achsenzylinder bzw. den in ihm enthaltenen Neurofibrillen sehen, so beweist dies nichts gegen die biologische Zusammengehörigkeit von Markscheide und Achsenzylinder während des *normalen* Geschehens.

Markscheide und Achsenzylinder gehören biologisch zueinander, in welcher Abhängigkeit die vitale Leistungsfähigkeit des einen Teils der Nervenfaser von dem anderen steht, ist uns völlig unbekannt. Daß es *markscheidenlose* Nervenfasern mit Achsenzylindern gibt, beweist vielleicht etwas für die Bedeutung des Achsenzylinders als eines leitenden Elementes der nervösen Erregung, es beweist gar nichts gegen die biologische Zusammengehörigkeit von Markscheide und Achsenzylinder in der *markscheidenhaltigen* Nervenfaser. Die alte CHARCOTsche Entdeckung, daß in den Entmarkungsherden der multiplen Sklerose die Achsenzylinder bestehen bleiben, ist gewiß richtig. Vielleicht können wir heute den Satz vorsichtiger so formulieren, daß wir sagen: In den Markscheidendestruktionsherden der multiplen Sklerose scheint die Schädlichkeit in der Weise einzuwirken, daß die Achsenzylinder weniger und seltener sichtbare Schädigungen davontragen als die Markscheiden. In diesem Sinne können wir auch heute noch mit vollem Recht von einer Persistenz der Achsenzylinder sprechen. Daß aber in den Herden der multiplen Sklerose auch schwere Veränderungen des Achsenzylinders vorkommen, ist ein gesichertes Ergebnis histologischer Beobachtung. Wir nehmen ja nicht allzuselten *End*keulen, ferner *isolierte* Keulen, Kugeln, Spindeln und kugelige Auftreibungen der Achsenzylinder in den Entmarkungsherden bei multipler Sklerose wahr, wir sehen außerdem plumpe Verdickungen *im Verlauf* der Achsenzylinder, spindelige, kugelige Auftreibungen derselben, eigentümliche Varikositäten, schließlich auch Segmentierungen und Fragmentierungen des Achsenzylinderfadens und einen Zerfall in körnchen- oder fädchenartig aufeinander folgende Bruchstücke. Dabei ist häufig eine stärkere Argyrophilie dieser Bruchstücke bei den angewandten Versilberungsmethoden nachweisbar (Abb. 19, 20, 21). Ob diese pathologische Veränderung des Achsenzylinders nur auf dem Umweg über die zuerst einsetzende Destruktion der Markscheide stattfindet oder nicht, kann kaum gesagt werden, da wir Markscheide und Achsenzylinder einer und derselben Nervenfaser zugleich mit unseren bisherigen Verfahren nicht darstellen können. Bei Anwendung meines neuen Versilberungsverfahrens fällt auf, daß an den Herdgrenzen eines Entmarkungsherdes *noch im markscheidenintakten Gewebe* oft eine eigenartig

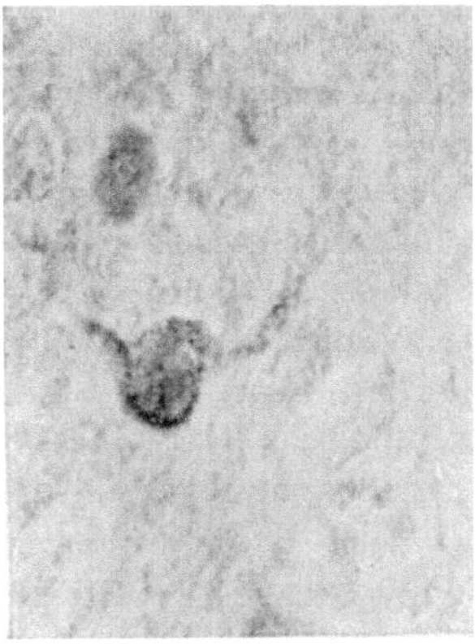

Abb. 19.

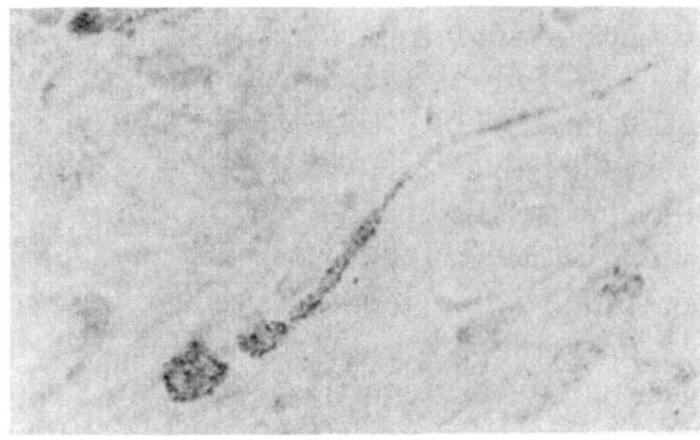

Abb. 20.

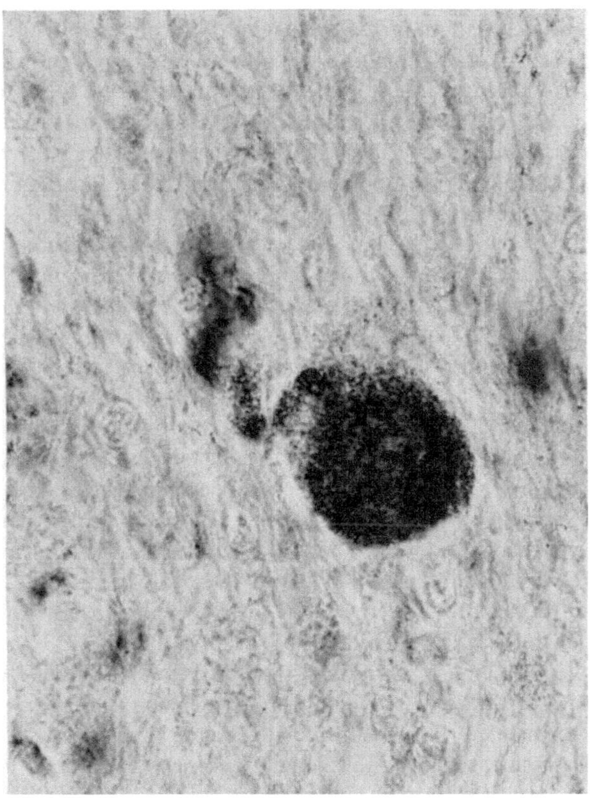

Abb. 21.

Abb. 19–21. Multiple Sklerose. Fall Brack. Gefrierschnittversilberungsmethode. Pathologische Achsenzylinderveränderungen in jedesmal gleicher Vergrößerung. (Obj. Immersion Apoch. 120, Ok. 7 ×, Balgauszug 33 cm.) In Abb. 19 ist eine kugelige Auftreibung im Verlauf eines Achsenzylinders zu sehen, in Abb. 20 eine stärkere Argyrophilie des keulenförmig verdickten und an einzelnen Stellen unterbrochenen Endes. Abb. 21 zeigt die enorme kugelige Auftreibung eines ebenfalls stärker argyrophilen Teiles eines Achsenzylinders mit daran hängendem, wellig verlaufendem Teil des Achsenzylinders.

stärkere Argyrophilie des Achsenzylinders zutage tritt, die sich nach dem gesunden Gewebe hin vollkommen verliert. Die Achsenzylinder erscheinen dann an der Grenze zur Markscheide hin stärker geschwärzt und zwar nicht in Form einer durchgehenden Versilberung, sondern es kommt zu eigentümlichen kurzfädigen strichförmigen Schwärzungen an der Peripherie des Achsenzylinders, der sog. Achsenzylinderhaut entsprechend, wodurch dieser ganzen Randzone manchmal schon bei schwacher Vergrößerung ein Aussehen verliehen wird, wie wenn hier das Uran nicht genügend eingewirkt hätte. Verstärken wir die Uranwirkung, so verschwindet häufig diese Zone. Damit dürfen wir an solchen Stellen auf Verhältnisse schließen, die eine gewisse Schädigung des Achsenzylinders andeuten, ohne daß wir freilich etwas Näheres darüber aussagen könnten.

Im versilberten Schnitt bilden sich die Herde deutlich ab, wenigstens gilt dies für die in der weißen Substanz gelegenen Herde und auch manche Herde der grauen Substanz treten im versilberten Schnitt deutlich heraus. Vorbedingung hierfür ist allerdings, daß die Silberimprägnation der Achsenzylinder unterdrückt wird, was ja durch vorhergehende Uranisierung möglich ist. Dann sehen wir den Entmarkungsherd deutlich schon bei grober Betrachtung in hellerer Farbe sich abgrenzen und im mikroskopischen Bild finden wir eine unverkennbar andere und zwar hellere Tinktion des Gewebes im Herd, die die Herdgrenzen ganz scharf zum Vorschein bringt. Die Vermutung liegt nahe, daß die Grundlage dieser Tinktionsdifferenzen strukturelle krankhafte Gewebsveränderungen sind, deren nähere Erfassung uns bisher noch verschlossen ist. Daß Rindenherde in den versilberten Schnitten trotz vorheriger Uranisierung häufig nicht so deutlich die Farbunterschiede des Grundgewebes wie die Herde der weißen Substanz zeigen, mag einmal an der Kleinheit der Herde, vielleicht aber auch an der andersartigen Struktur des Rindengewebes überhaupt und den hierdurch bedingten histopathologischen Differenzen zwischen grauer und weißer Substanz liegen. Wissen wir doch, daß die Herde von multipler Sklerose sich überhaupt in der Rinde abgesehen von der in ihnen vorhandenen Unanfärbbarkeit oder mangelhaften Anfärbbarkeit der Markscheide durch ein anderweitiges histologisches Merkmal kaum abzeichnen: stärkere protoplasmatische und vor allem faserige Gliawucherungen sind im Rindenherd nicht zu beobachten. Die sonst in jüngeren Herden nachweisbare *Anreicherung* vor allem der Herdperipherie an leicht nachweisbaren *lipoiden Abbaustoffen fehlt außerordentlich häufig in den Rindenherden bei multipler Sklerose* und da schließlich auch die Achsenzylinder in ihrem Verlauf durch einen Rindenherd in keiner Weise verändert erscheinen, so bleibt kein Merkmal übrig, das uns, wenn wir von dem Markscheidenschwund absehen, den Rindenherd histologisch zur Abzeichnung brächte.

Einerlei, ob wir den ersten Angriffspunkt der Schädlichkeit am Achsenzylinder oder an der Markscheide vermuten, so viel kann jedenfalls gesagt werden, daß die Wirksamkeit der Noxe am Achsenzylinder sich weniger deutlich zeigt, als an der Markscheide. Die Markscheide ist jedenfalls das histologisch am schwersten und am deutlichsten betroffene Gebilde. Und darin deckt sich der zugrunde liegende Vorgang mit einem andern, der sich in manchen Fällen von progressiver Paralyse findet so wie wir ihn in einem früheren Abschnitt (S. 68 f.) ausführlich dargestellt und aufzuklären versucht haben.

Die herdförmige Markscheidendestruktion steht im Vordergrund der von uns darstellbaren Gewebsschädigungen, ihr gegenüber tritt die Schädigung des

Achsenzylinders zurück. Wir können eine relative Persistenz desselben anerkennen, daneben vollzieht sich eine Wucherung der protoplasmatischen und faserigen Glia, die zum Teil wohl erst als Folge der Markscheidenschädigung aufgefaßt werden muß.

Wenn wir demnach der Ansicht sind, der bedeutungsvollste Gewebsvorgang sei die Schädigung der Markscheide bzw. der Nervenfaser überhaupt, werden wir dann nicht vielleicht durch eine sorgfältige Beobachtung der Nervenfasererkrankung Hinweise auf einen ersten Angriffspunkt der Noxe bekommen? Tatsächlich haben ja frühere pathogenetische Theorien hier eingesetzt und behauptet, der Entmarkungsprozeß der Nervenfaser gleiche dem vom peripheren Nervensystem bekannten Prozeß des segmentalen Zerfalls der Markscheiden bei erhaltenen Achsenzylindern, der sogenannten periaxialen Neuritis. Da aber derartige Erkrankungen sich häufig bei Vergiftungen fänden, so sei es naheliegend, bei der herdförmigen Entmarkung, wie sie die multiple Sklerose zeige, an ein Gift als ursächliche Schädlichkeit zu denken und dementsprechend nahm Marburg ein lecitholytisches Ferment an, das die Markscheide zur Auflösung bringe. Ohne auf diese Theorien näher einzugehen, wollen wir uns die Frage vorlegen, wie denn eigentlich der Zerfall der Markscheide zu denken ist. Ist es ein völliger Zerfall derselben, so daß nicht die geringsten Reste ihrer Substanz und Struktur bestehen bleiben oder ist es ein nur teilweiser Zerfall, bei dem die noch vorhandenen stofflichen Reste unserer Darstellung bis jetzt nur nicht zugänglich sind? Ich habe bei der Untersuchung des herdförmigen Markscheidendestruktionsprozesses bei progressiver Paralyse dieses Moment schon berührt und brauche hier nur darauf zu verweisen, da mutatis mutandis für die multiple Sklerose dasselbe gilt. Daß die Markscheide einen Substanzverlust erleidet, ist sicher; daß dieser Substanzverlust mit einer chemischen Änderung von Stoffen der früher unversehrten Markscheide einhergeht, ist nach unseren färberischen Ergebnissen wohl ebenso sicher. Dabei kann aber nicht verschwiegen werden, daß im Gegensatz zur progressiven Paralyse bei der multiplen Sklerose sehr häufig Markscheidendestruktionsherde vorkommen, die, wenn wir im färberischen Verhalten einen gewissen Indicator für die chemischen Abbauvorgänge sehen dürfen, auf einen geringeren Grad des Abbaus der Markscheide hinweisen. Es sind dies partielle Entmarkungen im Sinne der sogenannten *Markschattenherde,* Herde, in denen die Markscheide in ihrem ganzen Verlauf zwar noch vollständig normal abgezeichnet ist, aber nicht mehr die tiefdunkle Farbe wie sonst bei Markscheidenfärbungen annimmt, sondern ein helleres durchsichtiges Blau aufweist. Dadurch hebt sich ja ein solcher Herd von seiner tiefdunklen normalen Umgebung in seinen Grenzen deutlich ab. Wir dürfen wohl annehmen, daß diese partiellen Entmarkungen nicht nur eine schwächere Art der Markscheidenerkrankung darstellen, sondern häufig wohl auch ein Vorstadium des späteren schweren Markscheidenabbaus. Damit kämen wir auf die Feststellung, daß die Markschattenherde Frühstadien der herdförmigen Markscheidendestruktion darstellen. Wenn wir also nach Angriffspunkten der Noxe im Gewebe suchen, werden wir auf solche Markschattenherde zurückgreifen müssen. Fragen wir uns weiter, woher die gegenüber der gesunden Markscheide abgeschwächte Anfärbbarkeit der Markscheide in den Markschattenherden kommt, so erhalten wir allerdings hierauf keine Antwort. Wir sehen in solchen Markschattenherden nichts von einem Substanzverlust der Markscheide, wir sehen auch nichts von stärkeren protoplasmatischen oder faserigen Gliawucherungen; das einzige was wir feststellen können, ist, daß solche Markschattenherde verhältnismäßig klein sind, daß sie gerne eine Gefäßabhängigkeit insofern zeigen, als in ihrer Mitte ein Gefäßquer- oder Längsschnitt sich findet und in den Lymphscheiden eines solchen Gefäßes häufig *deutliche lipoide Stoffe, die schon die Scharlach- oder Sudanfarbreaktionen geben, deponiert sind.* Daß häufig ein Zusammenhang der Markschattenherde mit den schweren Markscheidendestruktionsherden besteht, geht daraus hervor, daß manchmal an der Peripherie von völlig hellen „entmarkten" Herden eine hellgraue und oft sogar etwas dunkler graue Herdzone vorkommt, die mitunter eine ganz respektable Größe annehmen, trotzdem eine konzentrische Anordnung zu der inneren hellen Zone behalten kann und in der die Markscheiden in ihrem färberischen Verhalten durchaus dem in den Markschattenherden beobachteten gleichen. Ja, wir können noch als weitere Stütze für unsere Auffassung, daß der Markschattenherd nur ein Vorstadium des im Markscheidenbilde weißen entmarkt aussehenden Herdes ist, anführen, daß wir nicht selten in manchen peripheren Bezirken heller Herde statt der scharlachfärbbaren Phase des lipoiden Abbaus eine noch graublaue und der Farbnuance der intakten Markscheide stark angenäherte Farbe lipoider Abbaustoffe vorfinden. Wir haben also gewissenmaßen eine Stufenleiter der Ausbildung des Entmarkungsherdes vor uns. Diese Reihenfolge führt vom Markschattenherd mit noch völlig erhaltenem Markscheidengefüge zu einem nächsten Stadium von Markscheidendestruktion in Form der Loslösung von Markscheidensubstanz aus dem Rohr derselben, wobei aber die losgelöste Substanz noch durch ihre graue oder bläuliche Tinktion eine größere zeitliche Nähe zur unversehrten Markscheidensubstanz anzeigt. Dann verkündet das Auftreten erst schwach rosa, später schön rot gefärbter sudan- und scharlachlipoider Stoffe ein weiteres Abbaustadium der Markscheide. Ein letztes Stadium würde schließlich mit Abtransport der lipoiden Abbaustoffe beginnen, die zu allerletzt nur mehr an den perivasculären Lymphräumen größerer Gefäße oder in geringen Mengen noch an den Herdgrenzen zum normalen Gewebe hin vorkommen. Nun ist es keineswegs so, daß die hier aufgestellten Stufen des Markscheidenabbaus in jedem Fall und in jedem größeren Herd sich vorfinden müssen. Bei stürmischem Abbau wird es auch zu rasch vorübergehenden Abbautypen oder sogar zum Überspringen einiger Stufen kommen. Wir dürfen ferner nicht voraussetzen, daß an jeder Stelle des Zentralnervensystems die Herdbildung von denselben Gesetzen beherrscht wird, und können mit hinreichendem Grund vermuten, daß die Entwicklung der Herde nicht nur bei den verschiedenen Einzelfällen, sondern auch im selben Fall zeitlich in ganz verschiedenen Stufen vor sich geht. Dies entspricht ja auch dem klinischen Krankheitsgeschehen und so wundert es uns nicht, daß in einem und demselben Fall in nächster Nähe beieinanderliegende Herde ganz verschiedene Stufen des eben dargestellten Markscheidenabbaus aufweisen können.

Die Aufstellung verschiedener zeitlicher Stufen des Markscheidenabbaus ging im wesentlichen von färberischen Differenzen des Verhaltens der Markscheide und der ihr entstammenden Stoffe aus. Auch beim Abbau der peripheren Nervenfaser infolge traumatischer oder sekundärer Degeneration sehen wir ja eine Abstufung der Färbbarkeit der auftretenden Markscheidenstoffe und schließen daraus auf zeitliche Stufen. Ein *eigentümliches* Verhalten zeigen dabei die meisten Rindenherde bei multipler Sklerose, bei denen ein die Scharlach- oder Sudanfarbreaktion aufweisender Abbautypus auch *da* nicht vorkommt, wo die darunter liegende weiße Substanz von typischen lipoidhaltigen und sudanfärbbaren Körnchenzellen dicht besetzt ist. Bei der progressiven Paralyse zeigen die Rindenherde ein ganz ähnliches Verhalten.

Bei dieser spätsyphilitischen Krankheit haben wir im Kapitel D unseres zweiten Abschnitts darstellen können, daß in den Rindenherden das scharlachfärbbare Lipoid nicht zum Vorschein kommt, sondern daß eigentümlicherweise die Markscheide Stoffe abgibt, die noch ihren ursprünglichen chemischen Charakter weitgehend bewahrt haben und eine der unversehrten Markscheide chemisch vielleicht noch am nächsten stehende Substanz aufweisen. Wir dürfen hier auf diesen eigenartigen Prozeß, den wir als Myelopholidenbildung bezeichnet haben, nochmals verweisen. Bei der multiplen Sklerose sehen wir aber in Rindenherden bis jetzt nichts, was dieser Myelopholidenbildung bei progressiver Paralyse entspräche, obwohl weitgehende Ähnlichkeiten der histologischen Veränderungen von Rindenherden sonst vorliegen. Ich weise nochmals auf die Persistenz der Achsenzylinder, auf das Fehlen der Gliafaserproduktion und das Fehlen der Körnchenzellen. wie überhaupt scharlachfärbbarer Abbaustoffe, auf die lediglich mit Markscheidenfärbung und mit keiner sonstigen histologischen Färbemethode gegebene Darstellungsmöglichkeit der Rindenherde hin. Daß diese Vorgänge zu einem erheblichen Teil mit den Unterschieden zwischen dem Bau des nervösen Graus und dem der weißen Substanz zusammenhängen, geht daraus hervor, daß an der Rindenmark- bzw. Grau-Weißgrenze, wenn ein Herd diese beiden normalerweise offenbar äußerst differenten Hirngewebe umfaßt, eine deutliche scharfe Grenzmarkierung der pathologischen Veränderungen vorhanden ist: Häufig stärkste Ansammlung von mit scharlachfärbbarem Lipoid versehenen Körnchenzellen und Gliafaserproduktion im Markanteil des Herdes und völliges Fehlen derselben in dem dem Grau angehörenden Abschnitt der Entmarkung. Hier liegen zweifellos Bauunterschiede zwischen Grau und Weiß vor, die wir histologisch noch nicht genügend erfassen können. Es kann sich dabei sicher nicht allein um mit der Verteilung der Markscheidensubstanz und der Häufung von Nervenzellen in der Rinde, mit dem Fehlen solcher in der weißen Substanz in Zusammenhang stehende Differenzen handeln, sondern hier muß auch eine Zwischensubstanz oder ein Grundgewebe in verschiedener Gestaltung vorhanden sein. Daß daneben aber auch noch der spezifische Charakter der uns unbekannten Schädlichkeit der multiplen Sklerose und die uns bekannte Noxe der progressiven Paralyse eine gewisse Rolle spielt, scheint mir deshalb wahrscheinlich, weil wir ja in der Rinde Körnchenzellbildungen und auch Gliafaserproduktionen bei anderen Krankheitsprozessen vorfinden.

Wenn also auch der Myelopholidentypus des Markscheidenabbaus, wie er in Rindenherden des paralytischen Gehirns vorkommt, bei der multiplen Sklerose sich nicht findet, und damit bis jetzt eigentlich eine kleine Lücke im weitgehenden Parallelismus zwischen Entmarkungsherdbildung bei progressiver Paralyse und multipler Sklerose besteht, so dürfen wir wenigstens daran unbedingt festhalten, daß der Abbautypus des Rindenherdes von dem des Markherdes bei multipler Sklerose ganz verschieden ist und auch in dieser Hinsicht sich eine große Ähnlichkeit im Verhalten der Markscheidendestruktion in grauer und weißer

Substanz bei progressiver Paralyse und bei multipler Sklerose zeigt. In seltenen Fällen nämlich, wo eine herdförmige Entmarkung auch in der weißen Substanz *bei progressiver Paralyse* stattfindet, sehen wir bemerkenswerterweise kein Auftreten der Myelopholiden, *selbst in Fällen und an Stellen, wo über den Entmarkungsherden in der Rinde starke Ansammlungen von Myelopholiden nachweisbar sind.* Die Markscheidendestruktion der *weißen* Substanz *bei progressiver Paralyse* vollzieht sich demnach über die Stufe des *scharlach- und sudanfärbbaren Lipoids* ohne Myelopholidenbildung und wir könnten hieraus den Schluß ziehen, daß es nicht richtig wäre, etwa in den Entmarkungsherden der weißen Substanz bei multipler Sklerose den Myelopholidentypus des Abbaus zu erwarten, wenn schon bei der Paralyse im Fall stärkster Ausbildung des Myelopholidenabbautypus in der Rinde dieser Typus in den Markherden völlig fehlt, sondern ein dem Entmarkungsvorgang bei multipler Sklerose weitgehend angenäherter histologischer Prozeß in Erscheinung tritt.

Es scheint so zu sein, wie wenn die Myelopholiden in der Rinde bei progressiver Paralyse außerordentlich rasch abgebaut werden und so spurlos zum Verschwinden kommen. Wir sehen ja auch massive Anreicherungen von Myelopholiden in der Paralytikerrinde nur in sehr wenigen Fällen, jedenfalls in viel weniger Fällen als dem Vorkommen der herdförmigen Markscheidendestruktion entspricht. Entweder gibt es also noch andere Typen der herdförmigen Markscheidendestruktion bei progressiver Paralyse oder aber der Abbau der Myelopholiden vollzieht sich *so* rasch, daß die Aussichten für den Histologen, sie zu treffen, sehr gering sind. So könnte angenommen werden, daß zwar auch bei der multiplen Sklerose Myelopholiden in Rindenherden auftreten, daß sie sich aber bisher deshalb dem Nachweis entzogen haben, weil ihr Abbau im Rindengewebe sich derartig schnell vollzieht, daß er bisher nicht beobachtet werden konnte. Jedoch ist dies nichts anderes, als eine bisher unbegründete Vermutung, wir werden aber bei künftigen Untersuchungen darauf achten müssen.

In den Markscheidendestruktionsherden der weißen Substanz bei multipler Sklerose findet sich eine eigentümliche *lipoide Degeneration.* Es kommt zu einer Verarbeitung des Lipoids und diese Verarbeitung vollzieht sich gleichzeitig mit dem Auftreten besonderer Zellen (Körnchenzellen, Gitterzellen, Abräumzellen).

Bei dem Studium der *sekundären Nervenfaserdegeneration* ist ja viel auf diese Zellen geachtet worden (Myeloklasten, sekundäre Myeloklasten, Körnchenzellen α, β, γ JAKOBS, Myelophagen-Syncytien desselben Autors, Axophagen LOTMARS, die Erosinkugeln als Zeichen degenerierender Myeloklasten im Sinne einer Kernmetamorphose nach SPATZ usw). Die einzelnen Zellgebilde, die wir bei der traumatischen und sekundären Nervenfaserdegeneration erblicken, weisen gewiß auf zeitlich verschiedene Stadien des Abbaus der Nervenfaser und der Abräumung des lipoiden Stoffes hin. Wir dürfen mit Sicherheit voraussetzen, daß die Myeloklasten d. h. Gliazellen, die keine Gitterbildung des Zelleibs aufweisen, die auch nicht mit gröberen lipoiden Schollen beladen sind, sondern höchstenfalls feinste eben angedeutete lipoide Tröpfchen enthalten und deren wesentliches Charakteristikum eigentümliche Kernzerfallsformen sind, zu frühen Stadien des Abbaus der Nervenfaser gehören. Dann erst treten die Gitterzellen auf den Plan, vielleicht zunächst solche mit Neigung zur regressiven Metamorphose und dann solche ohne diese. Aber was für die sekundäre und traumatische Degeneration der peripheren und zentralen Nervenfaser gilt, verliert seine Bedeutung, wenn wir etwa diese Verhältnisse auf die Beurteilung der zeitlichen Reihenfolge der Markscheidenzerstörung in Herden von multipler Sklerose anwenden wollten. Es kann hier nicht meine Aufgabe sein, zu den Ergebnissen der experimentellen Erforschung der traumatischen und sekundären Nervenfaserdegeneration im peripheren und im zentralen Abschnitt derselben Stellung zu nehmen, ich kann nur betonen, daß wir in den Markscheidenabbauherden der multiplen Sklerose kaum irgendwelche *morphologisch* verschiedene Typisierung der Gitterzellen entsprechend dem zeitlichen Stadium des lipoiden Abbaus feststellen können.

Was sich uns zeigt, ist lediglich eine offenbar als Frühform des Markscheidenabbaus zu bezeichnende extracelluläre Lagerung des erst schwach, dann stärker scharlachfärbbaren Lipoids, dem dann erst eine Aufnahme und Weiterverarbeitung durch morphologisch als Gitterzellen charakterisierte Gliazellen folgt. Jedoch findet sich nicht immer extracellulär gelagertes Lipoid. In manchen Fällen bietet sich uns auch eine graublaue Verfärbung des lipoiden Inhalts der Körnchenzellen bei Markscheidenfärbung dar, ohne daß es gelänge, mit einer Kombination von Markscheiden- und Scharlachfärbung diese graublauen Lipoide rot anzufärben. Auch im Scharlachbild allein geben solche Körnchenzellen nur eine ganz leichte blaßrötliche Tinktion. Hier liegt zweifellos ein früheres Stadium der lipoiden Verarbeitung innerhalb der Gitterzellen vor; es ist ja nicht anzunehmen, daß das extracellulär liegende scharlachfärbbare Lipoid nun erst wieder eine Umwandlung in die graublaue Phase innerhalb der Gitterzellen erleidet. Die Aufnahme des lipoiden Abbaustoffes der Markscheide in verarbeitende Zellen kann offenbar zu ganz verschiedenen Zeiten erfolgen, sie hängt nicht vom chemischen Stadium des extracellulären lipoiden Zerfalls ab, chemisch intakte oder nur wenig veränderte lipoide Markscheidenstoffe (kenntlich an ihrer dunkelgrauen Farbe im Hämatoxylinbild) können ebensogut in Abräumzellen erscheinen, wie blaßrosa und dunkelrot gefärbte Phasen der lipoiden Stoffe. Die bei multipler Sklerose nachweisbaren färberisch verschiedenen Abbautypen der Markscheide könnten vielleicht von dem mehr oder weniger stürmischen Angriff der Noxe abhängig sein, etwas Sicheres wissen wir hierüber allerdings nicht.

Wenn wir die Verteilung der lipoiden Stoffe in den Entmarkungsherden studieren, so sehen wir häufig, worauf ja bereits hingewiesen wurde, in den Randzonen der Herde gegen das gesunde Gewebe hin stärkeren Abbau in Form des scharlachfärbbaren Lipoids auftreten. Gegen die Mitte des Herdes zu erscheint scharlachfärbbares Lipoid gewöhnlich nur mehr in den adventitiellen Lymphräumen und bei älteren Herden ist es selbst da ganz verschwunden. Wir können aus einer solchen Reihenfolge gewiß eine Art zeitlicher Aufeinanderfolge entnehmen. Über die Dauer solcher färberisch und in der Verteilung des lipoiden Stoffs getrennt markierter Zeitstufen wissen wir aber nicht das geringste. Mit hinreichender Sicherheit dürfen wir vielleicht nur das eine annehmen, daß selbst die „frühesten" Herde, in denen die lipoide Degeneration noch gleichmäßig im Herd verteilt ist, in denen ferner viel hämatoxylinfärbbare Substanz in den Gitterzellen enthalten ist oder wenn noch keine celluläre Weiterverarbeitung des Lipoids stattgefunden hat, im Verhältnis zum Verlauf des pathologischen Gesamtprozesses und im Vergleich zu den Markschattenherden doch schon älter sind, daß also hier gewiß nicht die *frühesten Stadien beginnender Herdbildung* überhaupt zur Darstellung kommen. In ihnen liegt also wohl sicher kein Hinweis auf einen Angriffspunkt der Noxe vor.

Wir haben oben schon die Markschattenherde als wahrscheinlich früheste Stadien der herdförmigen Markscheidendestruktion bezeichnet und unsere

Gründe hierfür genannt. Wenn wir Serienschnitte durch Markschattenherde anlegen, so finden wir hier lediglich in den adventitiellen Lymphräumen der Gefäße scharlachfärbbares Lipoid und es ließe sich hieraus die berechtigte Vermutung ableiten, daß an solchen Stellen schon länger bestehende Gewebsschädigungen vorliegen als sonst innerhalb der Markschattenherde. Immerhin ist einem solchen Argument die Möglichkeit entgegenzuhalten, daß aus den im Sinne der Schattenbildung veränderten Markscheiden gewisse flüssige und ungeformte Substanzen abgezogen, in die Gefäßwandräume hineintransportiert, und hier einer Umwandlung in die scharlachfärbbare Abbauform des Lipoids unterworfen worden sein könnten. Dann wäre also der zeitlich frühere Vorgang die Bildung der graublau aufgehellten Markscheide der gefäßferneren Bezirke eines Markschattenherdes, der spätere und jüngere dagegen das Auftreten des scharlachfärbbaren Lipoids in adventitiellen Lymphräumen. Welche pathogenetische Erklärung zutrifft, habe ich bisher nicht entscheiden können. Demnach können wir uns also nicht darauf berufen, daß etwa der adventitielle Lymphraum und der ihm benachbarte perivasculäre Raum innerhalb von Markschattenherden eine erste histologisch greifbare Angriffsstätte der Noxe wäre.

Das Verhalten des *mesodermalen Bindegewebes* in den Entmarkungsherden von multipler Sklerose ist bisher ungenügend untersucht worden, wenigstens, was die Produktion von Fasern angeht. Ich finde nur bei DOINIKOW und in der SPIELMEYERschen Histopathologis des Nervensystems einen Hinweis darauf und eine charakteristische Abbildung dafür, daß es auch in den Herden der multiplen Sklerose zu einer Wucherung mesenchymaler Fasern, vor allem der Reticulinfasern (Gitterfasern, Silberfibrillen) kommt. SPIELMEYER weist mit Recht darauf hin, daß derartige mesenchymale Fasernetze bei multipler Sklerose in ganz ähnlicher Weise wie besonders bei juveniler Paralyse vorkommen. Solche Fasernetze sähe man zwischen Gefäßen, deren Adventitia reichlich Bündel und Lagen von Gitterfasern führe, ziemlich in den Randbezirken der Herde. Ich kann ergänzend hierzu bemerken, daß ich in Rindenherden von multipler Sklerose nie etwas derartiges beobachten konnte, während die vom adventitiellen Bindegewebe ausgehenden Wucherungen von Gitterfasern in Herden der weißen Substanz recht häufig sind (Abb. 22). Gewiß finden sich äußerst komplizierte Netzbildungen der Reticulinfasern gerne *am Rand der Herde*, sie kommen aber sicher auch mehr im Zentrum von Entmarkungsherden vor und sind besonders in großen Herden kein seltener Befund. Auch in länglichen Herden der Markzungen schmaler Windungen habe ich sie beobachten können. Die Faserwucherung hört aber mit der Rindenmarkgrenze auf, in die Rinde hinein reicht die Gitterfaserwucherung nicht. Auch subependymal sowie im Rückenmark habe ich starke Gitterfaserproduktionen auffinden können, immer jedoch nur innerhalb von Entmarkungsherden und nie außerhalb derselben, auch nicht in deren Nähe.

Die komplizierten Netzstrukturen der Gitterfasern zeigen aber in manchen Fällen gewisse Eigentümlichkeiten. Wir sehen nämlich nicht nur solide Fäden zwischen zwei Capillaren ausgespannt neben anscheinend frei verlaufenden und so endigenden Silberfibrillen, sondern manchmal haben wir den bestimmten Eindruck, daß es zur Ausbildung eines Lumens kommt. In einem solchen röhrenförmigen Gebilde ist allerdings, auch wenn wir aufeinanderfolgende Schnitte betrachten, nichts von einem eigentlichen *Blut*gefäßlumen zu sehen und auch nichts von irgendwelchem Blutgefäßinhalt, etwa von Blutkörperchen oder Blutplättchen. Bemerkenswerterweise sind solche röhrenförmige Mesenchymalstrukturen, da, wo sie von der Blutgefäßwand eines größeren oder kleineren Gefäßes ihren Ausgang nehmen, von keinerlei Fortsetzung einer Ausstülpung der blutführenden inneren Röhrenwand des Gefäßes gefolgt. Damit dürfte es nicht ganz von der Hand zu weisen sein, daß auf diese Weise die Ausbildung eines rudimentären *röhrenförmigen Lymphgefäßsystems* zustande kommt, was gegenüber dem sonstigen Verhalten der Lymphbahnen im Zentralnervensystem eine ausgesprochen pathologische Besonderheit darstellen würde. Wir kennen ja keine präformierten Lymphröhren im nervösen Gewebe und als Lymphbahnen überhaupt nur die Maschen und Netze des adventitiellen Lymphraums, alle übrige

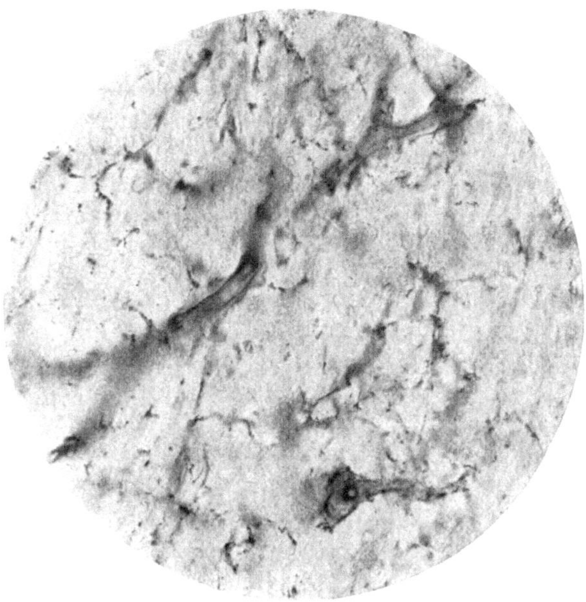

Abb. 22. Multiple Sklerose. Fall STEIMANN. Gefrierschnittversilberungsmethode. Stelle aus einem Entmarkungsherd. Starke Vergrößerung eines Gitterfasernetzes. (Obj. Immersion 1/7, Ok. 7 ×, Balgauszug 21,5 cm.)

Zirkulation von flüssigen Stoffen im Nervensystem erfolgt außerhalb des Blutbahnsystems *ohne* präformierte und morphologisch abgrenzbare Wände. Wenn es richtig ist, daß durch Wucherungen des adventitiellen mesenchymalen Bindegewebsnetzwerkes eine schlauchartige Verteilung von Lymphbahnen im Herdbereich zur Ausbildung kommt, so dürfen wir hierin wohl eine recht bedeutsame Erscheinung erblicken. Warum es dazu käme, wäre uns aber völlig unklar, wie überdies auch die Bildung solider mesenchymaler Gitterfasernetze pathogenetisch im Dunkel liegt. Daß es bei dieser Sachlage unmöglich ist, aus der oft außerordentlich reichlichen Gitterfaserwucherung einen Rückschluß auf Angriffspunkte der Noxe zu ziehen, bedarf keines weiteren Wortes. Wissen wir doch nicht einmal, ob die Ausbildung der Gitterfasern ein früher oder später Vorgang innerhalb des Entmarkungsherdes ist. Ich betone, daß unsere bisherigen, aus der Kenntnis von histogenetischen und allgemein pathologischen Vorgängen (z. B. bei der Reparation von Verletzungen und anderen schweren Substanzschädigungen des Zentralnervensystems) gewonnenen Vorstellungen vom zeitlichen Werdegang der Bindegewebswucherungen auf den Sonderfall der multiplen Sklerose nicht unbedingt angewendet werden dürfen. Dazu wissen wir über die Entstehungsbedingungen der Silberfibrillennetze in den Entmarkungsherden bei multipler Sklerose zu wenig. Jedenfalls scheint mir die Ausbildung der Silberfibrillennetze nicht dem spätesten Stadium des *derben kernarmen Gliafaserfilzes* zu entsprechen. Vielleicht wird mit den Gitterfasern ein verhältnismäßig frühes Stadium der Gewebsdestruktion getroffen. Mit dieser Anschauung würde sich gut vereinigen lassen, daß die Gitterfasern ein primitives, „präkollagenes", „indifferentes" (Hueck) Mesenchymwucherungsstadium darstellen, aus dem sich im normalen Entwicklungsprozeß erst die Umformung zu elastischen oder kollagenen Fasern vollzieht. Wenn wir eine solche Umwandlung in den mesenchymalen faserigen Wucherungen bei multipler Sklerose auch nicht nachweisen können und diese unter den pathologischen Bedingungen des genannten Krankheitsprozesses auch nicht vorzukommen braucht, so dürfen wir doch wenigstens aus dieser entwicklungsgeschichtlichen Kenntnis der Entstehung der Gitterfasern in ihnen eine verhältnismäßig frische, vielleicht auch besonders empfindliche und der Degeneration wieder anheimfallende frühe histopathologische Erscheinung erblicken. Keineswegs aber können wir hieraus irgend einen Anhaltspunkt für die erste und früheste Berührung der Noxe mit dem Gewebe entnehmen.

Ein anderer histologischer Befund am Bindegewebsgefäßapparat hat unsere Aufmerksamkeit schon seit längerer Zeit mehr in Anspruch genommen, die *adventitielle Infiltratbildung*. Lymphocyten und Plasmazellen finden sich nicht selten als Zeichen echter entzündlicher Reaktion in den Lymphgefäßscheiden der Blutgefäße. Wir weisen sie nicht nur in den Herden selbst, an ihrer Peripherie zum normalen Gewebe hin nach, sondern häufig auch in der Nachbarschaft der Herde an Gefäßen, die noch völlig im normalen Gewebe liegen. Wir treffen sie ferner in den Meningen an und gerne auch im Gewebe unter dem inneren Höhlensystem des Gehirns, also subependymal. Die Infiltrate sind gewöhnlich völlig an den adventitiellen Lymphraum gebunden und überschreiten die Grenze zum Ektoderm hin nicht. Wenigstens gilt dies für die gewöhnliche chronische multiple Sklerose, sie können im adventitiellen Lymphraum allerdings eine außerordentlich starke Ausdehnung annehmen. Im allgemeinen überwiegen die Lymphocyten, an kleineren Gefäßen sind es allerdings recht oft auch Plasmazellen, die den Infiltratcharakter bestimmen. Man muß sich dabei davor hüten, Zellansammlungen in den adventitiellen Lymphscheiden ohne weiteres als Infiltratbildungen zu betrachten. Gerade bei multipler Sklerose, wo die Lymphscheiden der Gefäße häufig mit dicht gedrängten lipoidhaltigen Körnchenzellen angefüllt sind, können bei oberflächlicher Betrachtung Körnchenzellansammlungen als lymphocytäre Infiltrate fehlgedeutet werden. Allerdings schließt das Vorliegen von Körnchenzellansammlungen im Lymphraum des Adventitiums eine adventitielle Lymphocyteninfiltratbildung nicht aus. Beide Zellformen können sich in den adventitiellen Räumen stark vermischen. Wenn wir Gefäße auf eine längere Strecke hin verfolgen, so sehen wir gelegentlich, daß dasselbe Gefäß eine Strecke lang nur Körnchenzellen in seiner Lymphscheide birgt, während eine andere Strecke des Gefäßes dichteste Lymphocyteninfiltrate ohne jegliche Körnchenzelleinstreuung aufweist. Meist ist es dann so, daß der von der Herdperipherie nach dem Inneren des Herdes gelegene Teil des Gefäßlängsschnittes reichlich Körnchenzellen mit scharlachfärbbarem Lipoid enthält, während der herdfernere, schon im normalen Gewebe befindliche Gefäßabschnitt Lymphocyteninfiltrate erkennen läßt.

Zwischen der klinischen Zeitdauer des Krankheitsfalles und der Stärke und Ausbreitung der Infiltratbildung besteht ein gewisser *Parallelismus*, insofern schon lang dauernde chronische Krankheitsfälle weniger adventitielle Infiltrationen aufweisen, als solche Fälle, die von kürzerer Gesamtdauer waren oder bei denen eine schubartige Verschlimmerung einige Zeit vor dem Tode aufgetreten war. Aber selbst bei alten chronischen Fällen finden sich immer noch einzelne Herde, an deren Peripherie adventitielle Infiltrationen nachzuweisen sind. Man muß in solchen Fällen nur ziemlich lange suchen, bis man derartige Stellen auffindet. Auch ist in frischeren Fällen ein deutlicher Unterschied bemerkbar: kernarme Entmarkungsherde älteren Charakters mit diffuser und derber Gliafaserwucherung, Herde, in denen der lipoide Abbau schon zu Ende gegangen oder soweit vorgeschritten ist, daß nur mehr im adventitiellen Lymphraum der Gefäße des Entmarkungsherdes wenig lipoidhaltige Körnchenzellen sich finden, zeigen im allgemeinen an den in ihnen enthaltenen Gefäßen keine Lymphocyteninfiltrate mehr. So dürfen wir also die adventitielle Infiltratbildung mit Lymphocyten und Plasmazellen noch am ehesten als Anzeichen einer Frühreaktion auf die Noxe ansehen. Und hierin werden wir noch durch Befunde bestärkt, die uns derselbe Gewebsvorgang der adventitiellen Infiltratbildung bei anderen Infektionskrankheiten des Zentralnervensystems bietet.

Ich darf hier darauf verweisen, daß bei der progressiven Paralyse, wenn sie in ein stationäres oder weniger akutes Stadium tritt, die Infiltratbildung wesentlich abnimmt, ich darf erwähnen, daß bei derselben Krankheit der künstliche Heilvorgang mit Malaria- oder Recurrensfieber zu einer weitgehenden Rückbildung der gesamten Infiltratbildung führt, ich darf ferner anführen, daß auch bei der lethargischen Encephalitis in den Spätstadien die Infiltratbildung, wenn auch nicht ganz verschwunden, so doch erheblich regional eingeengt und in ihrer Intensität wesentlich zurückgegangen ist. So finden wir bei den im Stadium des chronischen Parkinsonismus gestorbenen Kranken geringe Infiltratbildungen mit Lymphocyten nur mehr in den Blutgefäßwänden der Substantia nigra. Solche Erfahrungen lassen sich verallgemeinern, insofern als bei jeder Infektionskrankheit des Zentralnervensystems, wenn sie überhaupt zur Infiltratbildung führt und mit einer mehr subakuten und chronischen Verlaufsweise einhergeht, die klinisch langsamer und schleichender verlaufenden oder in Heilneigung begriffenen Stadien der Krankheit durch geringere Infiltratbildung ausgezeichnet sind, als die stark progredienten oder mit schweren Schüben einhergehenden Verlaufsformen.

Damit dürfen wir also der Infiltratbildung ganz allgemein, wenn sie nicht in Form der symptomatischen Entzündung, sondern als selbstständige Reaktionsweise auftritt, das Kennzeichen einer Frühreaktion des Gewebes auf die Noxe zuschreiben. Mehr aber läßt sich nicht sagen. Welcher Art die zur Infiltratbildung führende Noxe ist, ob sie die Einwirkung eines lebenden Krankheitserregers überhaupt anzeigt oder ob auch rein toxische Einwirkungen denselben Typus der Infiltratbildung verursachen können, steht keineswegs fest. Völlig verfehlt wäre aber die Annahme, daß da, wo die Infiltratbildung auftritt, nun auch ein Krankheitserreger vorhanden sein muß. Wir haben demnach in der Infiltratbildung kein Anzeichen der Erregeranwesenheit im Gewebe vor uns und wir können nicht einmal das mit Sicherheit sagen, daß an *den* Orten, wo eine Frühreaktion des Gewebes auf die Noxe in Form der Infiltratbildung vorhanden ist, ein Krankheitskeim einmal anwesend gewesen sein muß.

Wenn wir somit die Schlußfolgerungen aus unserer Darstellung der Gewebsveränderungen bei multipler Sklerose ziehen wollen, so müssen wir feststellen, daß kein einziger der nachgewiesenen histologischen Befunde uns die Annahme einer örtlichen Erregerwirksamkeit erlaubt. Wir finden weder in den Markscheiden- und Achsenzylinderveränderungen noch im Verhalten des Gliagewebes noch bei Untersuchung der mesodermalen Gewebsveränderungen Anhaltspunkte für besondere Kontaktstellen zwischen Noxe und Gewebe.

Also ein Versagen auf der ganzen Linie!

3. Regionale Verteilung der Entmarkungsherde in ihrer Bedeutung für die Pathogenese der multiplen Sklerose.

Die feineren histologischen Merkmale in den Entmarkungsherden gestatten uns keinen Einblick in eine örtliche Erregerwirksamkeit oder überhaupt hin-

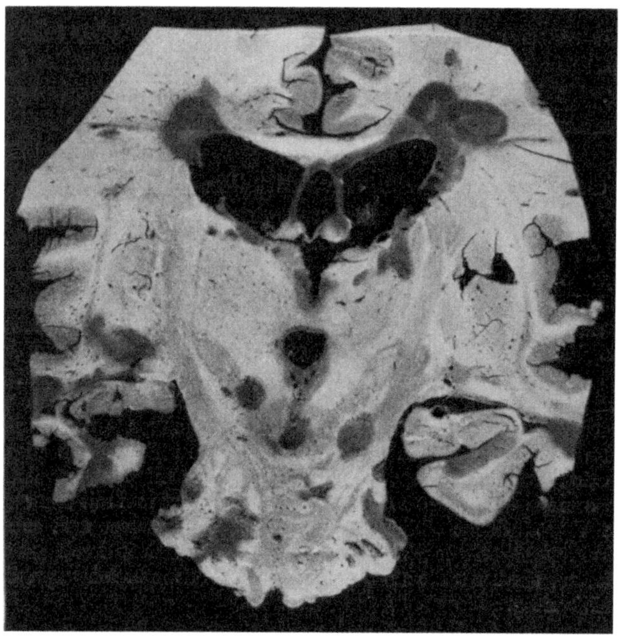

Abb. 23. Multiple Sklerose. Fall God. Die Herstellung der Abbildung erfolgte in der Weise, daß ein Markscheidengefrierschnitt (eingebettet in Canadabalsam und mit Objektträger und Deckglas bedeckt) auf lichtempfindliches Papier gelegt und dann belichtet wurde, wodurch das hier abgebildete Negativ entstand. Originalgröße des durch beide Hemisphären gelegten Gefrierschnittes, von dem die Rindenteile vorher oben abgeschnitten waren. Die Entmarkungsherde stellen sich ähnlich wie in der unbehandelten Scheibe dar. Man beachte die stärkere Entmarkung um die Hirnhöhlen herum, während an der Brücke die Entmarkungsherdbildung mehr von außen nach innen zu vor sich geht.

sichtlich irgendwelcher Angriffspunkte der Noxe am Gewebe. Vielleicht könnte nun die grobe Betrachtung der Herdbildung nach den Gesichtspunkten ihrer Verteilung aufschlußreicher werden?

Daß nicht nur die histologischen Merkmale der herdförmigen Entmarkung, sondern auch ihre regionale Verbreitung der Krankheit ein charakteristisches Gepräge geben, ist schon lange bekannt. Der herdförmige Markfaserschwund findet sich gerne in der weißen Substanz des Gehirns, während das Rindengrau weniger betroffen ist. Viele Untersucher haben weiterhin feststellen können, daß die Gegend um die Ventrikel herum vom Krankheitsprozeß bevorzugt ergriffen wird (Abb. 23), so daß in den allermeisten Fällen der Eindruck entsteht, die schädigende Ursache dringe von dem inneren Höhlensystem aus in die zentralnervöse Substanz ein. Wenigstens gilt dies für das Gehirn. Beim Rückenmark dürfte es anders sein. Hier sieht man besonders deutlich an Längsschnitten, wie die Herde von der äußeren Peripherie aus (dazu gehört natürlich auch die von der vorderen Medianfissur und von der hinteren Mittelfurche begrenzte Rückenmarksoberfläche) ins Innere hinein sich fortsetzen und damit im Querschnitt eine Keilform mit der Basis an der Rückenmarksperipherie annehmen.

Sehen wir beliebige Fälle von multipler Sklerose auf die *Herdverteilung hin* an, so läßt sich zeigen, daß die Gegend der *lateralen Teile der Seitenventrikel fast* in jedem Fall herdförmige Entmarkungen aufweist und zwar sehr gerne in symmetrischer Form, daß also an dieser Stelle so etwas wie ein Wetterwinkel der multiplen Sklerose liegt (Abb. 24, 25, 27, 28). Auch die Gegend um die Hinterhörner zeigt häufig mehr oder weniger ausgedehnte herdförmige Entmarkungen (Abb. 29, 30). Interessant ist weiterhin, daß die herdförmige Entmarkung nicht nur auf das *Dach* der Seitenventrikel, den Balken, übergreift, sondern auch die *medialen* seitlichen Begrenzungen in sich schließt, indem häufig auch das Septum pellucidum in allen seinen Teilen und der Fornix mit ergriffen ist (Abb. 25, 26, 28). Auch an den *Unterhörnern* und unter den ependymalen *Begrenzungen des 3. und 4. Ventrikels* finden wir häufig Entmarkungsherde. Selbst in Fällen, in denen es nicht zu einer ausgedehnten Verbreitung vieler einzelner Herde im ganzen Gehirn gekommen ist, läßt sich trotzdem diese Bevorzugung der die inneren Höhlen des Gehirns umschließenden Hirnteile nachweisen. Verfolgen wir die Fortsetzung der Herde von der inneren Oberfläche, d. h. vom Ependym der Ventrikel aus in das Gehirn hinein, so sehen wir eine gewisse Gesetzmäßigkeit: Gewöhnlich ist die Herdbildung so, daß die ventrikelnahe Begrenzung des Herdes eine Art Basis desselben bildet, von der aus der Herd sich bogen- oder keilförmig nach dem Hirnmark zu verjüngt (Abb. 29). Wenn wir Serienschnitte von unter dem Ependym gelegenen Hirnmarkherden machen, so können wir recht oft gerade an und unter dem Ventrikel Herde auffinden, die durch schmale Entmarkungsbrücken mit mehr hirnwärts gelegenen Herden in Verbindung stehen. Solche Brücken lassen sich oft nur an einem kleinenTeil der Schnittserie auffinden, die zwei benachbarten Entmarkungsherde hängen dann nur in einigen wenigen Schnitten der ganzen Serie miteinander zusammen, erscheinen sonst aber völlig unverbunden.

Häufig ist auch zu beobachten, daß von der an das Ependym angelagerten Gegend aus Entmarkungsprozesse zwar in deutlich ausgesprochener Herdbildung, aber doch diffus und mehr *flächenhaft* oder *plattenartig* (Abb. 24, 26, 27, 28) vor sich gehen. Ein andermal läßt sich ein zapfenförmiges, einfaches oder gegabeltes Hineinkriechen des Markzerfallherdes vom Subependymalgebiet als Basis aus in das tiefere Gewebe hinein feststellen. In weiter fortgeschrittenen Fällen sehen wir nicht selten, wie die ganze Gegend unter dem Ependym weit in das Gewebe hinein, fast der völligen Ependymauskleidung entsprechend, entmarkt ist. Ich bezeichne dies als *totalen subependymalen Entmarkungsmantel* oder als *Mantel-* bzw. *Plattenherde.* So unsystematisch also der Prozeß der

Herdbildung unter dem Ependym auch im einzelnen Fall vor sich geht, so einförmig und gleichartig erscheint bei vergleichender Betrachtung einer großen

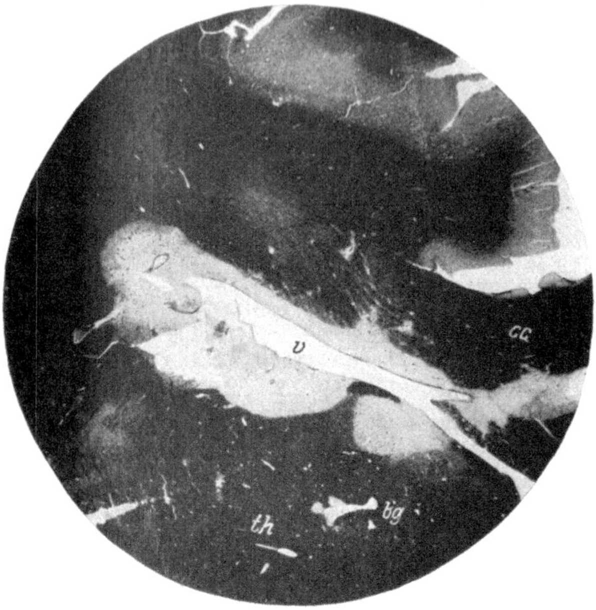

Abb. 24.

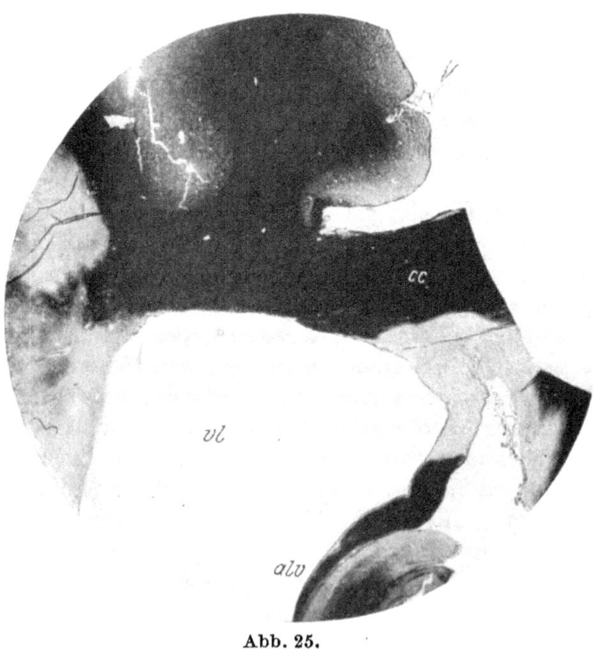

Abb. 25.

Zahl von Fällen die *Prädilektion der Herdbildung unter dem Ventrikelependym*, und da offenbar das ganze Ventrikelsystem pathogenetisch am Prozeß beteiligt ist, muß sich dies auch an den *oberen* (dorsalen) und *inneren* (medialen) Begrenzungen der Ventrikel auswirken.

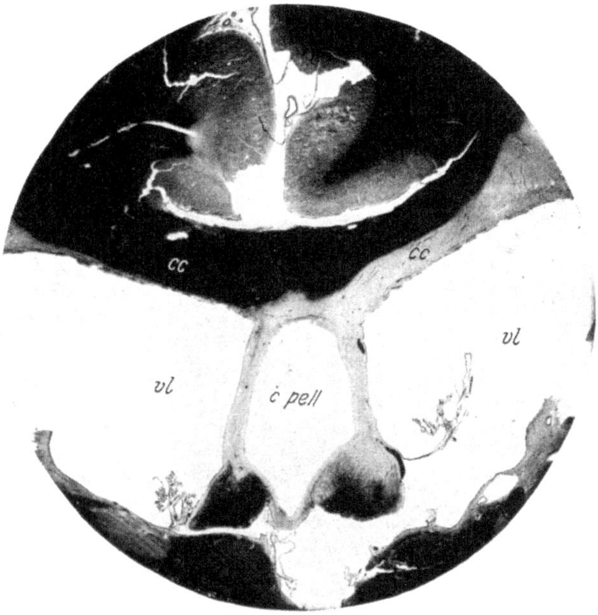

Abb. 26.

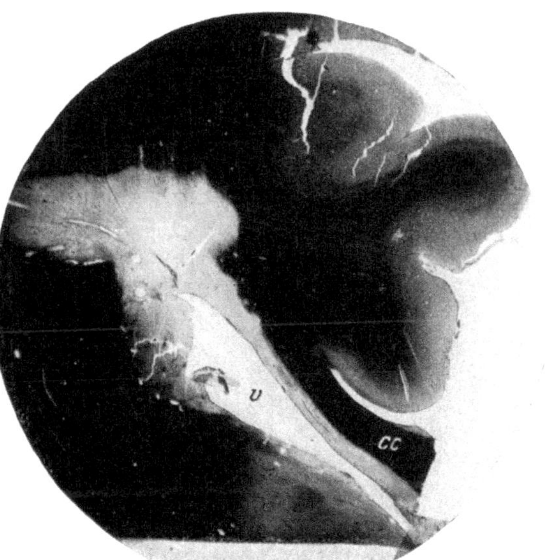

Abb. 27.

Es wäre unrichtig, wenn wir als Begrenzungsformen der Herde strenge Bogen- oder Kreislinien annehmen würden. Bei Untersuchung der Herdbildung in großen Hirnschnitten sehen wir immer wieder, daß die bogenförmigen, ovalen oder geradlinigen Begrenzungen der Herde von einem oder mehreren Zapfen nach dem gesunden Gewebe hin unterbrochen werden. Oft ist es auch so, daß

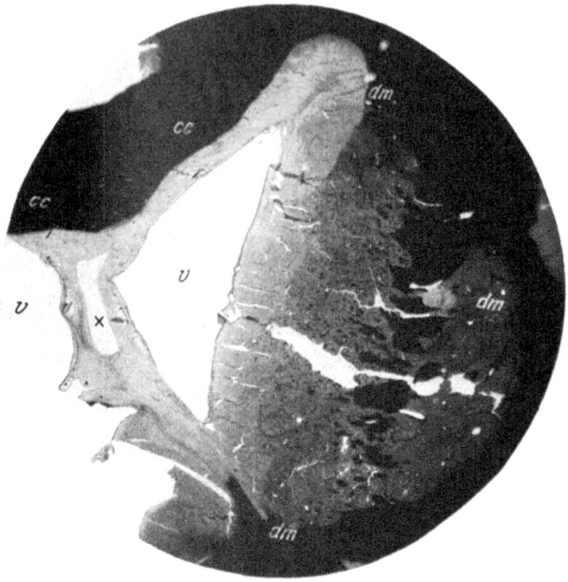

Abb. 28.

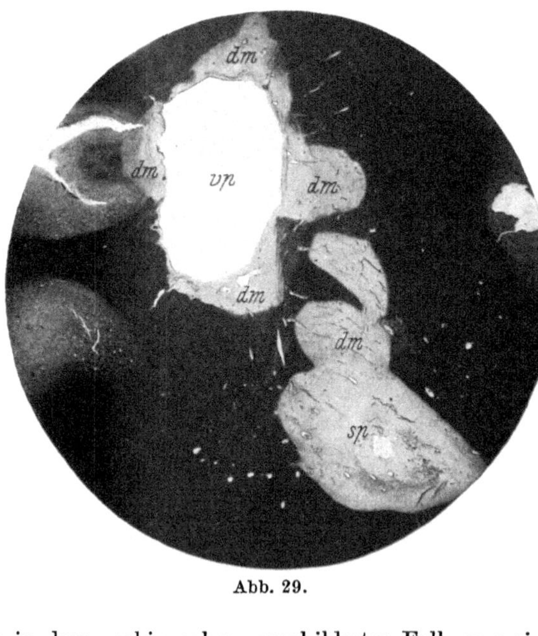

Abb. 29.

die Zapfen, wie in dem vorhin schon geschilderten Fall, nur eine Verbindungsbrücke zu einem zweiten kugel- oder eiförmigen Herd darstellen. Solche Brücken sind dann in ihrer Tiefenausdehnung viel kleiner, als die durch sie verbundenen Herde und so kommt es, daß, wenn nur wenige Schnitte gemacht werden, die

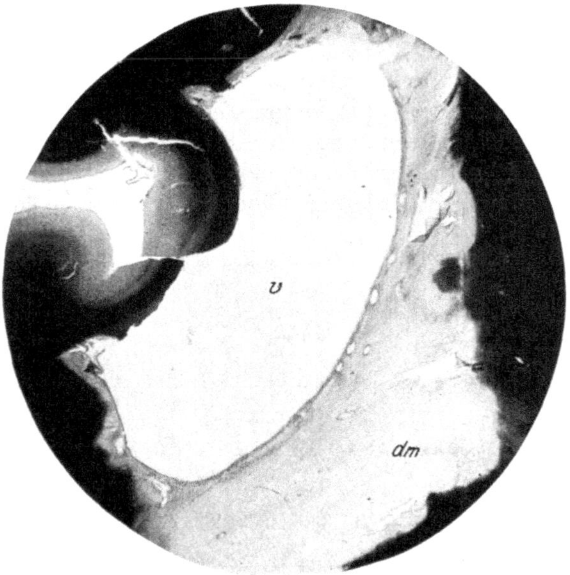

Abb. 30.

Abb. 24—30. (Seite 110—113.) Multiple Sklerose. Markscheidenfärbung am Gefrierschnitt. (Obj. Mikrotar 70, Balgauszug 11 cm.) Zeichenerklärung: *alv* Muldenblatt, *bg* Blutgefäßhohlraum, *cc* Balken, *c pell* Hohlraum des Septum pellucidum, *dm* herdförmige Entmarkungen, *sp* spongiöse Auflockerung, *v* Ventrikel, *vl* Seitenventrikel, *vp* Hinterhorn des Seitenventrikels, + bedeutet die Höhle des Septum pellucidum. Abb. 24 stammt von Fall TRITSCHLER, Abb. 25 und 30 von Fall HRABAL, Abb. 26 von Fall GOD, Abb. 27 von Fall SCHLESINGER, Abb. 28 und 29 von Fall BRACK.

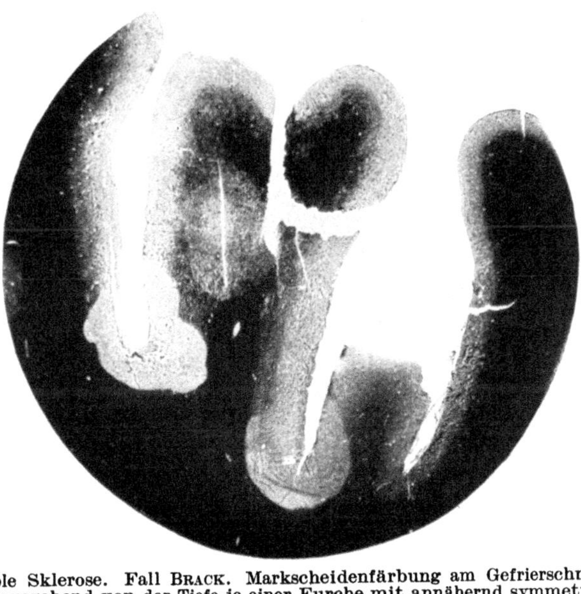

Abb. 31. Multiple Sklerose. Fall BRACK. Markscheidenfärbung am Gefrierschnitt. 2 herdförmige Entmarkungen ausgehend von der Tiefe je einer Furche mit annähernd symmetrischer Ausdehnung in die anliegenden Windungen hinein. An beiden Entmarkungsherden wird die Rindenmarkgrenze nicht respektiert, sondern die Ausdehnung erfolgt auch ins Mark hinein. (Obj. Mikrotar 70, Balgauszug 20 cm.)

Brücken häufig nicht aufgefunden werden und so ein Zusammenhang zweier Herde, der in Wirklichkeit vorliegt, nicht nachgewiesen werden kann.

Rindenherde fehlen bei der multiplen Sklerose, wie schon Spielmeyer hervorgehoben hat, *keineswegs*. Manchmal sehen wir von der Tiefe einer Furche zwischen zwei Windungen ausgehend eine wie mit einem Zirkel in den beiden Windungen abgezeichnete Begrenzung eines Herdes, wobei der Mittelpunkt des vom Zirkel gezogenen Kreises in die Furche zu liegen kommt (Abb. 31).

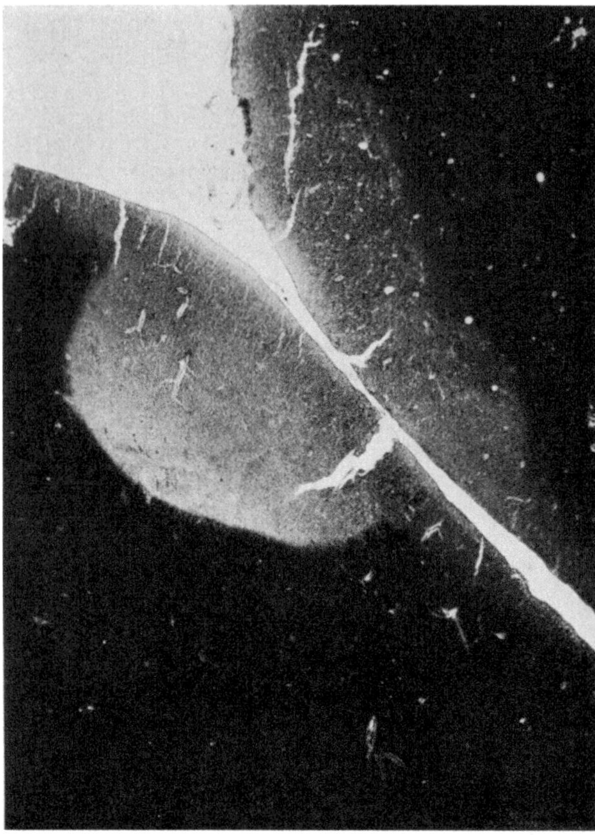

Abb. 32. Multiple Sklerose. Fall Sonnenburg. Markscheidenfärbung am Gefrierschnitt. Wurstförmige Entmarkungen zweier benachbarter Windungen am Übergang der Windungskuppe ins Windungstal Die Herdgrenze verläuft über die Furche hinweg. (Mikrotar 35, Balgauszug 21 cm.)

An anderen Stellen finden wir Herde an der Kuppe einer Windung und auch hier oft eine eigentümliche nach der Tiefe zu bogen- oder keilförmige Begrenzung der Herdbildung. Manchmal ist der Entmarkungsherd mehr flächenhaft, die innere Herdgrenze verläuft der Oberfläche der Rindengirlande dann parallel und die Herdbildung geht nicht so weit in die Tiefe. Damit soll aber keineswegs gesagt sein, daß alle Rindenherde immer mit der Rindenoberfläche in Zusammenhang stehen; es gibt zweifellos auch kreisförmig oder oval begrenzte Entmarkungsherde der tieferen Rinde ohne irgend einen Zusammenhang mit der Hirnoberfläche und mit vollkommen geschlossener Abgrenzung nach allen Seiten hin innerhalb des Rindengraus selbst.

Besonders interessant ist es gelegentlich einmal zu beobachten, wie die Herdbildung zwei benachbarte Windungen nicht nur in der Tiefe einer Furche, sondern auch an den oberen Abschnitten der beiden einander gegenüberliegenden Seitenteile der Windungstäler ergreift. Es kann dann der Fall sein, daß die Herdbegrenzung so in den beiden einander benachbarten Windungstälern verläuft, wie wenn gar keine trennende Furche vorliegen würde. Die Kugel-, Ei- oder Wurstform solcher Herde hat dann als gedachte Zentralachse eine Linie, die nicht dem Hirn selbst, sondern nur der Furche angehört. Ich nenne solche Herde *Meningealachsenherde* (Abb. 32). Eine derartige Herdbildung legt die Vermutung besonders nahe, daß von der äußeren Oberfläche des Gehirns und zwar von den Meningen aus die Noxe eindringt. Interessant ist in solchen Fällen die Beobachtung, daß die im Bereich des wurstförmigen Herdes auf beiden Seiten gelegenen Tangentialfasern ebenfalls haarscharfe Entmarkungsgrenzen und zwar durchaus konform mit der Herdbegrenzung aufweisen.

Manchmal macht ein vom Mark herkommender Herd an der Rindenmarkgrenze Halt und zeigt hier die Neigung, sich parallel mit dem Verlauf der Rindenmarkgrenze, ohne weiteres Eindringen in die Rinde, auszudehnen. Es kommt so zu einer Art von *pilzförmiger Herdbildung*, wobei der obere Rand des Pilzhutes mit der Rindenmarkgrenze abschneidet, während der Stiel des Pilzes in die Tiefe des Markes reicht. Ausgesprochene Formen dieser Art sind jedoch nicht sehr häufig. Gewöhnlich wird von einem rindennah gelegenen Entmarkungsherd der weißen Substanz die Rindenmarkgrenze *nicht* respektiert und damit kommt es auch zu einem Eindringen des Herdes in die Rinde.

Auch im Kleinhirn, in der Brücke und im verlängerten Mark finden sich Herde. Vom Rückenmark haben wir schon gesprochen. Kleinhirnherde zeigen gerne eine Entmarkung, die entsprechend dem Verlauf der einzelnen Markzungen um sich greift, also eine ausgesprochen stielförmige Verteilung der Entmarkung in der weißen Substanz. Herde in der Brücke und im verlängerten Mark zeigen die Bevorzugung der Herdbildung vom inneren Höhlensystem aus wohl auch noch, aber nicht mehr so ausgesprochen, weil hier auch zahlreiche zweifellos von der äußeren Oberfläche ausgehende Herdbildungen nachweisbar werden. Bezüglich der Verteilung der Herde im Längsverlauf des Rückenmarks kann ich REDLICHS Beobachtung durchaus bestätigen, daß in manchen Fällen Häufigkeit der Herdbildung und die Größe des einzelnen Herdes caudalwärts abnehmen.

Bisher noch nicht erwähnt sind eigentümliche *Konfigurationen der Herdbegrenzung*. Man spricht von Landkartenherden, wenn statt einer einzigen Begrenzungslinie wellenförmig verlaufende Bogenlinien in mehrfacher Anzahl, 4—5 und noch mehr solcher Bogenlinien vorhanden sind, zwischen denen Entmarkungen liegen, während die welligen Bogenlinien selbst mehr oder weniger intakte Markscheidensubstanz enthalten. Eine bisher nicht beschriebene Unterart dieser Landkartenherde sind die als *Wellenherde* zu bezeichnenden Formen, bei denen die mehrfachen wellenförmigen, markhaltigen Linien nicht konzentrisch kreisförmig angeordnet, sondern mehr geradlinig parallel verlaufen (Abb. 33 und 34). Erwähnenswert ist hier auch, daß nicht allzuselten in großen Entmarkungsherden intakte Markscheideninseln zurückgeblieben sind. Der pathogenetische Prozeß zeigt also sowohl bei den Landkarten- wie bei den Wellenherden und im letztangeführten Fall eine eigentümliche Neigung zur Verschonung von Teilen, die bei einem kontinuierlichen und systematischen

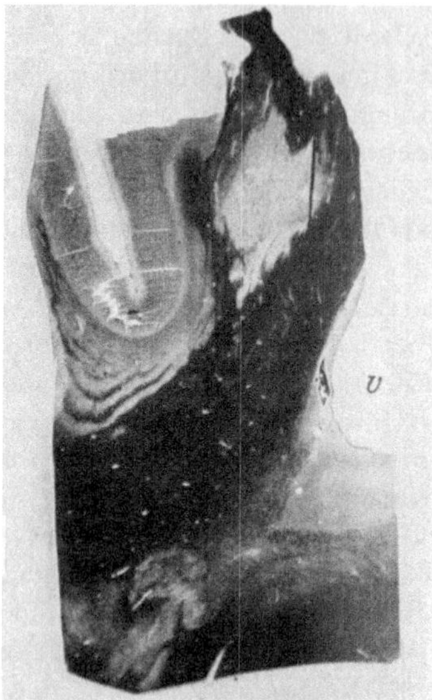

Abb. 33. Multiple Sklerose. Fall HAYBACH. Markscheidenfärbung am Gefrierschnitt. *v* Ventrikel. Wellenherd unterhalb der Furche im Mark. (Obj. Mikrotar 70, Balgauszug 11 cm.)

Vordringen der Noxe eigentlich hätten mitergriffen werden müssen. Wir dürfen also hieraus zum mindesten auf eine anscheinend ungeordnete Weiterverbreitung der Schädlichkeit im Gewebe schließen.

Die Herdgrenze zum gesunden Gewebe hin ist häufig sehr scharf abgeschnitten, manchmal findet sich, worauf schon hingewiesen ist, ein Übergang eines hellen „entmarkten" Herdes erst über eine Markschattenstelle in das normale Gewebe, aber auch ein solcher kombinierter Herd bietet dann an der Übergangsstelle des Markschattenbezirkes zum unversehrten Gewebe eine scharfe Grenze. Von der eigentümlichen Auflockerung und Vakuolisierung eines im unversehrten Gewebe liegenden, die Peripherie des Entmarkungsherdes parallel umschließenden Bandes haben wir schon gesprochen und diese eigentümliche Erscheinung als periphere circumfokale Areolierung bezeichnet.

Schließlich müssen wir noch hervorheben, daß die Grenzen des Entmarkungsvorgangs sich nicht immer in der Form scharf abgestanzter Markierungen zwischen schwerer Markscheidendestruktion bzw. Markschattenbildung einerseits und normaler

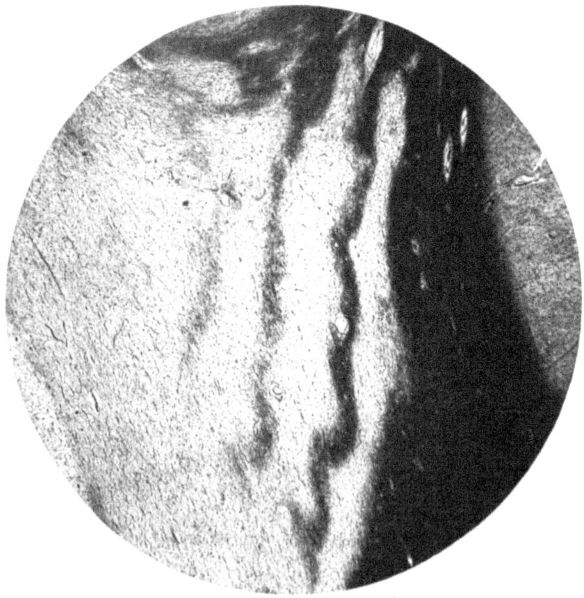

Abb. 34. Multiple Sklerose. Fall HAYBACH. Markscheidenfärbung am Gefrierschnitt. Anderer Wellenherd in starker Vergrößerung. (Obj. Mikrotar 35, Ok. 7×, Balgauszug 20 cm.) Rechts im Bild ist die Rindenmarkgrenze sichtbar.

Markscheide andererseits darstellen, sondern es kommt manchmal ein mehr fließender Übergang vor. Hierbei handelt es sich um Anfärbungen, die häufig so aussehen, wie wenn die Markscheidenfärbung nicht richtig geglückt wäre. Die schwächere Verteilung des Farbstoffes auf der Markscheide grenzt sich nicht mehr scharf ab, sondern fließt allmählich in das Gebiet der normal dunklen Farbe der Markscheide über. Solche unscharfe Begrenzungen treffen wir neben der häufigeren scharfen gelegentlich einmal und dann nur in den klinisch jüngeren Krankheitsfällen an. Zu lipoidem Abbau ist es dabei noch nicht gekommen und die Wahrscheinlichkeit, daß es sich bei solchen Herdbildungen nicht um Kunstprodukte unserer technischen Darstellung handelt, schöpfen wir eigentlich nur aus der Tatsache, daß verschiedene Markscheidenfärbungen zu demselben Ergebnis führen und ferner in Serienschnitten die mangelhaft angefärbten Stellen immer wieder in annähernd gleicher Anordnung und am gleichen Platz sich nachweisen lassen.

Daß in isolierten kleinen Herden eine Abhängigkeit von der Gefäßanordnung gerne zum Vorscheint kommt, haben wir schon betont. Im Zentrum eines solchen Herdes liegt dann ein Gefäßquerschnitt, während ovale, elliptische und langgestreckte Herde keinen Gefäßquerschnitt, sondern einen *Gefäßlängsschnitt* als Zentralachse aufweisen. Aus dieser unterschiedlichen Anordnung der Gefäßachsen solcher Herde geht ja schon an und für sich eine gewisse Abhängigkeit vom Gefäß hervor. Besonders schön sehen wir diese Abhängigkeit an den bereits erwähnten Entmarkungsbrücken zwischen zwei Herden, indem nämlich innerhalb der Entmarkungsbrücken ein längs verlaufendes und in der Mittelachse einer solchen Brücke gelagertes Gefäß zu sehen ist. Freilich findet sich an den perivasculär gelegenen kleinen Entmarkungsherden, wenn sie in großer Zahl auftreten, bald die Neigung zum Zusammenfließen, so daß irgendwelche genetisch zu deutenden Zusammenhänge hier rasch verschwinden.

Gehirnmark, vor allem die Umgrenzung des inneren Höhlensystems, Brücke, verlängertes Mark und Rückenmark waren in 28 untersuchten Fällen *reichlich* mit Herden versehen, etwas seltener die Hirnrinde, das Kleinhirn häufiger, wobei jedoch auch hier die Herde der weißen Substanz überwogen. Wir können zusammenfassend sagen, daß keine Stelle des Zentralnervensystems von der Herdbildung verschont bleibt, wenn auch gewisse Bevorzugungen unverkennbar sind. Auch die graue Substanz wird da, wo sie dem inneren Höhlensystem des Gehirns naheliegt, fast genau so ergriffen, wie die weiße: In Oblongata, Brücke, Thalamus und Linsenkern finden wir Herde, die Grau und Weiß umfassen. Beteiligt ein und derselbe Herd graue und weiße Massen, so ist kein Verschonen oder Umgehen grauer Gebiete nachzuweisen.

Was wir über Verteilung und Begrenzung der herdförmigen Entmarkung erfahren haben, können wir nunmehr in seiner Bedeutung für die Pathogenese des Leidens untersuchen: Vom inneren Höhlensystem des Gehirns aus dringt die Schädlichkeit in den allermeisten Fällen ein, aber sie verbreitet sich auch von den äußeren, den Meningen zugewandten Oberflächen aus, wenn auch hier vielleicht nicht in derselben Stärke und Häufigkeit wie vom inneren Höhlensystem aus. Man vgl. hierzu die auf S. 386 stehende schematische Abb. 35. Wo dieses Höhlensystem nach dem caudalen Ende zu aufhört, kommt auch die Bevorzugung der Herdbildung von ihm aus zum Stillstand. Schon in der Brücke und im verlängerten Mark sieht man dies, mehr aber noch im

Rückenmark. Die Verbreitung der Noxe geschieht völlig ohne Bevorzugung irgendwelcher physiologisch zusammengehöriger Teile des Parenchyms. Von einer Systematik des Befallenwerdens bestimmter Bahnen oder in ihrer nervösen Funktion irgendwie zusammengehöriger Teile kann nicht die Rede sein. Die Verbreitung erfolgt also ohne Rücksicht auf irgendwelche Struktur- oder Funktionszusammenhänge des nervösen Parenchyms. Was wir sehen, ist nur eine gewisse örtliche Abhängigkeit vom Gefäßverlauf bei kleinen Herden, eine Abhängigkeit, die aber auch nicht als durchgängige Gesetzmäßigkeit gilt. Wir dürfen annehmen, daß, wenn die Noxe in irgend einer Form dem Gefäßverlauf folgt, sie sich bei der weiteren Ausbreitung im Gewebe sehr bald von der durch den Gefäßverlauf bedingten Abhängigkeit befreit und nun anscheinend völlig ungezügelt im Gewebe sich weiter verteilt. Worin diese vorübergehende Abhängigkeit vom Gefäßverlauf besteht, ist aus den bisher gewonnenen Ergebnissen jedenfalls nicht zu ersehen. Wir dürfen vielleicht vermuten, daß die rasch erlangte Unabhängigkeit vom Gefäßverlauf auf eine mit Eigenbeweglichkeit ausgestattete Noxe zu beziehen ist.

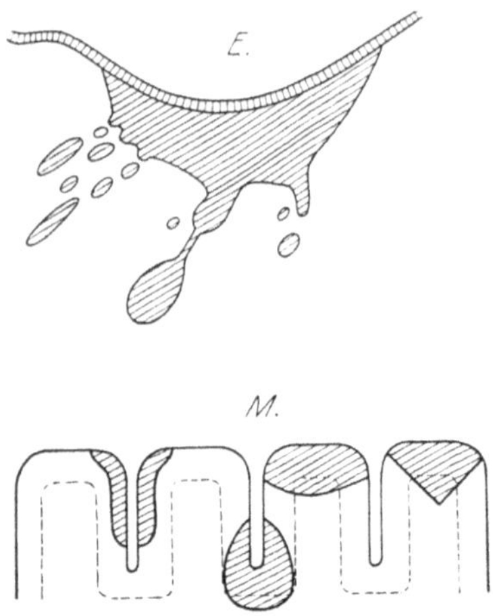

Abb. 35. Schematische Darstellung der Herdausbreitung vom Ependym *E* und von den Meningen *M* aus. Auf dem oberen Teil sieht man die eigentümlichen Zapfenbildungen und die Brückenbildung zu benachbarten tiefer gelegenen Herden. Auf dem unteren Teil der Abbildung sind 3 Hirnfurchen dargestellt, die Rindenmarkgrenze ist gestrichelt gezeichnet. Die erste Furche links zeigt zu ihren beiden Seiten einen Meningealachsenherd. Der Herd in der Tiefe der zweiten Furche zeigt die mangelnde Respektierung der Rindenmarkgrenze, wie überdies auch die nach rechts nächstfolgenden Herde in den Rindenkuppen. Die Entmarkungsherde sind schraffiert gezeichnet.

Wenn wir annehmen wollten, das die Krankheit verursachende Gift dringe von der Blutbahn aus ein und wenn wir weiterhin mit dieser Hypothese die Pathogenese anderer Krankheitsformen vergleichen, bei denen ein solches Eindringen lebender Keime von der Blutbahn aus in das Gehirn hinein sicher stattfindet, so müssen wir die als metastatische Encephalitis bezeichnete (SPATZ) Form einer Hirnentzündung heranziehen. Die Verbreitung der Herde bei einer solchen metastatischen Encephalitis bietet gegenüber derjenigen bei der multiplen Sklerose so viele Unterschiede, daß wir für die Anordnung der Herde bei der multiplen Sklerose in keiner Weise den Verteilungstypus der metastatischen Encephalitis heranziehen können. Bei dieser ist es die ziemlich gleichmäßige Kleinheit der Herde und die strenge Gefäßgebundenheit, sowie die etwas andersartige regionale Verteilung, die mangelnde Bevorzugung für die Gegend um das innere Höhlensystem, die uns als Gegensatz zur multiplen Sklerose auffällt. Ich brauche hierauf nicht näher einzugehen, hat doch SPATZ in ausgezeichneter Darstellung die unterschiedlichen Momente festgelegt.

Wenn wir die *klinischen Verhältnisse* der multiplen Sklerose betrachten, so fällt uns auf, daß das Anfangsstadium der Erkrankung häufig durch eine isoliert auftretende Hirnnervenerkrankung eingeleitet wird. Eine isolierte Hirnnervenerkrankung, etwa des Sehnerven oder einzelner Bewegungsnerven der Augen, vor allem des Abducens, aber auch Lähmungen des 7. Hirnnerven (Facialis) und selten auch Reizerscheinungen von Seiten des 5. Hirnnerven

(Trigeminus) finden sich als anfängliche Erscheinungen in einem recht großen Prozentsatz aller Fälle. Wir vermuten dabei, wenigstens bezüglich des Sehnerven, daß der Erkrankungsherd in *dem* Abschnitt dieses Nerven gelegen ist, der zwischen der Sehnervenkreuzung und dem Eintritt des Nerven in den Augapfel liegt. Also in einem ziemlich peripheren Abschnitt! Diese Annahme steht, wenn wir sie auch für die anderen Hirnnerven verallgemeinern dürfen, in einem gewissen Widerspruch mit unserer Feststellung, daß vom inneren Höhlensystem der Ventrikel aus die Noxe bevorzugt im Gehirn sich verbreitet. Jedoch haben wir hier ganz verschiedene Stadien des Krankheitsverlaufs vor uns. Bei den Hirnnervenerkrankungen handelt es sich um initiale, dem ausgebildeten Krankheitsbild weit vorauseilende Erscheinungen, die häufig einer recht erheblichen oder gar restlosen Rückbildung zugänglich sind. Es scheint so zu sein, wie wenn in den Hirnnervenerscheinungen ein Primärherd der Erkrankung zum Ausdruck käme, mit dem eine erste Ansiedlung der Noxe im Zentralnervensystem zu unserer Kenntnis kommt und daß dann ein längeres Ruhestadium der Noxe einsetzt, vielleicht eine inaktive Persistenz derselben. Erst nach Ablauf vieler Monate und unter Umständen sogar vieler Jahre findet ein starkes Wiederaufflackern des Krankheitsprozesses statt. Die weitere Verbreitung der Noxe im Gehirn wäre dann erst in diesem zweiten Stadium zu erwarten und erst in diesem käme es zu dem Eindringen der Schädlichkeit von den Ventrikelhöhlen und vom Meningealraum aus. Die Strombahn, in der sich die Noxe zwischen Primärphase und dem zweiten Stadium ausbreitet, müßte das Liquorsystem sein und von diesem Gesichtspunkt aus ließe sich jede bisher festgestellte Verteilungsweise erklären.

Die eben geschilderte klinische Entstehungsweise erinnert uns etwas an das Verhalten bei der Syphilis, wo es ja im sekundären Stadium der Erkrankung gerne zu Krankheitserscheinungen am Zentralnervensystem in Form von Hirnnervenlähmungen (Neurorezidiven) kommt und wo dann erst viel später eine weitere schwere Verbreitung der Noxe in Gestalt des lebenden Krankheitskeimes, bei der progressiven Paralyse z. B., vor sich geht. Die Aufstellung einer solchen Analogie hat freilich solange keinen Wert, als es nicht gelungen ist, die Art des krankmachenden Agens bei der multiplen Sklerose festzustellen.

Ich habe es absichtlich unterlassen, Krankheiten in den Kreis dieser Betrachtung einzubeziehen, deren nächste Verwandtschaft, wenn nicht Identität mit der multiplen Sklerose vermutet wird. Auf der einen Seite gehört hierzu die disseminierte Encephalomyelitis, die den akuten Formen der multiplen Sklerose zugerechnet wird, auf der anderen Seite diejenige chronisch verlaufende Form der diffusen Sklerose, die man mit Spielmeyer als sklerosierende Hemisphärenmarkentzündung bezeichnen kann. Mir scheint es noch verfrüht, über die ätiologischen Beziehungen der beiden genannten Krankheitsgruppen zur multiplen Sklerose etwas aussagen zu wollen. Erst wenn wir in der Lage wären, die Krankheitserreger dieser Krankheiten zu kennen, ist die Feststellung von ätiologischer Identität oder Gruppenverwandtschaft möglich. Selbst wenn der Typus der Herdverteilung bei akuter disseminierter Encephalomyelitis ganz genau derselbe wäre wie bei der chronisch verlaufenden Form der multiplen Sklerose, was ich übrigens nicht zugebe, so wäre damit noch garnichts für die Entstehung dieser Krankheit durch ein und denselben Krankheitserreger bewiesen; ja nicht einmal eine Ähnlichkeit oder Gruppenverwandtschaft der

Krankheitskeime. Nehmen wir doch als Beispiel etwa nur die Ähnlichkeit der Verteilung der Krankheitsprozesse bei progressiver Paralyse und afrikanischer Trypanosomenkrankheit, auf die SPIELMEYER uns schon vor Jahren hingewiesen hat! Wäre es nicht ganz falsch, bei diesen beiden genannten Krankheiten aus Ähnlichkeiten der Verteilung der Gewebsprozesse im Gehirn und aus den histologisch doch recht ähnlichen Gewebsprozessen selbst auf eine Verwandtschaft oder gar Identität des Virus zu schließen? Würden wir hier die Noxe nicht kennen, wäre aber derartigen kurzschlüssigen Theorien Tür und Tor geöffnet.

4. Die Silberzellen bei multipler Sklerose und ihre regionale Verteilung.

Bisher haben wir bei der Durchforschung des Zentralnervensystems der Polysklerotiker weder an den krankhaften Gewebsveränderungen selbst noch in ihrer Verteilung und Begrenzung irgendein sicheres Zeichen für die Anwesenheit oder örtliche Wirksamkeit der Noxe gefunden. Wenn wir nunmehr zurückgreifen dürfen auf unsere Feststellungen bei der *progressiven Paralyse,* bei der wir ja mit dem neuen Gewebsschnittversilberungsverfahren außer den

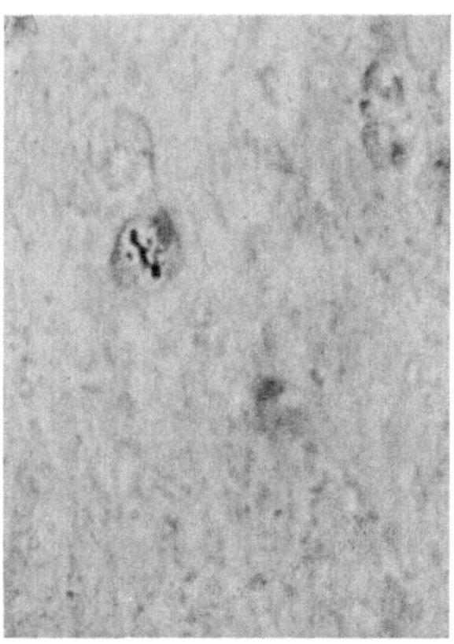

Abb. 36.

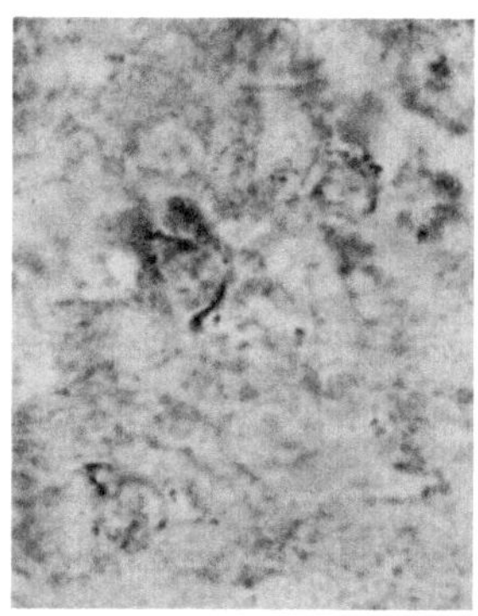

Abb. 37.

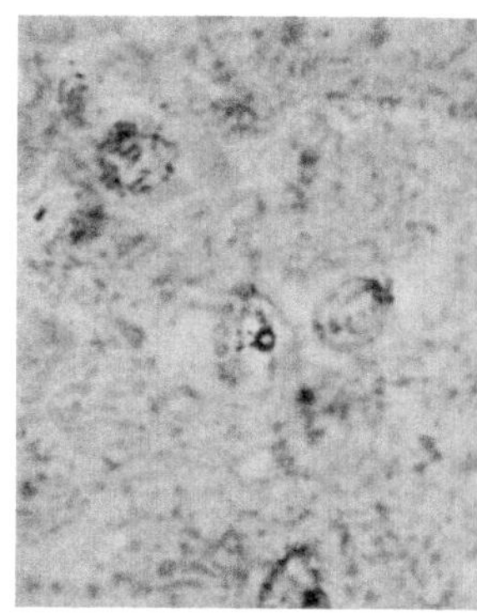

Abb. 38.

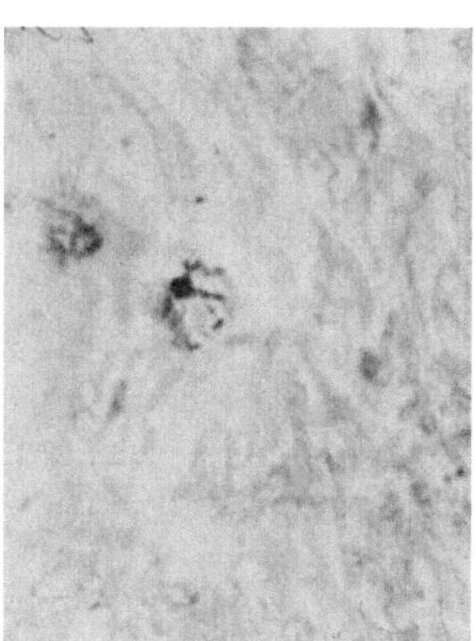

Abb. 39.

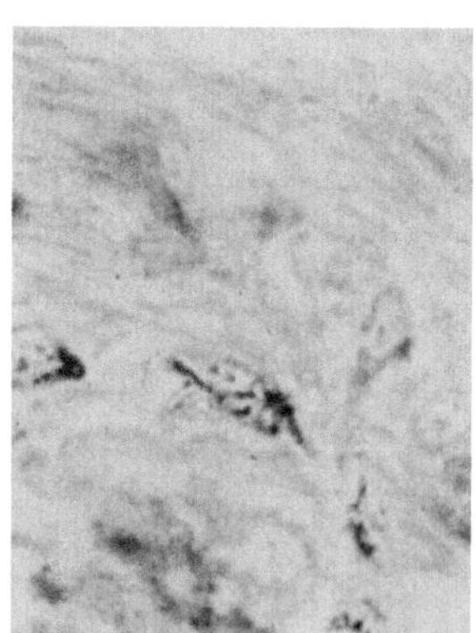

Abb. 40.

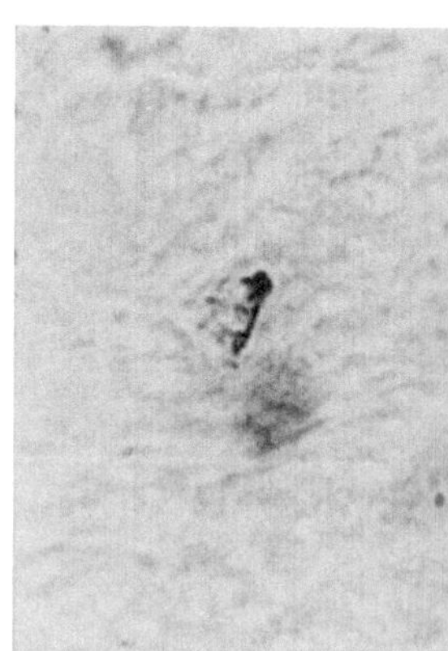

Abb. 41.

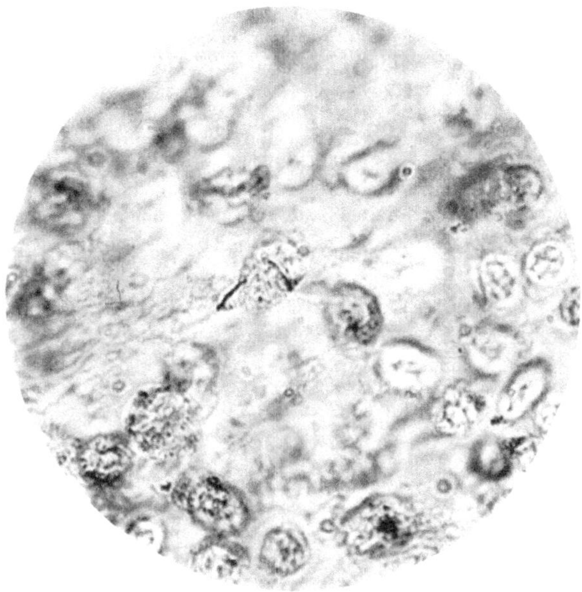

Abb. 42.

Abb. 36—42. Multiple Sklerose. Gefrierschnittversilberungsmethode. (Obj. Apoch. 120, Ok. 7×, Balgauszug 41 cm.) Silberzellen der Fälle Brack und Tritschler. Spiralig gewundene Formen einem Kern aufliegend oder von einem solchen umgeben, geradlinige Formen mit oder ohne Ösen, isolierte Ösen.

extracellulär liegenden Syphilisspirochäten eine außerordentliche Reichhaltigkeit und Häufigkeit intracellulär verarbeiteter Untergangsstoffe der Krankheitserreger aufgefunden haben, so liegt der Gedanke sehr nahe, auch bei der *multiplen Sklerose* nach etwas ähnlichem mit dem neuen Verfahren zu suchen.

Ich darf nochmals auf die Beweise des genetischen Zusammenhangs der Silberzellen mit den Syphilisspirochäten bei progressiver Paralyse hinweisen.

Wir konnten auf Grund unserer histologischen Feststellungen folgende Punkte hervorheben:

1. Die mit den Syphilisspirochäten parallel gehende regionale Verteilung und gleichartige Anordnung der Silberzellen: Wir finden sie entsprechend der Verbreitung der Spirochäten im Grau der Hirnrinde und im sonstigen Grau, im tiefen Mark dagegen nicht. Wir finden sie wie die Spirochäten selbst disseminiert verteilt im Parenchym, perivasculär angeordnet, oder im adventitiellen Lymphraum selbst, gelegentlich auch in dessen Nähe, häufig in Herdform um ein Gefäß gruppiert (Silberzellenherdchen).

2. Die umgekehrte Proportionalität zwischen Anzahl der Syphilisspirochäten und Anzahl der Silberzellen: Wo viel erhaltene Spirochäten sind, treffen wir nur wenig Silberzellen; wo viel Silberzellen vorkommen, können wir nur wenig oder überhaupt keine erhaltenen Spirochäten feststellen.

3. Besonders wichtig für die Aufklärung des genetischen Zusammenhanges ist der Nachweis aller möglichen *Übergangsformen* der Syphilisspirochäten zu den Silberzellen, von Einschließung noch relativ *gut* erhaltener Spirochäten in Silberzellen an bis zu amorphen Bruchstücken der Erreger in ihnen. Auch *partielle* Einschließung von Syphilisspirochäten in Silberzellen kommt vor, so daß ein Teil des Parasiten noch extracellulär liegt.

4. Auch die *Recurrensspirochäte* unterliegt im Gehirn des dem Recurrensheilverfahren unterzogenen Paralytikers derselben Untergangsart. Hier kommt es ebenfalls zur Erscheinung von Silberzellen, die entsprechend der Anordnung der Recurrensspirochäten sich *da* häufig finden, wo auch Recurrensspirochäten zahlreich waren, in den Meningen, im

superfiziellen Rindensaum. Dabei geht die Lagerung der Silberzellen vollkommen derjenigen der extracellulären Parasiten parallel, insofern hier die Silberzellen kaum in Herdform, sondern immer nur, wie die Parasiten selbst, einzeln im Parenchym sich finden.

5. Ein weiteres Argument für die morphologische Beziehung der Parasiten zu den Silberzellen ist die Verwendbarkeit der *Silberzellen als Wegweiser für das regionale Nachsuchen nach Parasiten.* Wo Silberzellen auftreten, sind Syphilisspirochäten noch im Untergang oder schon untergegangen, dabei sind häufig noch einzelne erhaltene Exemplare außerhalb von Zellen auch an sonst dem Erregernachweis gegenüber recht spröden Stellen nachweisbar. Die Silberzellen dienen so als Leitzeichen zur Auffindung extracellulär liegender, erhaltener Erregerexemplare.

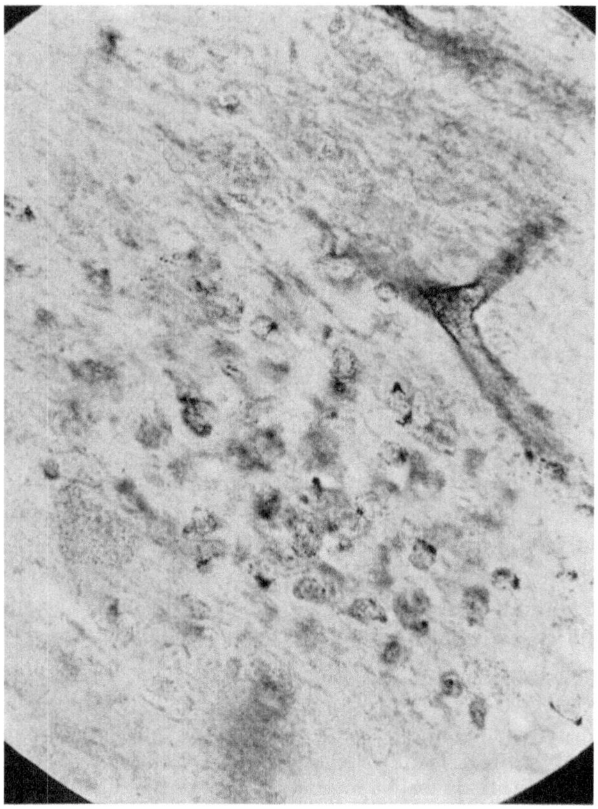

Abb. 43. Multiple Sklerose. Fall BRACK. Gefrierschnittversilberungsmethode. Silberzellenherdchen aus dem Hirnmark an der Grenze zum intakten Gewebe. Auf der rechten Seite des Bildes eine Capillare mit Abzweigung. Punkt- und kommaförmige argyrophile Einschlüsse der Silberzellen. (Obj. Apoch. 120, Ok. 7 ×, Balgauszug 23 cm.)

Daß es sich bei den Silberzellen in paralytischen Gehirnen nicht um irgendwelche künstliche Produkte durch das Versilberungsverfahren handelt, beweist ihr Fehlen bei einer Reihe anderer Gehirnerkrankungen, deren anatomisches Material demselben Versilberungsverfahren unterworfen wurde. Ich brauche nicht zu erwähnen, daß ich nach Erhebung dieses Befundes in zahlreichen Kontrolluntersuchungen immer wieder nach derartigen Silberzellen in zahlreichen anderen Krankheitsfällen gesucht habe, ohne daß es mir gelungen ist, solche Zellen nachzuweisen.

Mit einer einzigen Ausnahme, nämlich bei der multiplen Sklerose!

Der *Nachweis* der Silberzellen ist bei multipler Sklerose etwas schwieriger als bei der progressiven Paralyse. Dies rührt erstens einmal daher, daß ihr Vorkommen bei multipler Sklerose an andere Stellen gebunden ist als bei progressiver Paralyse und zweitens beruht es auch darauf, daß die Gewebsvorgänge in der Nähe der Silberzellen bei multipler Sklerose etwas andere sind als bei progressiver Paralyse. Die Herde der multiplen Sklerose liegen vor allem im Mark und alle Versilberungsmethoden haben hier mit Schwierigkeiten zu kämpfen, insofern die Dichtigkeit der Fasern im Mark ja eine viel größere ist als in der

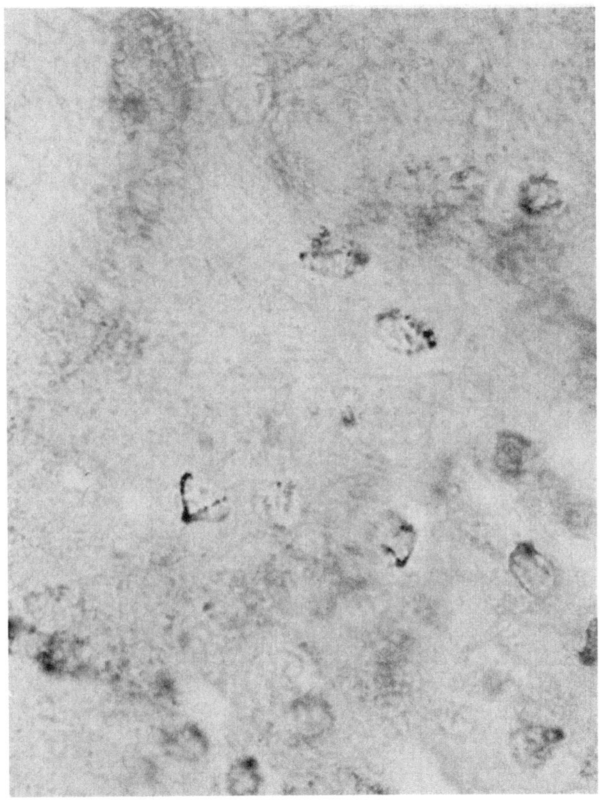

Abb. 44. Multiple Sklerose. Fall BRACK. Gefrierschnittversilberungsmethode. V-Form des argyrophilen Inhalts einer Silberzelle. (Obj. Apoch. 120, Ok. 7 ×, Balgauszug 41 cm.)

Rinde und so die Trennung fasriger gewebseigener Bestandteile von organfremden sehr schwierig sein kann. Dazu kommt noch, daß gerade in den Herden der multiplen Sklerose manche gewebseigenen Bestandteile (degenerierende Achsenzylinder, Endkeulen und Kugeln, gewuchertes mesodermales Reticulingewebe) eine vermehrte Argyrophilie zeigen und damit die Übersicht über Vorkommen und Verteilung der Silberzellen erschweren können. Bei der Kritik der Bedeutung des Silberzellenbefundes in Fällen von multipler Sklerose wird später nochmals hierauf einzugehen sein. Unbedingt zu empfehlen ist, mit der neuen Versilberungsmethode *zuerst* Aussehen und Verteilung der Silberzellen *bei progressiver Paralyse* in möglichst vielen Fällen zu studieren, solche Fälle gründlichst zu durchsuchen und auf diese Weise zu einer genauen Kenntnis der Gestalt der Silberzellen gelangen. Ich betone dabei ausdrücklich, daß eine *Schnittdicke von 60 μ* gewählt werden muß, weil bei dieser Dicke die Silberzellen am besten zur Anschauung kommen. Erst dann kann mit Erfolg

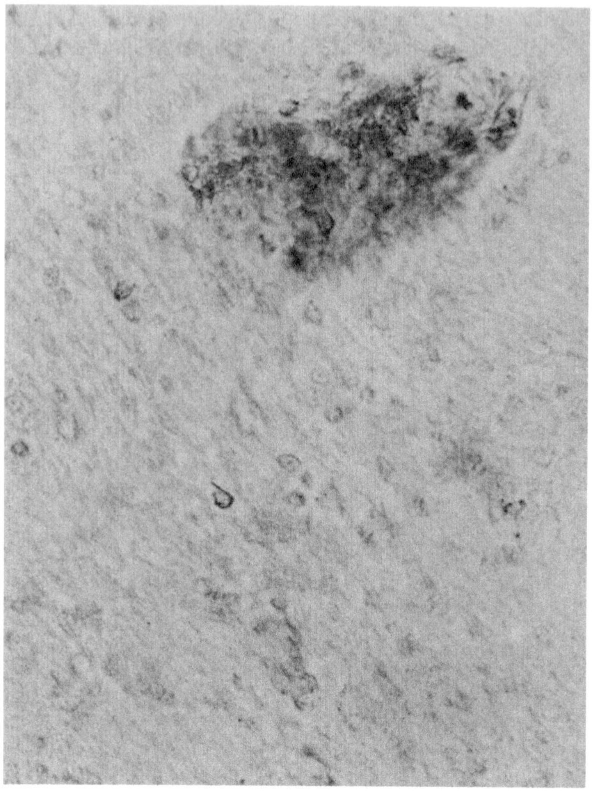

Abb. 45.

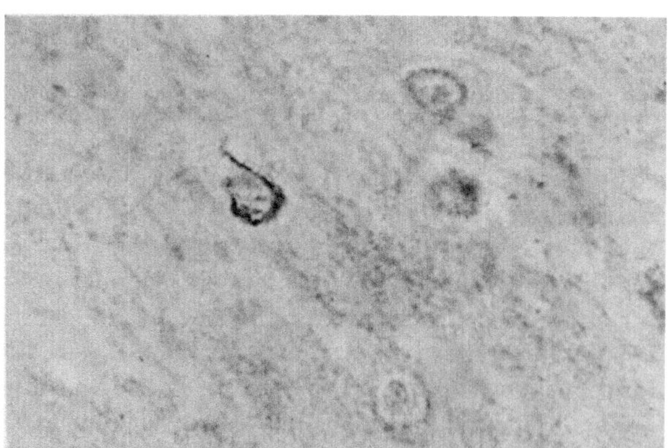

Abb. 46.

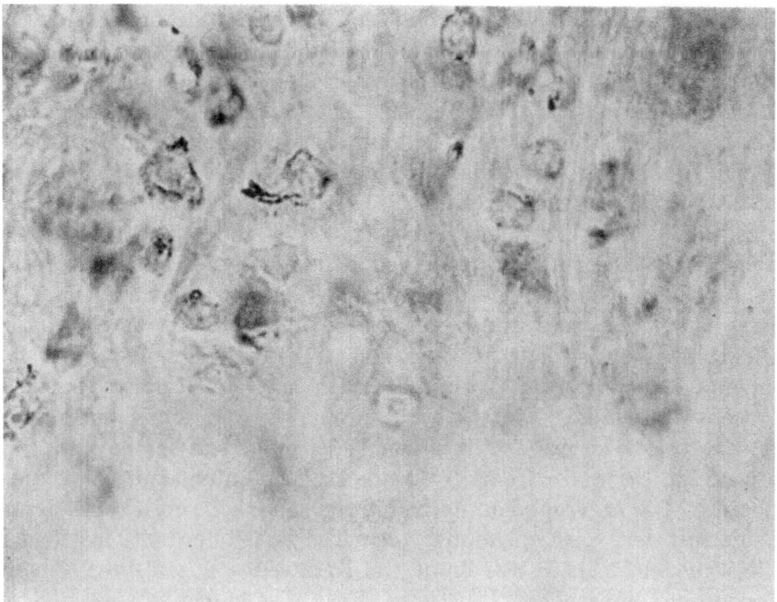

Abb. 47.

Abb. 45—47. Multiple Sklerose. Fall Brack. Gefrierschnittversilberungsmethode. Abb. 45 zeigt in schwächerer Vergrößerung (Obj. Immersion 1/7, Ok. 7 ×, Balgauszug 40 cm) ein Gefäß mit Silberzellen, darunter etwas unterhalb der Mittellinie und etwas seitlich nach links davon, eine Silberzelle, die in Abb. 46 stärker vergrößert (Obj. Apoch. 120, Ok. 7 ×, Balgauszug 41 cm), dargestellt wird. An dem vom Kern abliegenden gestreckten Teil kann man noch deutlich feine Windungen erkennen. Dasselbe gilt für die mit derselben Vergrößerung dargestellten agyrophilen Fäden der Abb. 47.

die Bearbeitung von Hirn und Rückenmark bei multipler Sklerose in Angriff genommen werden.

Gehen wir so vor, so sind wir überrascht über die morphologische Gleichartigkeit der Silberzellen bei beiden doch sonst so verschiedenen Krankheiten. Ich kann mich hier auf die Beschreibung, die ich bei der progressiven Paralyse gegeben habe, und auf die vorherstehenden Abbildungen 36—42 beziehen. Auch bei multipler Sklerose finden wir alle möglichen Übergangselemente von den späten Stadien der nur ziemlich fein gekörnten Zellen bis zu Argyrocyten mit *fädigem* Inhalt und solchen Formen, die noch einen kleineren oder größeren zum Teil *extracellulär liegenden Faden* erkennen lassen. Wollen wir die Gestalt der argyrophilen Einschlüsse beschreiben, so scheint uns zunächst die Mannigfaltigkeit und Variabilität der Formen daran zu hindern. Suchen wir aber eine größere Zahl von Fällen und viele Schnitte eines und desselben Falles genau durch, so können wir in gleichartiger Form ständig wiederkehrende Typen feststellen.

Die argyrophilen Teilchen sind um einen Kern herum gelagert, der die Größe eines Lymphocyten- oder kleinen runden Gliakernes hat. Ein diesem Kern zugehöriger *Zelleib* kommt nicht zur Darstellung, so daß die Bezeichnung „intracellulär“ nicht ganz richtig ist, richtiger müßte man von perinucleärer oder juxtanucleärer Anordnung reden. Wenn wir vorhin von teilweise extracellulär liegenden fädigen Bestandteilen gesprochen haben, so kann dies also nur heißen, daß ein solcher argyrophiler Teil der Zelle die eigentümlich nachbarliche Lage zum Kern nicht mehr besitzt. Die streng perinucleäre Anordnung des argyrophilen Fadens in Kreis- oder Bogenform fehlt somit öfters, wobei der kontinuierliche Zusammenhang mit dem um den Kern liegenden bogenförmigen oder geraden Teilstück erhalten bleibt. Die Kerne solcher Silberzellen kommen bei dem Versilberungsverfahren nicht sehr deutlich zur Darstellung, man kann sie aber ohne Schaden für die Darstellung der argyrophilen Substanz durch Nachfärbung des versilberten Schnittes mit Säurefuchsin, polychromem Methylenblau usw. einwandfrei zum Vorschein kommen lassen; auch dann zeigt sich die nachbarliche Beziehung der argyrophilen Fäden zu einem Zellkern noch sehr deutlich, sie scheinen nur wenig von der Kernperipherie entfernt zu sein, zeichnen sich aber doch recht scharf durch eine wenn auch minimale Distanz vom Kernrand allenthalben ab, so daß der Einwand, es handele sich bei diesen fädigen Gebilden um eine verstärkte Argyrophilie der äußeren Kernwandgrenzflächen, völlig gegenstandslos ist. Ein solcher Einwand ist ja auch dadurch hinfällig, daß oft nur Teilstücke des argyrophilen Fädchens der Kernperipherie parallel laufen, während der andere Teil gar keine Lagebeziehung zum Kern mehr erkennen läßt. Die argyrophilen Teile müssen demnach im *Zelleib* liegen, sie hängen nie mit dem Kern zusammen, *kein* Teil von ihnen tritt mit dem Kerninnern in irgendeine nähere Beziehung; im Kern selbst liegen diese Gebilde nie.

Die *Form* der argyrophilen Inhalte wechselt, dies haben wir ja schon betont. Dabei lassen sich aber doch gewisse typische Gestalten immer wieder feststellen: Wir finden *punkt*- und *komma*förmige Einschlüsse (Abb. 43), ferner kurze *Stäbchen*formen. Besonders gerne treten eigentümliche *Ringchen* und kleine *Ösen* auf, an denen noch ein oder mehrere Fädchen hängen. Damit kommt es, wenn die Fädchen etwas länger sind, zu *dach*artigen Gebilden oder zu Formen, die Ähnlichkeit mit einem lateinischen V (Abb. 44), einem gespreizten Zirkel oder einer in der Mitte halbierten Sicherheitsnadel haben, statt zweier Ösen, wie sie die Sicherheitsnadel trägt, ist nur eine Öse vorhanden und die beiden geraden Schenkel streben auseinander. Niemals bilden die argyrophilen Fäden einen völlig in sich geschlossenen Bogen, häufig verlaufen sie ja so, daß ihr peripheres Ende die Lagebeziehung zum Kern aufgegeben hat und überhaupt extracellulär zu liegen scheint. Die Zweizahl der wie bei einer halbierten Sicherheitsnadel von der Öse abgehenden Schenkel braucht nicht immer vorhanden zu sein, wir finden auch 3 oder mehr von der Öse ausgehende Fädchen. So entstehen die sehr häufigen argyrophilen *Büschel*: von einem ösen- oder körnchenförmigen Zentrum ausgehend strahlen divergent 3 oder 4 ungleich lange, frei endigende Fädchen aus. Häufig ist der eine oder andere dieser argyrophilen Fäden septiert, manchmal auch ganz leicht gewellt und mit *feinen Windungen* versehen (Abb. 45, 46, 47). Faden und Ösen wie auch die Punkte und Komma zeigen gewöhnlich eine tiefschwarze Ansilberung; manchmal allerdings, besonders bei den büscheligen Formen sehen wir auch eine schon etwas ins bräunliche gehende Tinktion.

Wie liegen nun die Silberzellen im Gewebe? Wir müssen sie *in* den Entmarkungsherden bei multipler Sklerose suchen und finden sie dann gewöhnlich nicht in der Mitte solcher Herde, sondern an den Begrenzungen zum gesunden Gewebe hin. Sie sind auch nicht in allen Herden nachzuweisen, in Rindenherden z. B. finden wir sie seltener, häufiger dagegen in Markherden. Die Größe der Herde scheint keine besondere Bedeutung für das Vorkommen dieser Zellen zu haben, dagegen zeigt sich bei Betrachtung mit stärkeren Vergrößerungen eine außerordentlich charakteristische Anordnung der Silberzellen. Sie liegen nämlich nicht nur im Parenchym, sondern *besonders gerne und besonders*

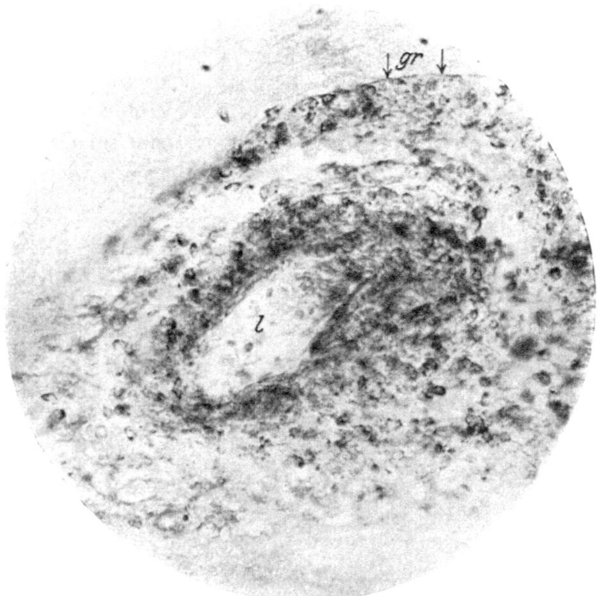

Abb. 48. Multiple Sklerose. Fall HAYBACH. Gefrierschnittversilberungsmethode. *l* Lumen eines Blutgefäßes, *gr* Grenze des adventitiellen Lymphraums zum Parenchym. Der adventitielle Lymphraum ist mit zahllosen Silberzellen (Lymphocyten) ausgefüllt. (Obj. Apoch. 120, Ok. 3 ×, Balgauszug 23 cm.)

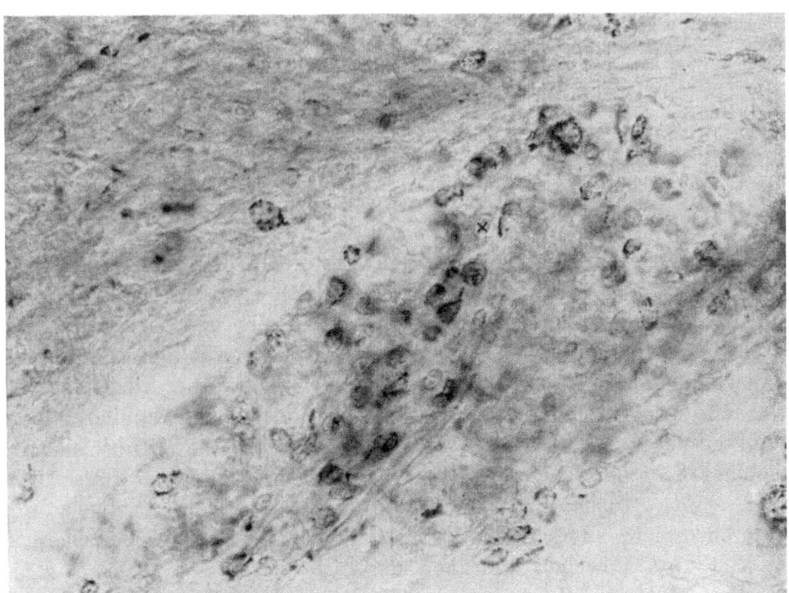

Abb. 49. Multiple Sklerose. Fall MARX. Gefrierschnittversilberungsmethode. Adventitieller Lymphraum mit Silberzellen (Lymphocyten) angefüllt. (Obj. Immersion $^1/_7$, Ok. 7 ×, Balgauszug 43 cm.) Rechts von der mit × bezeichneten Stelle ein noch extracellulär liegendes fädiges Gebilde.

zahlreich im adventitiellen Lymphgefäßraum dann, wenn dieser lymphocytär infiltriert ist (Abb. 48, 49). Von solchen Stellen ausgehend verteilen sich gehäuft — ganz ähnlich wie bei der progressiven Paralyse — viele Silberzellen im gefäßnahen parenchymatösen Gewebe mit deutlicher Beziehung zu dem Vorkommen der Silberzellen im benachbarten adventitiellen Lymphraum (Abb. 50). Freilich finden sich die Silberzellen keineswegs in *strenger konzentrischer Anordnung* zum Gefäß im Parenchym verstreut. Vielmehr liegt die Mehrzahl der Silberzellen bald nur auf einer Seite des längs oder im Querschnitt getroffenen Gefäßes, bald bezieht sich die topische Beziehung der im Parenchym liegenden

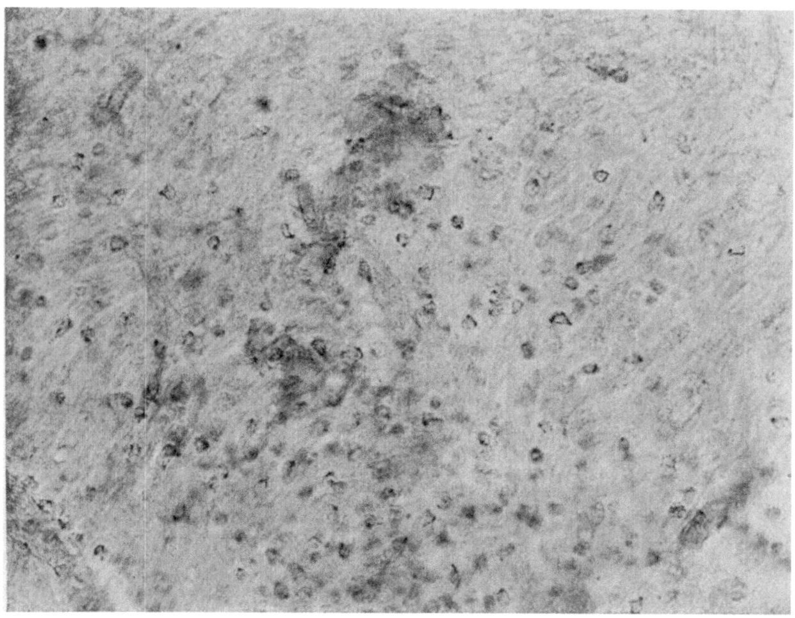

Abb. 50. Multiple Sklerose. Fall BRACK. Von Blutgefäßen ausgehende Silberzellen, angehäuft im Parenchym. Man sieht noch zahllose fädige V-förmige ösentragende Elemente bei schwacher Vergrößerung. (Obj. Immersion 1/7, Ok. 7 ×, Balgauszug 30 cm.)

Silberzellen zum Gefäß nur auf einen sektorenförmigen Ausschnitt, dessen Zentrum das Gefäß darstellt, bald handelt es sich auch um eine weniger dichte Anordnung der Silberzellen im Gewebe, so daß eine geographische Beziehung zum Gefäß überhaupt fraglich wäre, wenn nicht die mit der Annäherung zum Gefäß wachsende Zahl der Silberzellen die Beziehung zum Gefäß deutlich machen würde. Wir haben gelegentlich allerdings auch solche Silberzellenherdchen gesehen, bei denen ein topischer Zusammenhang mit einem Gefäß nicht sicher festzustellen war; die überwiegende Mehrzahl der Silberzellenherdchen zeigte jedoch eine regionale perivasculäre Verteilung, die eine Zuordnung zu den im adventiellen Lymphraum befindlichen Silberzellenansammlungen klar zum Vorschein kommen ließ.

Die Silberzellen liegen in größeren Entmarkungsherden vorzugsweise an der Peripherie der Herde. Werden markscheidenhaltige Inseln innerhalb größerer Herde angetroffen mit einer noch mehr oder weniger intakten Anfärbung der

Markscheiden, so stoßen wir auch an der Peripherie dieser Inseln auf Silberzellenherdchen. Besonders hübsch ist zu verfolgen, wie gelegentlich einmal ein Silberzellenherdchen in der bogen- oder kreisförmigen Ausbuchtung eines Entmarkungsherdes in das gesunde Gewebe hinein gelegen ist. Wir können dies auch ohne Vergleich mit dem Markscheidenbild bei den Entmarkungsherden der weißen Substanz sehr leicht feststellen, weil bei meinem Versilberungsverfahren die Grenzen eines Entmarkungsherdes gegen das benachbarte Gewebe hin deutlich zur Darstellung gelingen. Der Herd selbst bietet nämlich bei meiner Färbung eine ganz andere Tinktion als das umgebende gesunde Gewebe; er erscheint oft in ganz heller fast farbloser Tönung, während das umgebende Gewebe einen schönen hellgelbgrünlichen Farbton aufweist. Dies trifft wenigstens für Schnitte von 60 μ Dicke zu.

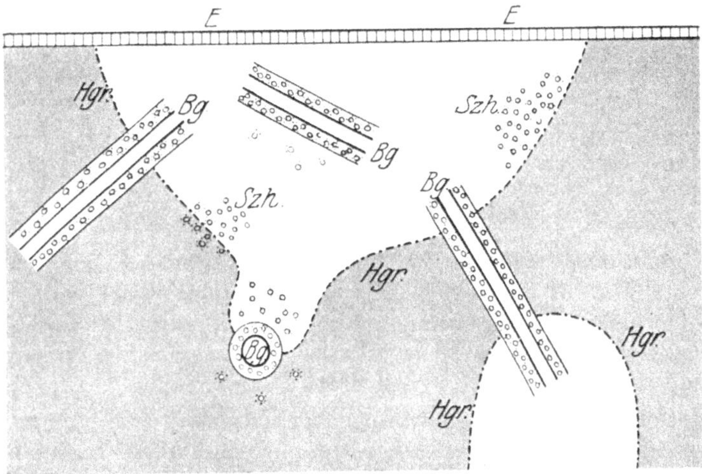

Abb. 51. Schema der Silberzellenausbreitung in den Herden. *Bg* Blutgefäß mit infiltriertem adventitiellem Lymphraum, 3mal im Längsschnitt, 1mal im Querschnitt gezeichnet; *E* Ependym, *Hgr* Herdgrenze, *Szh* Silberzellenherde. Das markscheidenintakte Gewebe ist schraffiert dargestellt, der Entmarkungsherd weiß.

Es ist nun zweifellos nicht richtig, wenn wir das Vorkommen von Silberzellen nur auf den Herd beschränkt ansehen wollten. Wir finden Silberzellen auch *außerhalb* des Entmarkungsherdes und zwar liegen sie hier *in einer sicher nachweisbaren Nachbarschaft zum Herd selbst.* Sie treten besonders gerne *in adventitiellen Lymphräumen* von Gefäßen auf, die zum Teil noch im Herd sichtbar, zum andern Teil schon ziemlich weit in das gesunde Gewebe hinein sich erstrecken. Wenn derartig getroffene Gefäße in ihrem im gesunden Gewebe liegenden Teil adventitielle Gefäßwandinfiltrate haben, so können wir hier häufig schön gezeichnete typische Silberzellen auffinden. Keineswegs selten stoßen wir auch in dem den Herdgrenzen benachbarten gesunden Gewebe auf vereinzelte, völlig isoliert liegende Silberzellen. Diese liegen dann im Gewebe selbst, haben keinerlei Beziehung zu den Gefäßen, sie treten nicht in Form von Herdchen auf und sind in großen Abständen voneinander getrennt. Je weiter ab vom Herd wir suchen, desto seltener werden diese isoliert liegenden Argyrocyten.

In kleinen Entmarkungsherden zeigen die Silberzellen eine streng adventitielle Anordnung und erscheinen vom Gefäßzentrum aus mehr oder weniger vereinzelt im Gewebe verstreut. Damit wird an solchen Stellen die topische Beziehung zum Gefäß als Zentrum des Herdes besonders deutlich. An dem vorherstehenden Schema (Abb. 51) soll die bisher beschriebene Anordnung der Silberzellen veranschaulicht werden.

Ich darf noch hervorheben, daß je mehr Körnchenzellen ein adventitieller Gefäßraum enthält, desto weniger Silberzellen in ihm vorhanden sind. Die mit lipoidhaltigen Körnchenzellen vollgestopften adventitiellen Gefäßschläuche enthalten im allgemeinen keine oder nur ganz vereinzelte Silberzellen.

Wenn wir nunmehr die *Art und Herkunft der Silberzellen* beurteilen sollen, so stehen wir vor der Schwierigkeit der Erklärung, daß morphologisch völlig identisch aussehende Zellen sowohl *im adventitiellen Lymphraum* als auch im *Parenchym* selbst vorkommen, wobei der adventitielle Lymphraum häufig ein Zentrum der Silberzellenanordnung darstellt. Wo kommen nun die Silberzellen her?

a) Sie könnten alle aus dem adventitiellen Lymphraum stammen und die im Parenchym auftretenden Zellen könnten aus dem Lymphraum ausgewandert sein.

b) Sie könnten alle aus dem Parenchym stammen und die im adventitiellen Lymphraum auftretenden Zellen könnten in diesen aus dem Parenchym eingewandert sein.

c) Irgend ein schädliches Agens könnte im adventitiellen Lymphraum selbst die Entstehung der Silberzellen hervorgerufen haben und durch Austritt *dieser Noxe* aus dem adventitiellen Lymphraum und Eintritt ins Parenchym könnte im Parenchym das Auftreten der Silberzellen durch ortständige celluläre Gegenreaktion, also durch die Glia, verursacht worden sein.

Wir können durch Nachfärbungen der versilberten Schnitte, sowie durch Zwischenfärbungen von Serienschnitten mit Sicherheit nachweisen, daß die im adventitiellen Lymphraum auftretenden Zellen lymphocytären Charakter haben. Nur Lymphocyten entsprechen im adventitiellen Lymphraum den hier sich findenden Silberzellen, niemals Körnchenzellen oder andere fixe Adventitial- bzw. sonstige Gefäßwandzellen. Wenn also die unter a) angeführte Möglichkeit vorläge, so müßten auch die außerhalb des adventitiellen Raums im Parenchym liegenden Silberzellen Lymphocyten sein und die Verteilung der Silberzellen im Parenchym müßte dann in irgendeiner Form diese Auswanderung aus dem Lymphraum anzeigen. Also müßten etwa mit der Annäherung an die biologische Grenzscheide immer mehr Silberzellen im Parenchym liegen. Freilich wäre auch eine solche Lagerung noch kein sicherer Beweis für den Lymphocytencharakter der außerhalb des adventitiellen Lymphraums liegenden Silberzellen. Histologisch müßten dann bei multipler Sklerose Lymphocytenausstreuungen in das Parenchym vorkommen. Die histologische Beobachtung hat nun zweifellos in gewissen Fällen ein derartiges Vorkommnis feststellen können. Jedoch ist die Lymphocytenausstreuung bei multipler Sklerose viel viel seltener nachweisbar, als Silberzellenherdchen im Parenchym mit topischer Beziehung zum Gefäß. Auch habe ich nie einen Durchtritt von Silberzellen durch die biologische Grenzscheide zwischen Gefäßwand und perivasculärer Gliahaut feststellen können, so daß mir die Auswanderung von lymphocytären Silberzellen aus dem adventitiellen Lymphraum keineswegs bewiesen erscheint. Sie mag vorkommen, vielleicht aber nur in selteneren Fällen zur Ausbildung der parenchymatösen Silberzellenansammlung führen.

Wenn wir die Funktion des gliösen Gewebes ins Auge fassen, so dürfen wir ihm zweifellos diejenige des Abbaus und Abräumens von Fremdkörpern und gewebseigenen Untergangsstoffen zuschreiben. Was wir bei gewissen Funktionen des reticuloendothelialen Apparates und auswandernder Blutzellen im nichtnervösen Gewebe vor uns haben, dürfte im zentralnervösen Gewebe zum Teil von der Glia übernommen worden sein. Ich erinnere an die Anschauungen von NISSL, ALZHEIMER, SPIELMEYER und weise auf die neuerdings auch von pathologischer Seite betonte „Stromafunktion der Glia" (ASKANAZY) hin. Es scheint mir nicht richtig, wenn HORTEGA allein seiner *Mikroglia* phagocytäre Eigenschaften zuschreibt und den beiden anderen Gliaelementen, der Makroglia und der Oligodendroglia alle phagocytären Eigenschaften und die Fähigkeit zur Körnchenzellbildung versagt. Für die Makroglia wenigstens kann ich mit Sicherheit feststellen, daß es bei ihr zur Umwandlung großkerniger, mit viel Protoplasma und Ausläufern versehener Gliazellen in Körnchenzellen kommt. Diese Umwandlung von Makrogliazellen zu Körnchenzellen können wir bei einer ganzen Reihe von Prozessen in allen möglichen Übergängen deutlich verfolgen. Auch, daß die Mikroglia mesodermaler Abstammung sei, scheint mir nicht sicher bewiesen, spielt aber hier insofern keine Rolle, als wir ja nur die Frage zu entscheiden haben, ob die im Parenchym liegenden Silberzellen Gliazellen oder Lymphocyten sind. Wenn es Gliazellen sind, so tragen sie nicht den Charakter der HORTEGAschen Mikrogliocyten. Jedenfalls widerspricht die *runde* Form und die Kleinheit des Kernes durchaus der von der Mikroglia des Erwachsenen her bekannten Stäbchen- und dreieckigen Form des Kernes. Ich habe auch mit der HORTEGAschen Nachweismethode feststellen können, daß in den Silberzellenherdchen keineswegs ein Reichtum an Hortegaglia vorliegt.

Daß der Glia phagocytäre Funktionen zukommen, geht ja aus vielen früheren Untersuchungen anderer Autoren hervor, ich erinnere an die Untersuchungen FIEANDTs bei experimenteller Tuberkulose, der einen Abbau von Tuberkelbacillen in Gliazellen feststellen konnte, ich darf hier die DÜRCKschen Untersuchungen über die herdförmigen Gliawucherungen bei einer Reihe von Krankheiten anführen, ich kann endlich auf die von mir bereits erwähnten Angaben von SIOLI und anderen verweisen, die auch bei der Paralyse Spirochäten und Spirochätenteile in Gliazellen nachgewiesen haben.

Gliazellen haben die Fähigkeit zur Phagocytose, dies ist zweifellos und diese Fähigkeit ist nicht allein auf die Hortegazellen beschränkt. Hätten dagegen nur die HORTEGAschen Mikrogliocyten, nicht aber andere Gliazellen die Fähigkeit zur Phagocytose, so wären wir gezwungen, den bei multipler Sklerose im Parenchym vorhandenen Silberzellen wegen ihrer phagocytären Eigenschaften und wegen ihrer ausgesprochenen Formabweichung von den Hortegazellen den gliösen Charakter abzusprechen und wir hätten dann nur die eine Möglichkeit zur Verfügung, die im Parenchym liegenden Silberzellen als aus dem adventitiellen Lymphraum ausgewanderte Lymphocyten aufzufassen. Nachdem aber mit Sicherheit auch Teilen der übrigen Glia, nicht nur der Mikroglia, phagocytäre Eigenschaften zuzuschreiben sind, ist es durchaus möglich, daß die im Parenchymgewebe liegenden Silberzellen Gliazellen darstellen. Jedenfalls ist die verhältnismäßige Seltenheit von Lymphocytenausstreuungen ins Parenchym bei multipler Sklerose und andererseits die Häufigkeit der parenchymatösen Silberzellherdchen mit einer alleinigen Entstehung dieser Herdchen aus einer Auswanderung der Lymphocyten aus dem adventitiellen Lymphraum ins Parenchym hinein nicht zu erklären.

Die zweite Möglichkeit der Einwanderung von Gliazellen in den Lymphraum hinein vom Hirnparenchym aus und damit das Auftreten von Gliazellen im adventitiellen Lymphraum ist wohl als wenig wahrscheinlich von der Hand zu weisen. Ein solches Vorkommnis würde ja unseren bisherigen allgemeinen histopathologischen Auffassungen widersprechen, es würde auch nach den Erfahrungen der speziellen Histopathologie eine so außergewöhnliche Ausnahme darstellen, daß wir diese Möglichkeit wohl nicht weiter zu diskutieren brauchen.

Somit bleibt als wahrscheinlichste Entstehungsart der Silberzellenherdchen nur noch die dritte Möglichkeit übrig, daß sowohl Lymphocyten wie auch klein- und rundkernige Gliazellen als Silberzellen, und zwar diese im Gewebe und jene im adventitiellen Lymphraum bei meinem Versilberungsverfahren erscheinen. Man könnte dann nur an der morphologischen Identität dieser Zellen Anstoß nehmen und sagen: die völlige *Gleichförmigkeit* der beiden in ihrer Histogenese doch so verschiedenartigen Zellen weise auch auf eine identische Abstammung hin. Wenn wir aber hören, daß es gliogene und mesodermale Körnchenzellen von morphologisch völlig gleichartigem, nicht unterscheidbarem Bau gibt, wenn also durch gleichartige Funktionen Zellen verschiedenster Herkunft im Gehirngewebe unter pathologischen Bedingungen so verändert werden können, daß ihre Gestalt einander völlig gleicht, so scheint es abwegig, aus morphologischer Gleichheit die ontogenetische Identität abzuleiten. Die Funktion modelliert eben die Gestalt und gibt vielen ihrer Herkunft nach völlig verschiedenen Zellen das gleiche Aussehen.

Wenn wir etwas sicheres über die Wanderungsfähigkeit und Eigenbeweglichkeit der Lymphocyten wüßten, so wäre es uns leichter, eine Entscheidung über die Art der Silberzellen im Parenchym zu treffen. Daß die Lymphocyten mit dem Lymphstrom transportiert werden können, ist wohl gewiß, ob sie aber daneben noch eine stärkere eigene Wanderungsfähigkeit besitzen, wie sie den Leukocyten zukommt, ist unsicher, wenn auch die MAXIMOWsche Schule eine Eigenbeweglichkeit ihrer aus der Blutbahn stammenden Lymphocyten behauptet. Wenn den Lymphocyten keine Neigung, den adventitiellen Lymphraum zu verlassen zukommt, so müssen wir auch eine *Kombination* der unter b) und c) aufgestellten Möglichkeiten für recht unwahrscheinlich halten. Wir bleiben bei der Anschauung, daß die im adventitiellen Lymphraum auftretenden Silberzellen Lymphocyten und die außerhalb desselben im Hirnparenchym sich findenden Argyrocyten vornehmlich Gliazellen sind.

Interessant ist die nach allen bisherigen Ausführungen sich ergebende Parallele zwischen der Silberzellenbildung bei progressiver Paralyse und multipler Sklerose. Die Morphologie der Silberzellen bei beiden Krankheiten geht so weit, daß eine Unterscheidung der Silberzellen bei beiden Krankheiten unmöglich wird. Man vergleiche nur die nebenstehenden Abbildungen 52, 53a—k.

Auch in den Gehirnen der mit Recurrens geimpften Paralysen waren Silberzellen, die aus dem Untergang der Recurrensspirochäten ihren argyrophilen Inhalt bekamen, nachweisbar, sie boten dieselben morphologischen Kennzeichen.

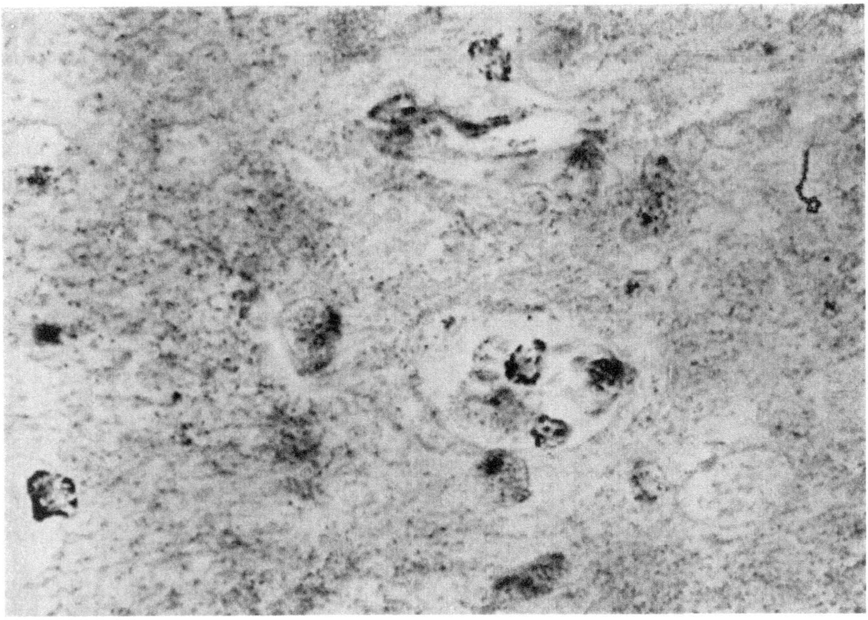

Abb. 52. Progressive Paralyse. Gefrierschnittversilberungsmethode. Etwas unterhalb der Mitte und nach rechts ist ein Querschnitt einer Capillare mit 3 intraadventitiell gelagerten Silberzellen (Lymphocyten) getroffen. Rechts oben eine extracelluläre degenerierende Spirochäte mit Ösenbildung, links unten eine V-Form des intracellulären Abbaus der Pallida in Silberzellen. (Obj. Apoch. 120, Ok. 7 ×, Balgauszug 41 cm.)

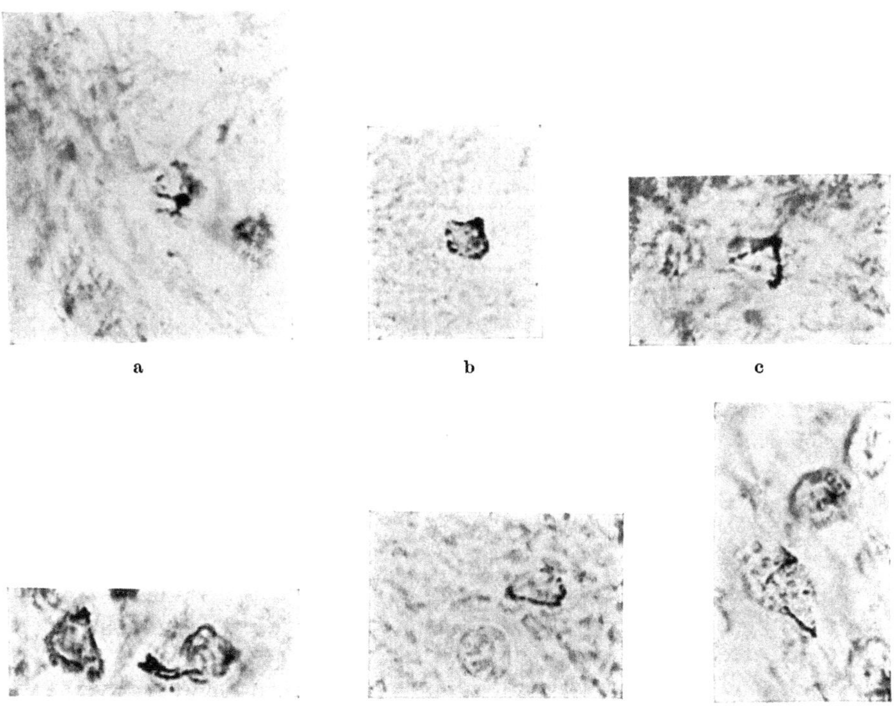

a b c

d e f

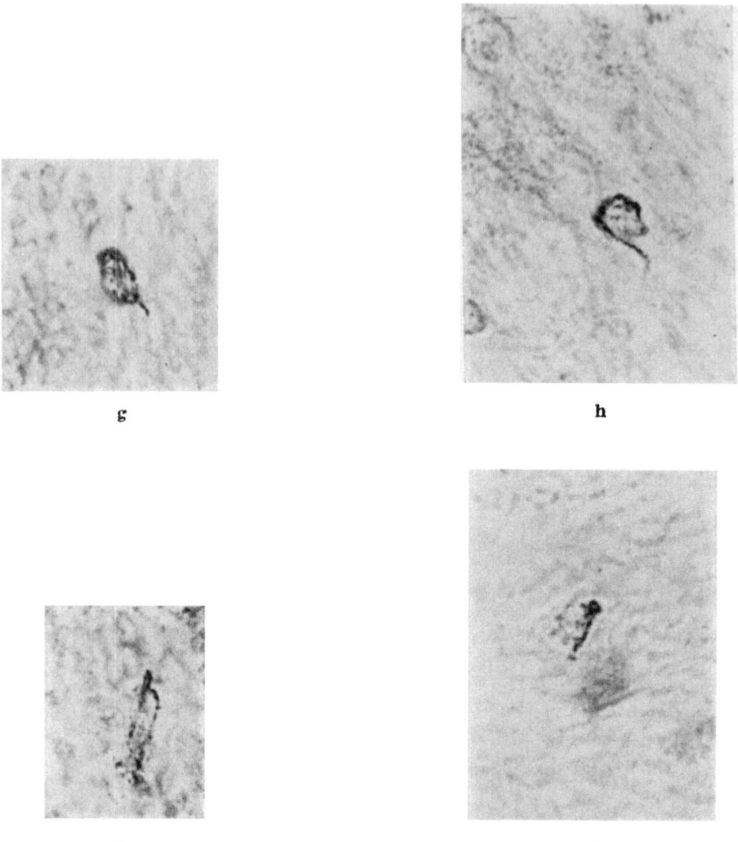

Abb. 53 a—k. Silberzellen bei progressiver Paralyse und multipler Sklerose gemischt zusammengestellt. Gefrierschnittversilberungsmethode. Vergrößerung wie in Abb. 52. Abb. 53a, c, d, f, h, k stammen von multipler Sklerose (Fälle BRACK und TRITSCHLER); Abb. 53b, e, g, i von progressiver Paralyse. b und c zeigen die V-Formen besonders hübsch, e und f die geradlinigen oder leicht gebogenen, g und h die teilweise um einen Kern herumliegenden, teilweise aber noch von ihm wegführenden fädigen Gebilde, a, i und k die Formen mit Ösenbildung.

Die feinere Verteilung der Silberzellen zeigt bei progressiver Paralyse und multipler Sklerose insofern gewisse Ähnlichkeiten, als bei beiden der adventitielle Lymphraum der mit lymphoiden Zellen gefüllten Gefäßlymphscheiden bevorzugt Silberzellen enthält. Von derartigen Gefäßen als Zentralpunkt ausgehend kommt es bei beiden Krankheiten zu einer herdförmigen Gruppierung der Silberzellen im Gewebe, daneben finden sich auch noch gefäßunabhängige Silberzellenherdchen. Durchaus verschieden ist aber die topische Verteilung der Silberzellen auf die einzelnen Hirnprovinzen: Bei Paralyse finden wir sie fast ausschließlich im Grau oder höchstens noch in dem dem Grau benachbarten Markweiß, bei multipler Sklerose dagegen in den entmarkten Herdpartien vorzugsweise an der Grenze zum normalen, markscheidenintakten Gewebe hin, hauptsächlich in der weißen Substanz von Gehirn und Rückenmark, seltener in der Rinde und im sonstigen Grau.

Von besonderem Interesse mußte es sein, gerade diejenigen Fälle von Paralyse auf das Vorkommen der Silberzellen und ihre Anordnung hin zu untersuchen, bei denen es zu einer herdförmigen Entmarkung gekommen war. Wir kennen ja solche Fälle von Paralyse und haben in einem früheren Abschnitt

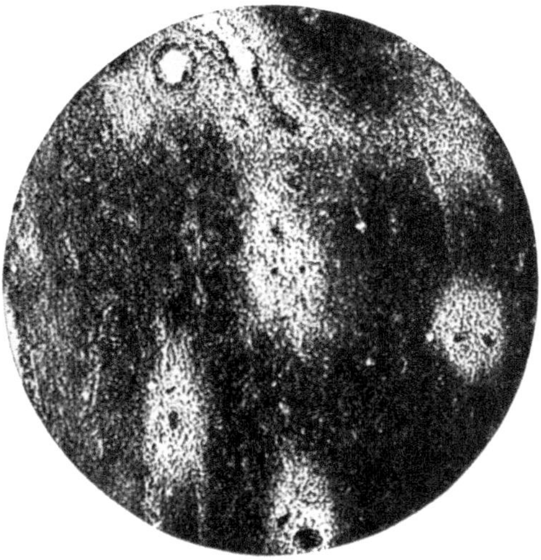

Abb. 54.

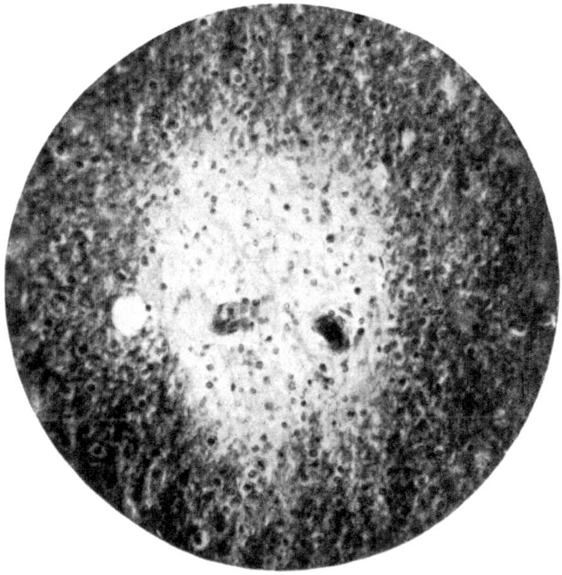

Abb. 55.

Abb. 54 und 55. Progressive Paralyse. Fall BAUMANN. Markscheidenfärbung am Gefrierschnitt. Herdförmige Entmarkung im subcorticalen Mark des linken Stirnhirns. Man erkennt die perivasculäre Abordnung der Entmarkungsherdchen. (Obj. B, Ok. 7 ×, Balgauszug 13 cm.) In Abb. 55 ist der außen rechts befindliche Entmarkungsherd bei starker Vergrößerung dargestellt. (Obj. Immersion $^1/_7$, Ok. 7 ×, Balgauszug 15 cm.)

bereits über unsere Beobachtungen an solchen Fällen, über die Myelopholidenbildung und die aichmomorphe Spirochätendegeneration berichtet. Neben der *gewöhnlichen Form der Spirochätendegeneration,* dem Auftreten von Silberzellen kam es hier zum *spieß- und nadelförmigen Spirochätenuntergang*, der in besonderer Beziehung zur Bildung der Myelopholiden steht. Erhöhte Bedeutung mußten solche Paralysefälle *dann* für die Pathogenese bei multipler Sklerose gewinnen, wenn der Entmarkungsprozeß gelegentlich einmal sich nicht auf die Rinde beschränkte, sondern auch das tiefere Mark beteiligte. Solche Vorkommnisse sind bei den herdförmigen Entmarkungsprozessen der progressiven Paralyse nicht allzu häufig. Ich habe aber doch an seltenen Stellen bei Paralyse frische herdförmige, perivasculär angeordnete Markscheidendestruktionen im Markweiß feststellen können (Abb. 54 u. 55) und war überrascht, hier zunächst einmal die typischen lipoiden Entartungen zu finden, die in der Rinde vollkommen

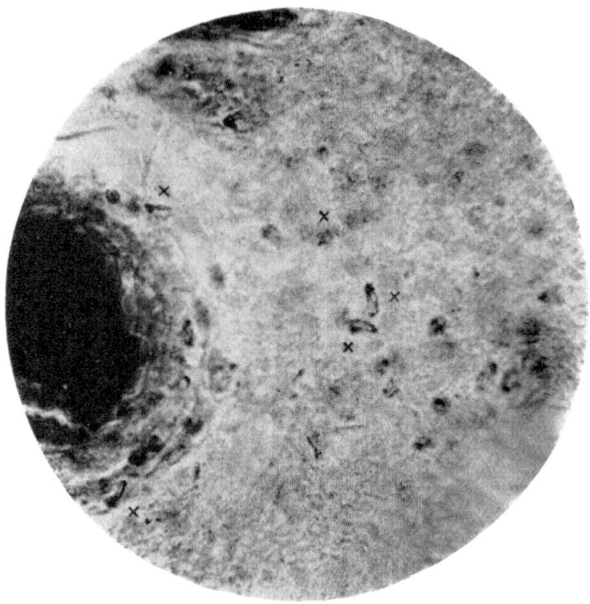

Abb. 56. Progressive Paralyse. Fall BAUMANN. Gefrierschnittversilberungsmethode an einem in den vorhergehenden Abb. 54 und 55 dargestellten Entmarkungsherd, die mit × × bezeichneten Stellen weisen auf die hier liegenden Silberzellen hin. Links im Bild ein größerer Gefäßquerschnitt, in dessen adventitiellem Lymphraum Silberzellen liegen. (Obj. Apoch. 120, Ok. 7 ×, Balgauszug 15 cm.)

vermißt wurden. Viel bemerkenswerter aber war noch, daß bei diesen Markscheidendestruktionen in der weißen Markzunge der aichmomorphe Degenerationstypus der Spirochäten keine Rolle spielte, sondern daß hier hauptsächlich die Silberzellenform der Degeneration in Erscheinung trat, mit adventitieller Gruppierung der Silberzellen und herdförmiger Verteilung in der Nachbarschaft der Gefäße (Abb. 56). Hier hatte also offenbar der gewöhnliche Degenerationstypus der Syphilisspirochäten genügt, um im Mark die perivasculär angeordneten kleinen herdförmigen Markscheidendestruktionen zu machen. Es war ja in den beschriebenen Fällen von progressiver Paralyse überhaupt nicht so, daß der aichmomorphe Degenerationstypus der Spirochäten *isoliert* vorgefunden wurde, er war in der Rinde mit dem gewöhnlichen Silberzellendegenerationstypus vermischt, wenn dieser auch quantitativ stark zurücktrat, im Mark fand sich aber der gewöhnliche Silberzellendegenerationstypus nahezu allein vor. Wenn wir derartige Markscheidendestruktionsherdchen in den Markzungen bei progressiver

Paralyse mit kleineren perivasculär angeordneten Herdchen bei multipler Sklerose vergleichen, so können wir weder im versilberten Bild noch bei anderen färberi-

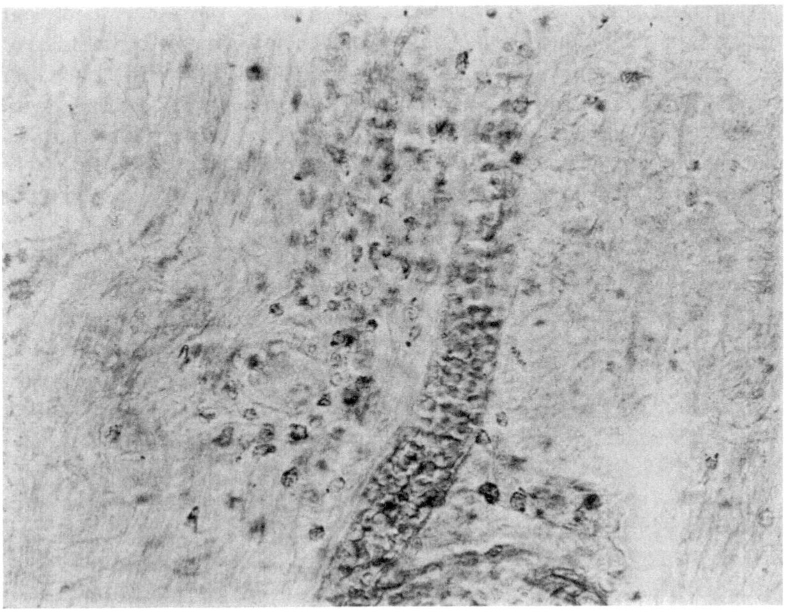

Abb. 58.

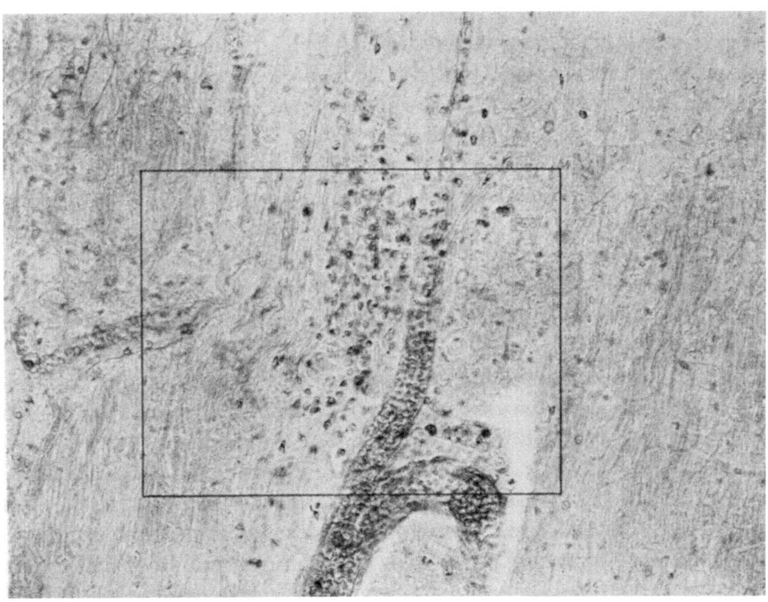

Abb. 57.

Abb. 57 und 58. Multiple Sklerose. Fall TRITSCHLER. Gefrierschnittversilberungsmethode. Silberzellenherd aus dem Rückenmark in perivasculärer Gruppierung. Der viereckige Ausschnitt von Abb. 57 ist in Abb. 58 vergrößert mikrophotographiert und wiedergegeben. (Vergr. von Abb. 57: Obj. Immersion $^1/_7$, Ok. 3 ×, Balgauszug 40 cm; Abb. 58: Obj. Immersion $^1/_7$, Ok. 7 ×, Balgauszug 31 cm.)

schen Darstellungsmethode (Markscheiden-, Achsenzylinder-, Lipoidfärbungen) histologische Differenzen auffinden. Hier herrscht eine *vollkommene Identität.*

Man wird allerdings einen Einwand machen müssen: In Fällen von progressiver Paralyse mit starkem Spirochätenzerfall und gewöhnlichem Abbautypus in Form der Silberzellen kommt es, auch wenn im Mark unmittelbar unter der Rinde Silberzellen gehäuft vorhanden sind, *nicht* zu einer herdförmigen Entmarkung. Die aichmomorphe Degeneration der Spirochäten bei Paralysen mit herdförmiger Entmarkung hat also einen über ihre topische Erscheinungsweise hinausreichenden Aktionsradius, insofern in solchen Fällen auch an Stellen im Mark, an denen nur die argyrocytäre Degeneration der Spirochäten stattfindet, doch eine herdförmige Entmarkung auftritt. Vielleicht werden hier von den sonst vorzugsweise aichmorph degenerierenden Spirochäten Stoffe gebildet, die besonders zerstörend auf die Markscheide einwirken, ohne daß der histologische Nachweis derartiger Stoffe möglich ist.

Wir haben es bisher unterlassen, zahlenmäßige Angaben über die Häufigkeit des Silberzellenbefundes bei multipler Sklerose zu machen. Für die Beurteilung des pathognostischen und pathogenetischen Wertes der Silberzellen ist selbstverständlich auf Häufigkeit und Ort ihres Vorkommens besonders zu achten. Ich fand sie in Herden des Großhirnmarks, der Rindenmarkgrenze, in Herden der basalen Ganglien, in Kleinhirn-, Brücken-, Oblongata- und Rückenmarksherden (Abb. 57 u. 58). Bisher habe ich in 26 von 28 untersuchten Fällen Silberzellen nachweisen können. Sie sind in ganz verschiedener Zahl von außerordentlich häufigem fast in jedem Herd vorhandenem bis zu seltenerem Vorkommen in nur wenigen Herden anzutreffen. Der Hauptfundort ist der adventitielle Lymphraum lymphocytär infiltrierter Gefäße und die Nachbarschaft solcher Gefäße. Wir bezeichnen solche Stellen im Gewebe als Silberzellenherdchen. Der Typus der Silberzellen wechselt, die Form mit körnigen feingranulierten Inhalten, offenbar die ältere schon länger bestehende Form findet sich mit der frischeren, fädigen und besonders ösenhaltigen Form vermischt vor.

Schließlich haben wir noch auf die feineren histologischen Beziehungen der Silberzellen zu dem erkrankten Gewebe und den einzelnen Gewebsbestandteilen einzugehen. Wir müssen uns fragen, ob der Fundort der Silberzellen im Herd histologischen Ungleichwertigkeiten der Herdstellen entspricht, weiterhin, ob das Alter der Herde in Beziehungen zum Vorkommen der Silberzellen steht und in welchen Gewebsbestandteilen des Herdes die Silberzellen vorzugsweise liegen.

In *alten* Herden, in denen es schon zur Ausbildung dichter gliöser Fasermassen gekommen ist, finden wir *keine* Silberzellen mehr. Und auch in frischeren Herden, die noch reichlich lipoide Abbaustoffe in dicht gedrängter Anordnung enthalten, sind die Silberzellen nicht gleichmäßig über den Entmarkungsherd verteilt. Wir stoßen auf sie besonders da, wo adventitielle Gefäßwandinfiltrate vorkommen und wo zugleich an der Färbung der lipoiden Abbaustoffe zu erkennen ist, daß sie noch ganz frischen Datums sind (im Markscheidenbild graue, bei Scharlach- oder Sudanfärbung blaßrosa Tönung mit starker Lichtbrechung, noch keine celluläre Verarbeitung des lipoiden Abbaustoffes der Markscheide). Besonders gerne liegen sie an der Grenze zum normalen Gewebe hin, an den offenbar jüngsten Stellen des Entmarkungsprozesses im Herd; manchmal bilden die Silberzellen in herdförmiger Gruppierung eine zungenförmige Einbuchtung in das normale Gewebe hinein. Immer aber entspricht ihr Vorkommen nicht einer gleichmäßig, bandartigen Verteilung entlang der

Herdperipherie, sondern wir finden sie *nur in einzelnen Herdchen.* Allerdings kann es vorkommen, daß sie in gehäufter Anzahl zu vielen Hunderten daliegen und so schon bei Betrachtung mit schwachen Vergrößerungen sofort im Silberbild auffallen. Wo intakte Markscheideninseln innerhalb von Herden liegen, finden wir dasselbe Verhalten zu den Herdgrenzen. In Markschattenherden liegen die Silberzellen mehr isoliert, ähnlich wie in der Umgebung von Entmarkungsherden, wo wir sie ja auch vereinzelt manchmal bereits im

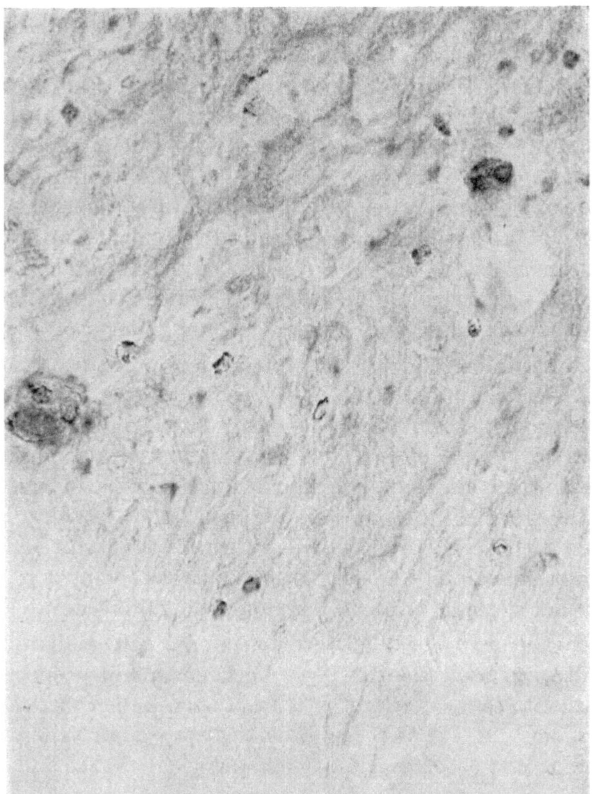

Abb. 59. Multiple Sklerose. Fall BRACK. Gefrierschnittversilberungsmethode. Auflockerung des Markscheidengewebes mit einzelnen Silberzellen. (Vergr. Obj. Immersion $^1/_7$, Ok. 7 ×, Balgauszug 39,5 cm.)

unversehrten Gewebe antreffen. Die kleinen perivasculären Entmarkungsherde enthalten ebenfalls Silberzellen. Hier finden sie sich wie auch sonst im adventitiellen Lymphraum, daneben aber um diesen gruppiert, frei im Gewebe herdförmig verteilt, ganz ähnlich wie wir dies schon bei Entmarkungsherden des Markweißes bei progressiver Paralyse festgestellt haben. In Serienschnitten können wir die große Variabilität der Form der Silberzellenherdchen feststellen und ihre geringe Ausdehnung von 120—800 μ.

So verhalten sich also die Herdzonen hinsichtlich des Vorkommens der Silberzellen recht verschieden, in frischen jüngeren Herden und an den Stellen älterer Herde, wo wir frischere Prozesse annehmen dürfen, kommen Silberzellen häufiger vor. Damit werden wir zu erneuter Nachschau nach den feineren histologischen Vorgänge veranlaßt, vor allem hinsichtlich der *Beziehungen der Silberzellen zu den übrigen Gewebsbestandteilen eines Herdes.* Zunächst ist nochmals hervorzuheben, daß das Vorkommen der Silberzellen im adventitiellen Lymphraum mit dem der Lymphocyten parallel geht, wir müssen die Silberzellen des adventitiellen Lymphraums als Lymphocyten ansehen. Körnchenzellen im adventitiellen Lymphraum tragen nie den Charakter der Silberzellen. Im Gewebe liegen die Silberzellen häufig *in einer eigentümlichen Aufhellung und Auflockerung des Gewebes,* das dabei eine eigenartige wabige Struktur zeigt (Abb. 59). Betrachten wir solche Waben bei stärkeren Vergrößerungen, so können wir leicht nachweisen, daß diese Vakuolenbildung von einer Aufquellung und Auflockerung des Markscheidenrohres begleitet ist. Manchmal lassen sich auch schon eine oder mehrere Körnchenzellen in einer solchen Masche feststellen. Gewöhnlich ist die Silberzelle an der Peripherie der Wabe oder der Körnchenzelle gelagert. Die Lagerung der Silberzellen zueinander ist in den wabigen Auflockerungszonen der Markscheidenrohre meistens so gestaltet, daß sie weiter voneinander entfernt als im adventiellen Raum oder bei perivasculärer Anordnung auftreten. Auch mit großen protoplasmatisch gewucherten Gliazellen finden sich gelegentlich Silberzellen im Grundgewebe, am Rand solcher Gliazellen, ganz selten anscheinend innerhalb einer großen Gliazelle.

Beziehungen der Silberzellen zu Achsenzylindern oder zu sonstigen Gewebsbestandteilen lassen sich nicht darstellen, auch enthalten diese Zellen offenbar keinerlei Abbauprodukte von Markscheiden. Ihre Lagerung im Gewebe ist so typisch, daß sie, wenn einmal das Augenmerk darauf gerichtet und das Auge für ihr Erkennen geschult ist, leicht aufgefunden werden können. Vor allem muß nachdrücklich betont werden, daß jede einzelne Silberzelle ein in sich isoliertes Gebilde ist und auch bei starker Anhäufung vieler Silberzellen nahe beieinander immer als in sich abgeschlossenes, von den nächstbenachbarten Silberzellen getrenntes histologisches Element erscheint.

Nach dieser Übersicht über die Beziehungen der Silberzellen zu den übrigen Gewebsbestandteilen, nach der Art ihres Vorkommens in jüngeren Herden und in frisch erkrankten Herdzonen dürfen wir in diesen Zellen vielleicht einen deutlichen Hinweis auf die Akuität des Krankheitsprozesses sehen. Könnten die Silberzellen nicht eine erste Kontaktstelle zwischen Noxe und Gewebe sein?

5. Der Nachweis der Silberzellen bei multipler Sklerose.

Warum der Nachweis der Silberzellen bei multipler Sklerose schwieriger ist als bei progressiver Paralyse, haben wir schon erwähnt. Eine sehr wesentliche Vorbedingung für das Gelingen der Versilberung ist gründlichste Durchfixierung der Gewebsscheiben in Formol. Wir fertigen *60 μ Schnitte* zunächst von Paralysehirnen an und bearbeiten diese nach unserem Versilberungsverfahren, das S. 18 genau beschrieben ist. Die Dicke von 60 μ ist unbedingt anzuraten, weil bei ihr die Silberzellen am besten zur Darstellung gelangen. Man wird auf diese Weise bald die verschiedenen Typen der Silberzellen mit fädigem, spirochätenähnlichem, argyrophilem Inhalt, mit Ösen- und Büschelbildung bis zu der feinkörnigen Granulierung kennen lernen. Man bemühe sich, Silberzellenherdchen schon bei schwacher Vergrößerung in der *Hirnrinde des Paralytikers* aufzufinden und die *Verteilung der Silberzellen auf den adventitiellen Lymph-*

raum, seine Umgebung und die Mischung von Silberzellen mit typischen Syphilisspirochäten zu erfassen. Bei einiger Übung wird man schon bei Übersichtsvergrößerungen die herdartige Gruppierung der Silberzellen in der Hirnrinde des Paralytikers auffinden, solche Stellen dann mit stärkerer Vergrößerung betrachten und sich auf diese Weise für das Studium der Silberzellen bei multipler Sklerose vorbereiten.

Bei progressiver Paralyse liegen die Silberzellen vornehmlich in der grauen Substanz, bei der multiplen Sklerose in den Herden der weißen. Während nun das Versilberungsverfahren bei progressiver Paralyse kaum noch etwas anderes schwärzlich darstellt als Spirochäten und Silberzellen, höchstens einmal leicht gebräunt einige Blutplättchen innerhalb der Gefäßbahn oder eigentümlich gleichmäßig, dickkörnig granulierte, celluläre Elemente von länglichem Charakter oder mit lang ausgezogenem Schwanz, Zellen, die dem Typus der ROUGETschen Pericyten oder Inselzellen entsprechen dürften, müssen wir bei multipler Sklerose die Erfahrung machen, daß die Ansilberung gewisser gewebseigener Bestandteile manchmal sich störend bemerkbar macht. Können wir gelegentlich schon bei progressiver Paralyse feststellen, daß an der oberflächlichsten Rindenzone Formolpigmente auftreten, so finden wir die Verbreitung des Formolpigments bei der multiplen Sklerose auch einmal *innerhalb von Herden*. Wir haben ja über das Formolpigment schon bei den Fehlerquellen der Versilberungsmethode gesprochen und dürfen hier nochmals darauf verweisen (S. 20). Gerade in subakuten Herden der multiplen Sklerose finden sich feine Nädelchen und Kryställchen von Formalinniederschlägen gewöhnlich perivasculär gruppiert, nicht nur frei im Gewebe, sondern auch gerne innerhalb von Zellen, Gliazellen, Körnchenzellen usw. Die Unterscheidung solcher formolpigmenthaltiger Zellen von den Silberzellen ist aber nicht schwierig, weil erstens einmal die feinen Stäbchen, Nädelchen, Körnchen und Kügelchen der Formalinniederschläge eine ganz andere Form als die Inhalte der Silberzellen aufweisen. Oft haben sie auch nicht die tiefschwarze, sondern eine mehr bräunliche Farbe, sie zeigen eine deutliche krystallinische Eigenart, kommen nie vereinzelt, sondern immer gehäuft und in perivasculärer Anordnung zu einem Gefäß vor. Von wesentlicher Bedeutung ist aber, daß schon im ungefärbten und unversilberten Präparat das Formolpigment sich durch eine dunkle Eigenfarbe abzeichnet. Formalinniederschläge finden sich nun gewiß nicht in *allen* Herden bei multipler Sklerose. Wir haben die Erfahrung gemacht, daß dieses Pigment immer nur in einzelnen Fällen häufiger angetroffen wird. Soweit ich aus dem nicht von mir selbst sezierten Beobachtungsstoff schließen kann, habe ich den Eindruck, daß, je früher nach dem Tode die Sektion vorgenommen und das Gehirn in die Fixierungsflüssigkeit eingelegt wird, desto seltener es zur Ausbildung von Formalinniederschlägen kommt. Langes Lagern des zerschnittenen Gehirnes an der Luft und lange Dauer bis zum Einlegen des Materials in Formol führt leicht zur Ausbildung des Formolpigments. Man könnte versucht sein, durch Verbringung der Schnitte in alkalischen Alkohol die schwärzlich krystallinischen Formalinniederschläge zu entfernen, etwa durch das von VEROCAY angegebene Verfahren (Verbringung der Schnitte auf 10 Minuten in eine Lösung von 1 Teil 1%iger wäßriger Kalilauge und 100 Teilen 80%igen Alkohols), jedoch schädigt man damit auch die Darstellung der Silberzellen. Mit ammoniakalischem Alkohol können die Formolpigmente ebenfalls entfernt werden; dann sind aber, wenn nicht äußerst sorgfältig ausgewaschen wird, die Silberzellen ebenfalls schwerer darstellbar. Im großen und ganzen wird man die Vorbehandlung mit basischem Alkohol entbehren können; die Gefahr von Formalinniederschlägen ist ja gerade im Gehirngewebe, wenn es nicht von Blutungen durchsetzt ist, nicht groß. Zeigen sich aber Formalinniederschläge in einzelnen Herden von multipler Sklerose (selbstverständlich ohne Blutung), so ist die Eigenart dieses Pigments und seine perivasculäre Gruppierung derartig, daß eine Verwechslung der Silberzellen mit formolpigmenthaltigen Zellen so gut wie ausgeschlossen ist.

Abgesehen von den rundkernigen Silberzellen kommen in subependymaler Lagerung — eine Lieblingsstelle ist die Gegend um die Vena terminalis —, selten einmal auch sonst in perivasculärer Lagerung um Gefäße innerhalb von Herden bei multipler Sklerose tiefgeschwärzte gröbere und feinere Körnchen vor. Solche argyrophilen Körnchen liegen dann auch wohl einmal innerhalb von großkernigen Gliazellen. Sie haben keine Eigenfarbe und zeichnen sich im ungefärbten Schnitt nicht ab. Der Fundort solcher argyrophilen Körnchen beschränkt sich im allgemeinen auf die Gegend unter dem Ependym der Seitenventrikel, der Unter- und Hinterhörner und dabei auf die Umgebung größerer Blutgefäße. Von dem Inhalt der Silberzellen sind diese argyrophilen Stoffe durch ihre Körnelung und ihre gesetzmäßige Anordnung vollkommen unterscheidbar. Trotzdem würde ich, wenn Silberzellen nur in subependymaler Lagerung nachgewiesen werden könnten, äußerste Vorsicht in der pathogenetischen Deutung und in der Annahme eines für multiple Sklerose gewissermaßen spezifischen Verhaltens für geboten halten. Ich habe deshalb auch *den* Einwand als berechtigt anerkannt, die subependymale Lage der früher von mir beschriebenen argyrophilen Trümmerfelder sei im Hinblick auf das sonstige Vorkommen allerhand argyrophiler Stoffe gerade unter dem Ependym für die multiple Sklerose nicht pathognomonisch. Dieser Einwand ist aber damit vollkommen entkräftet, daß auch in den ganz weit vom Ependym abliegenden Herden die mit argyrophilen Teilchen beladenen Zellen vom Typus der Silberzellen vorkommen, an Stellen, an denen die unspezifischen, extra- und intracellulären argyrophilen Teilchen sich niemals vorfinden. Bei der Untersuchung subependymal gelegener Herde müssen wir allerdings des Vorkommens unspezifischer argyrophiler Teilchen eingedenk sein und deshalb bei der histologischen Abgrenzung morphologisch typischer Silberzellen von unspezifischen Gewebsbestandteilen in Gestalt argyrophiler Körnchen und Kügelchen mit besonderer Vorsicht vorgehen. Man wird sich hierbei diese Aufgabe vereinfachen können, wenn man die progressive Paralyse zum Vergleich heranzieht, mit dem Versilberungsverfahren subependymale Stellen eines sehr spirochätenreichen Paralysehirnes untersucht und hier außer gelegentlich einmal vorhandenen typischen Pallidae *Silberzellen neben* unspezifischen argyrophilen Körnelungen vorfindet. Wir gewinnen damit Vergleichsbilder und ermöglichen uns die Unterscheidung der Silberzellen von anderen Formelementen auch bei multipler Sklerose.

Die in manchen Fällen gehäuft im Parenchym verstreuten, besonders gerne subependymal und perivasculär gelegenen Corpora amylacea bereiten der Unterscheidung von Silberzellen keine Schwierigkeiten, auch wenn sie gelegentlich in ihrem Innern eine argyrophile Körnelung aufweisen.

Sind die Formalinniederschläge, andere argyrophile Körnelungen und die Corpora amylacea leicht von den Silberzellen zu trennen, so bereitet eine andere gewebliche Eigentümlichkeit der Entmarkungsherde bei multipler Sklerose der histologischen Trennung größere Schwierigkeiten, nämlich die Neigung zur Wucherung mesodermalen Bindegewebes (s. S. 104). Die enorme Neubildung von Gitterfasern, die in manchen Herden von multipler Sklerose, vor allem gerne in circumventrikulären Herden des Hinterhornes und in manchen rindennahen Markherden auftritt, stellt sich mit dem neuen Versilberungsverfahren gewöhnlich deutlich dar. Die Gitterfasern zeigen dabei oft eine ausgesprochene, starke Argyrophilie, die auch durch länger dauernde Uranisierung nicht zu unterdrücken ist. Allerdings finden sich an Stellen, an denen es zur Ausbildung derber faseriger Bindegewebszüge gekommen ist, gewöhnlich keine Silberzellen mehr. Hier handelt es sich offenbar schon um ein etwas älteres Stadium des herdförmigen Prozesses. Die derbfaserigen mesenchymalen Bildungen finden sich gewöhnlich auch mehr in der Mitte von Entmarkungsherden. Die Gitterfaserzüge sind vor allem an den 60 μ dicken Schnitten als kontinuierliche Stränge auf lange Strecken verfolgbar, sie können mit den argyrophilen Inhalten der Silberzellen nicht verwechselt werden. Dagegen kommt es manchmal an den Randzonen der Entmarkungsherde, an den Grenzen des markscheidenintakten Gewebes zur Ausbildung von kurzen argyrophilen Fädchen und Pünktchen, von feinsten Netzchen, die aus einer Ansammlung solcher Fädchen bestehen, es ist dies wohl der Beginn einer mesenchymalen Wucherung. In den 60 μ dicken Schnitten müßte ja sonst, wenn es sich um ausgebildete ältere Gitterfasern handeln würde, die Strecke, auf der die Argyrophilie sich geltend macht, viel länger ausgedehnt sein. Im Gegensatz hierzu handelt es sich aber bei den eben geschilderten Gebilden um ganz kurze Fädchen und kleinste Netzchen. Offenbar ist an solchen Stellen das gitterfaserige Bindegewebe eben in Ausbildung begriffen und damit die Argyrophilie noch nicht auf der ganzen Strecke eines Netzchens entwickelt. Derartige Fädchen und Netzchen ordnen sich gerne in die Züge des Faserverlaufs der Nervenfasern ein, sie geben den mit schwacher Vergrößerung betrachteten Übersichtsbildern manchmal einen eigentümlichen schwärzlichen Ton an diesen Stellen.

Man könnte die Anschauung vertreten, die Silberzellen seien gar nichts anderes als die *ersten Produktionsstätten der Gitterfasersubstanz* und die feinsten Fädchen und Netzchen der eben beschriebenen Art seien die extracellulär gelagerten, von den Silberzellen abgegebenen argyrophilen Stoffe. Mit einer solchen Annahme wohl vereinbar wäre die Aufstellung der Maximowschen Schule, daß Lymphocyten sich in Fibrocyten umwandeln können und daß den Lymphocyten bei der Ausarbeitung des Narbengewebes eine Hauptrolle zukomme. Jedoch müßte dann in unseren Fällen eine histologische Beziehung zwischen Ausbildung der Gitterfasern und dem Vorhandensein der Silberzellen festzustellen sein. Diese fehlt aber vollkommen. In den eben geschilderten Ansammlungen feinster Fädchen neugebildeten mesenchymalen Gewebes fehlen die Silberzellen und wo sie gehäuft auftreten, ist meistens eine Ausbildung mesenchymaler Silberfibrillen nicht nachweisbar. Die Anhäufung von Silberzellen in den adventitiellen Lymphräumen, an Stellen, an denen auch geringste mesenchymale Gitterfaserneubildungen fehlen, spricht ebenfalls unbedingt gegen irgendeine genetische Abhängigkeit der Gitterfasern von den Silberzellen. So finden wir Silberzellen in adventitiellen Lymphräumen lymphocytär infiltrierter Gefäße, wohl noch in der Nachbarschaft eines Herdes, aber doch schon ziemlich weit ab von ihm im gesunden Gewebe, ohne daß eine Spur einer Gitterfaserbildung an solchen Stellen erkennbar wäre. Auch weist ja die Parallelität des Vorkommens der Silberzellen, ihrer Herkunft, sowie der Gestaltung ihrer Inhalte bei progressiver Paralyse und multipler Sklerose auf einen anderen Zusammenhang als den mit Gitterfasern hin. Der sichere Nachweis, daß bei progressiver Paralyse die fädigen und körnigen argyrophilen Inhalte der Silberzellen in deutlichstem genetischem Übergang zu extracellulär gelagerten Spirochäten stehen, erlaubt uns auch bei multipler Sklerose die unbedingte Ablehnung eines Zusammenhangs zwischen Silberzellen und Gitterfasern. Sonst müßten wir ja auch für die progressive Paralyse eine derartige histogenetische Abhängigkeit festsetzen, was, ohne den histologischen Bildern Zwang anzutun, nicht möglich ist. Gerade bei der progressiven Paralyse ist ja die Gitterfaserbildung keine häufige Erscheinung. Wenn man auch in den lymphocytär infiltrierten, adventitiellen Lymphräumen eine vermehrte Gitterfaserausbildung annehmen wollte, so kann man doch in den meisten Fällen *außerhalb* des Lymphraumes, im Hirnrindengewebe selbst, nur wenig Gitterfaserbildung nachweisen (vielleicht abgesehen von der juvenilen Paralyse). Im Parenchym der paralytischen Hirnrinde finden wir aber häufig eine erhebliche Ansammlung von Silberzellen als durchaus gewöhnliche Erscheinung und dies Vorkommen anders als durch den Untergang von Spirochäten zu erklären besteht keine Möglichkeit.

Wir dürfen also den Analogieschluß von den Silberzellen der progressiven Paralyse auf diejenigen der multiplen Sklerose ohne Bedenken vornehmen, haben wir außerdem ja auch noch andere gleichwertige Gegengründe gegen die Annahme einer genetischen Abhängigkeit der Gitterfaserbildung von den Silberzellen bereits angeführt.

Auf welchen Anreiz hin es zur Gitterfaserbildung kommt, ist außerordentlich schwer zu sagen, kennen wir doch im Zentralnervensystem zahlreiche ätiologisch verschiedenartigste Prozesse, bei denen eine lebhafte Gitterfaserbildung einsetzt. Bei gummös-syphilitischen Gewebsveränderungen, bei tuberkulösen Granulomen, aber auch bei der Vernarbung von traumatischen Defekten, bei WILSONscher Krankheit, kommt es zu einer lebhaften Neubildung jungen Bindegewebes in Form von Gitterfasern. Bei allen Erweichungsprozessen können wir mesenchymale Bindegewebsnetze auffinden. Man wird nicht fehl gehen, wenn man in der Fähigkeit zur Gitterfaserprodutkion eine auch dem Zentralnervensystem zugängliche Ersatzleistung für untergegangenes Gewebe sieht. So können wir auch verstehen, daß bei dem hochgradigen Zerfall von Markscheidensubstanz, wie er der multiplen Sklerose eigentümlich ist, die Bildung von jungen argyrophilen Bindegewebsfibrillen sehr bald einsetzt. Bestünde ein genetischer Zusammenhang zwischen den Silberzellen und den Silberfibrillen, so müßte doch wenigstens bei dem einen oder anderen mesenchymalen Wucherungsprozeß außerhalb der multiplen Sklerose ein Erscheinen von Silberzellen sich nachweisen lassen. Ich habe deshalb versucht, bei einer ganzen Anzahl von mesenchymalen Wucherungsprozessen (Hirnabscesse, traumatische und arteriosklerotische Erscheinungen) Silberzellen festzustellen, ich habe sie nie gefunden. Sehr hübsch stellen sich bei den miliaren Gummen der paralytischen Hirnrinde Wucherungen der Silberfibrillen dar. Hier verbreiten sich von dem rundlichen gummösen Gebilde aus Gitterfasern nach allen Richtungen hin in das benachbarte Rindenparenchym. Dabei lassen sich in der lymphocytären Randzone des miliaren Gummas gehäuft Silberzellen auffinden, ohne daß diesen die geringste Beziehung zu den Gitterfasern zukäme. Mit dem ACHUCARRO-KLARFELDschen Verfahren bilden wir die Gitterfasern ab, mit meiner Versilberungsmethode die Silberzellen. Bei dem erstgenannten Verfahren kommen die Silberzellen nicht zur Anschauung, bei dem zweiten dagegen nicht die Gitterfasern. Vergleichen wir dann die so gewonnenen Bilder an möglichst identischen Stellen eines und desselben miliaren Gummas, so müssen wir ein derartiges Mißverhältnis in Art und Lagerung der Silberzellen einerseits, der Gitterfasern andererseits feststellen, daß ein Hervorgehen von Gitterfasern aus den lymphocytären Silberzellen der Randzone des miliaren Gummas uns unmöglich erscheint. Im übrigen finden wir sogar in den Silberzellen der miliaren Knötchen die *fädigen spirochätenähnlichen* Inhalte und wenn wir lange genug suchen, können wir auch zwischen den lymphocytären Silberzellen noch vereinzelte wohl erhaltene Spirochäten nachweisen. Also selbst dann, wenn Gitterfasern und lymphocytäre Silberzellen in nächster Nachbarschaft beieinander liegen, haben die lymphocytären Silberzellen mit der Gitterfaserbildung nichts zu tun, sondern diese Zellen sind lediglich im Sinne des Abbaus und der Verdauung von Spirochätenstoffen wirksam.

Wir dürfen demnach auch für die multiple Sklerose den Silberzellen die Bildungsfähigkeit mesenchymalen Bindegewebes absprechen. Beim Nachweis der Silberzellen in Fällen von multipler Sklerose müssen zwar die in manchen Herden vorkommenden mesenchymalen Wucherungen von argyrophilen Gitterfasern berücksichtigt werden, aber genetisch haben die jungen Bindegewebsfibrillen mit den Silberzellen nichts zu tun.

Schließlich ist noch auf die *Achsenzylinderdegeneration* einzugehen, die den Nachweis der Silberzellen ebenfalls erschweren kann.

Wir sehen nämlich gelegentlich nicht nur kugelig oder spindelig angeschwollene Achsenzylinder und Endkeulen in Form von kugel-, ei- oder birnenförmigen Anschwellungen, sondern auch Septierungen der Achsenzylinder. Während sich nun die kugeligen und spindeligen gröberen Verdickungen der Achsenzylinder braun oder gelblich, aber in keinem Fall tiefschwarz mit meinem Versilberungsverfahren anfärben und damit der Unterscheidung von den Silberzellen keinerlei Schwierigkeiten bereiten, zeigt sich bei der Segmentierung der Achsenzylinder gerne eine stärkere Argyrophilie der Bruchstücke, die dann als kleine punkt- oder fadenförmige Teilstücke durch ihre Anordnung den Verlauf des Achsenzylinders auf eine lange Strecke hin markieren. Diese kleinen argyrophilen Gebilde, die ich übrigens auch bei progressiver Paralyse nachweisen konnte, sind zwar in keiner Weise mit Silberzellen zu verwechseln, denn ihre ganze Anordnung im Gewebe schließt eine Verkennung des degenerierenden oder degenerierten Achsenzylinders aus. Dagegen ließe sich die Ansicht vertreten, die Inhalte der Silberzellen seien nichts anderes, als solche von diesen Zellen aufgenommene Bruchstücke untergegangener Achsenzylinder, die dann innerhalb der Zelle einer weiteren Verarbeitung entgegengeführt würden.

Setzen wir eine solche Annahme als richtig voraus, so müßte eine morphologische Beziehung zwischen den Silberzellen und den in argyrophilen Einzelstückchen degenerierenden Achsenzylindern erkennbar sein. Wir würden dann wohl in nächster Nähe der argyrophilen Teilstücke des Achsenzylinders Silberzellen mit der Aufnahme dieser Teilstücke beschäftigt sehen oder wenigstens müßte die Lagerung der Silberzellen noch dem Verlauf des degenerierten Achsenzylinders irgendwie entsprechen. All dies ist *nicht* der Fall: Silberzellen liegen, auch wenn sie einmal in der Nachbarschaft von Endkugeln der Achsenzylinder vorkommen, völlig unabhängig da (Abb. 60 u. 61). Noch schwerwiegender ist der Einwand, daß das Vorkommen derselben Silberzellen in den adventitiellen

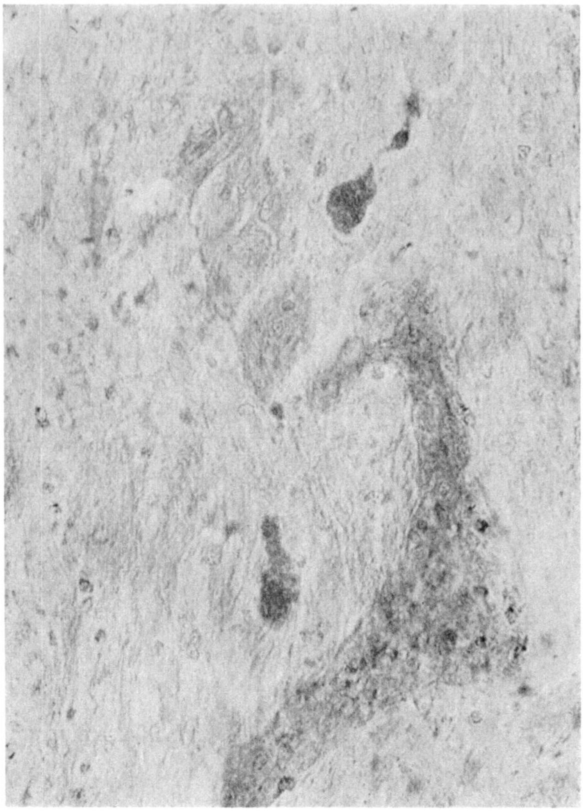

Abb. 60. Multiple Sklerose. Fall BRACK. Gefrierschnittversilberungsmethode. Man sieht in der rechten Seite des Bildes in dem nach unten zu verlaufenden Gefäß zahlreiche Silberzellen, ebenso in dem linken Teil des Bildes einzeln verteilt. Außerdem finden sich 2 Achsenzylinderkugeln, eine oben, an der noch Teile des zugehörigen wellenförmig verlaufenden und aufgetriebenen Achsenzylinders erkennbar sind, während an der unteren nur mehr der keulenförmige Endteil zur Abbildung gelangt ist. Im Originalpräparat sehen die in der Abbildung recht dunklen Körnelungen in den Achsenzylinderauftreibungen bräunlich und nicht tiefschwarz argyrophil aus. Die Silberzellen haben nicht die geringste Beziehung zu den Achsenzylinderauftreibungen.
(Obj. Immersion $^1/_7$, Ok. 7 ×, Balgauszug 31 cm.)

Lymphräumen ein Fortwandern der mit Achsenzylinderresten beladenen Silberzellen aus dem Parenchym in den Lymphraum hinein zur Voraussetzung hätte. Denn gerade im adventitiellen Lymphraum sehen wir ja ausgesprochen fädige und wellige argyrophile Bruchstücke in Silberzellen und wenn diese aus Achsenzylindern stammten, so müßten sie durch Transport aus dem benachbarten Parenchym in den Lymphraum hinein gekommen sein. Eine solche Annahme wäre in nichts begründet; alles spricht gegen sie. Wir dürfen es also auch aus diesem Grunde ablehnen, daß der argyrophile Inhalt der Silberzellen aus untergegangenen Achsenzylindern stamme.

So ist demnach der Nachweis der Silberzellen bei multipler Sklerose zwar etwas schwieriger als bei progressiver Paralyse; er ist aber unter Berücksichtigung der hier ausführlich angeführten kritischen Bedenken auch für den in histologischen Dingen weniger Bewanderten leicht zu führen. Beachtet muß

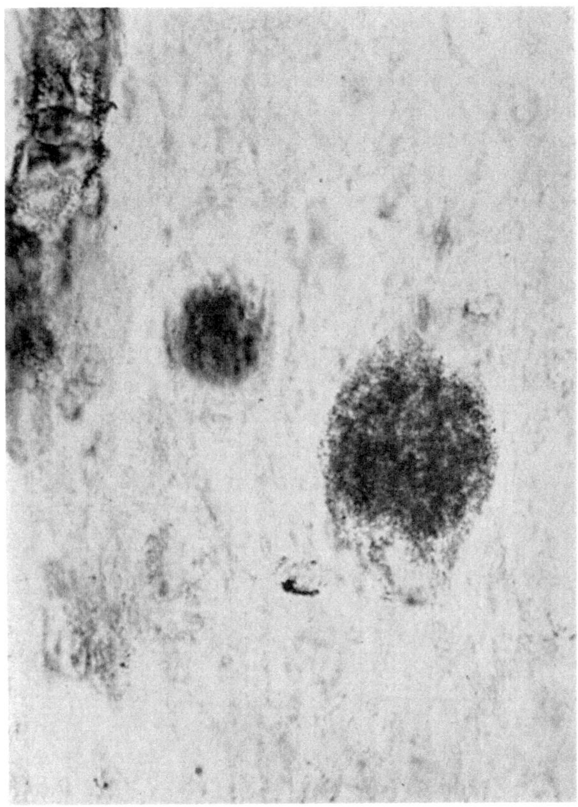

Abb. 61. Multiple Sklerose. Fall BRACK. Gefrierschnittversilberungsmethode. Oben links im Bilde eine Capillare. In der Mitte der Abbildung zwei Achsenzylinderauftreibungen. Links von der eiförmigen Achsenzylinderauftreibung eine isoliert für sich nachweisbare Silberzelle mit ösig fädigen Inhalt. (Obj. Apoch. 120, Ok. 7 ×, Balgauszug 33 cm.)

vor allem dabei werden, daß bei multipler Sklerose abgesehen von Formalinniederschlägen und argyrophilen Körnelungen unter dem Ependym der Ventrikel in manchen Herden eine starke Neubildung von Gitterfasern, dazu noch eine Degeneration der Achsenzylinder stattfindet. In jedem Fall wird man aber immer auch Herde finden, in denen solche störenden Gewebserscheinungen sich kaum oder gar nicht bemerkbar machen, und wird an solchen Stellen Art und Verteilung der Silberzellen sich deutlich veranschaulichen können. Je mehr man untersucht, desto leichter wird der Nachweis der Silberzellen auch in solchen Herden, in denen es schon zu stärkerer mesenchymaler Wucherung oder einer der anderen störenden Gewebsveränderungen gekommen ist.

6. Die Bedeutung der Silberzellen bei multipler Sklerose.

Nach der Eigenart des Vorkommens der Silberzellen bei progressiver Paralyse und nach ihrer Erscheinungsweise stehen diese Zellen in *unmittelbarer Beziehung* zu dem *Untergang der Krankheitserreger*. Dabei mag dahin gestellt sein, ob, wie Bergel meint, ein lipolytisches Ferment — durch den Untergang der lipoiden Hüllensubstanz der Spirochäten angeregt — von Lymphocyten produziert wird. Die Bergelsche Anschauung ist bisher nicht bewiesen und manches spricht sogar gegen sie. Wir sehen ja lymphocytäre Reaktionen auch bei einer großen Reihe anderer Infektionskrankheiten des Zentralnervensystems, bei denen es sich um völlig verschiedene Arten von Erregern handelt. Ich erinnere hier an die lethargische Encephalitis, an die Herpesencephalitis, an die Trypanosomiasis usw. Die Erreger dieser Krankheiten dürften wohl kaum in ähnlicher Weise, wie die Spirochäten, eine äußere Lipoidschicht besitzen, deren Zerfall einen Anreiz für das Auftauchen der lipasebildenden Lymphocyten darstellen würde. Wissen wir doch auch, daß lymphocytäre Reaktionen, wenigstens im Zentralnervensystem, nicht allein auf die Wirkung belebter Krankheitsstoffe hin sich einstellen, sondern auch durch unbelebte Gifte wohl kaum lipoider Natur verursacht werden können. Das gleiche gilt für die von uns als Gliazellen gedeuteten Silberzellen im Parenchym, auch sie können durch alle möglichen Schädigungen auf den Plan gerufen werden. Wir haben es also bei den Silberzellen zweifellos zunächst mit einer unspezifischen Reaktion des Gewebes zu tun.

Dagegen werden wir bei Betrachtung des *argyrophilen Inhalts* der Silberzellen uns fragen müssen, ob diesem nicht eher eine spezifische Rolle zukomme. Wir haben ja bei der progressiven Paralyse gesehen, daß fließende Übergänge zwischen den extracellulär liegenden Krankheitserregern und dem Aussehen der Parasiten bei der intracellulären Aufnahme und Verarbeitung in den Silberzellen bestehen. Andere Kleinlebewesen, z. B. Bakterien, können nun mit unserem Versilberungsverfahren ebenso schwarz argyrophil dargestellt werden, wie die Spirochäten. Könnten deshalb nicht auch alle Zellen, die solche Bakterien verarbeiten, ebenfalls argyrophile Inhalte aufweisen? Dann würden ja in ähnlicher Weise wie bei progressiver Paralyse und multipler Sklerose bei anderen Infektionskrankheiten Silberzellen mit entsprechenden argyrophilen Inhalten auftreten. Das Kontrollmaterial, das ich nach dieser Richtung hin durchgesehen habe, ist nicht sehr groß. Bisher habe ich aber argyrophile Inhalte in Lymphocyten bei septischen Meningitiden, Hirnabscessen, tuberkulöser Meningitis usw. nicht gefunden. Ich gebe allerdings zu, daß die bisherigen negativen Ergebnisse für die Annahme einer auf die progressive Paralyse und multiple Sklerose beschränkten Spezifität der argyrophilen Inhalte der Silberzellen nicht genügen. Andererseits müssen wir doch eine Erklärung dafür suchen, daß der argyrophile Inhalt der Silberzellen bei progressiver Paralyse, bei der Recurrensspirochätose und bei multipler Sklerose nahezu die gleiche oder eine außerordentlich ähnliche Form darbietet. Immer wieder sehen wir die Punkte, Komma, Ringe und Ösen, von denen ein einziges oder einige mehr oder weniger leicht gewelltes Fädchen ausgehen können, wir sehen die gewellten Zangen-, Haarnadel-, Dach- und Vogelflugformen, wir finden eigentümlich gebüschelte und zerfaserte Fädchen um den Silberzellkern herum und schließlich als Endprodukt der intracellulären

Verdauung die gleichmäßige argyrophile Körnelung der Zelle. Je weiter der intracelluläre Verdauungsprozeß fortgeschritten ist, desto uncharakteristischer wird der Inhalt der Silberzellen. Am Anfangsglied der Reihe dürfen wir eher einen Einblick in die der Noxe eigentümliche Gestalt erwarten, vor allem dann, wenn es sich noch um kurz zuvor aufgenommene Erregerbestandteile handeln würde und wenn der Erreger nicht erst als formverändertes, untergehendes oder schon untergegangenes Wesen, sondern noch in einer gut erhaltenen Form Aufnahme in die Silberzelle gefunden hat. Darüber wissen wir freilich zunächst gar nichts. Wir können nur immer wieder auf die Analogie zur progressiven Paralyse verweisen. Bei dieser ist es nun freilich unverkennbar, wie der Inhalt der Silberzellen der Form typischer Spirochäten sich annähert, besonders dann, wenn es sich um eine offenbar kurz vorher stattgefundene intracelluläre Aufnahme gehandelt haben könnte. Gewiß läßt sich hieraus keinerlei Beweis der Spirochätenätiologie der multiplen Sklerose ableiten, handelt es sich doch nur um eine morphologische Ähnlichkeit oder gar Identität, die aber einen Rückschluß auf die biologische Art der Krankheitsursache nicht gestattet.

Die histologische Erforschung der Beziehungen zwischen den Gewebsveränderungen im Entmarkungsherd bei multipler Sklerose und den Silberzellen weist uns, wie übrigens auch unsere Beobachtungen über das Vorkommen und die Häufigkeit der Silberzellen bei progressiver Paralyse, darauf hin, daß da, wo sich Silberzellen finden, der Krankheitsprozeß besonders akut ist. So sehen wir die Silberzellen bei der multiplen Sklerose niemals in *allen* Herden und keineswegs in allen Herdbezirken selbst eines jüngeren Herdes. Auch in Fällen, in denen die Silberzellen in den Herden recht häufig vorkommen, bietet sich nicht mit jedem Herd eine Garantie für das Auffinden von Silberzellen. Dagegen besteht immer eine gewisse Abhängigkeit des Fundortes der Silberzellen von der Akuität des Gewebsprozesses. Wenn Silberzellen zahlreich und in vielen Herden gefunden wurden, handelte es sich um rasch verlaufende Fälle von multipler Sklerose mit Ausstreuung sehr vieler Herde im ganzen Zentralnervensystem, bei verhältnismäßig jugendlichen Personen, deren Krankheitsdauer schon entsprechend ihrem jugendlichen Alter nicht lang gewesen sein kann. Zweifellos stehen also die Silberzellen, was Häufigkeit und Zahl ihres Vorkommens in den Herden angeht, in einer Beziehung zur Schwere und Dauer eines Krankheitsfalles. In älteren Fällen, die schon jahrzehntelang bestanden haben, sind Silberzellen seltener und schwieriger nachzuweisen. Hier finden wir auch gewöhnlich, wenn Silberzellen überhaupt vorkommen, nur den feingranulären Typus dieser Zellen ohne deutlich *fädigen* argyrophilen Inhalt. Dann fehlen auch die Silberzellenherdchen in Form parenchymatöser Ansammlungen solcher Zellen; gewöhnlich stoßen wir auf sie nur mehr im adventitiellen Lymphraum oder wir müssen wenigstens sehr lange suchen, bis wir einen jüngeren Entmarkungsherd antreffen, in dessen peripheren Bezirken eine Anhäufung von Silberzellen auch außerhalb des adventitiellen Lymphraumes sich gelegentlich einmal zeigt. Die herdartige Gruppierung der Silberzellen, die von mir sogenannten *Silberzellenherdchen*, treffen wir im Parenchym nur in jüngeren Stadien des Krankheitsprozesses an.

Somit kommt dem Nachweis der Silberzellen doch eine wenn auch abseits der Spezifität der Noxe liegende Bedeutung zu. Diese Zellen sind ein Zeichen für die Akuität des Krankheitsprozesses und vielleicht ein Hinweis auf eine erste Kontaktstelle zwischen Noxe und Gewebe. Hier liegt offenbar die allererste Gewebsreaktion auf die Anwesenheit der krankmachenden Ursache vor. Die Silberzellen wären damit die ersten nachweisbaren Signale der Verarbeitung von Zerfallsstoffen und Schlacken der Krankheitserreger.

Das Vorkommen der Silberzellen im adventitiellen Lymphraum, nicht nur innerhalb eines Entmarkungsherdes selbst, sondern auch in adventitiellen Scheiden von Gefäßen, die zwar dem Herd benachbart, aber noch im markscheidenintakten Gewebe liegen, gibt einen gewissen Hinweis auf die Art der Ausbreitung des Krankheitsprozesses. Stellen die Silberzellen gewissermaßen Totengräber untergegangener Erreger dar, so können wir aus dem Vorhandensein dieser Zellen auf eine frühere Anwesenheit der Erreger selbst schließen. Finden sich im herdnahen, markscheidenintakten Gewebe die Silberzellen gehäuft nur in den adventitiellen Lymphräumen, so ließe sich daraus ein Weiterwandern der Noxe im adventitiellen Lymphraum der Blutgefäße ableiten. Ob es daneben nicht auch unmittelbar von den Herdgrenzen aus zu einem Fortkriechen der Krankheitserreger ins gesunde Gewebe hinein kommt, wissen wir nicht. Die Bedeutung der Silberzellen liegt jedenfalls auch darin, daß sie uns als allerdings vergängliche „Leichensteine" den von den noch unbekannten Erregern gegangenen Weg anzeigen. Wir gewinnen damit ein besseres Verständnis für die Ausbreitung des Krankheitsprozesses im Zentralnervensystem und dürfen annehmen, daß das mit Eigenbewegung und Wanderungsfähigkeit ausgestattete Virus hauptsächlich von den inneren Höhlen des Gehirns aus, daneben allerdings auch von den meningealen liquorgefüllten Hohlräumen aus in das Parenchym einwandert und dabei gerne die präformierten Bahnen der adventitiellen Lymphwege benützt. So erklären sich die eigenartigen, perivasculären Anordnungen kleinerer Herde, wir verstehen so auch eine vom Gefäß unabhängige Bildung von Entmarkungsherden und weiterhin wird uns damit auch der Verlust der geometrisch *zunächst* festgehaltenen Orientierung kleinerer Herde zum Gefäß als Zentralachse klar. Handelt es sich doch um einen mit Eigenbeweglichkeit ausgestatteten Krankheitskeim, der, wenn er einmal nach seiner Wanderung im adventitiellen Lymphraum diesen verlassen hat, sich von der Gefäßabhängigkeit befreit und im Parenchym weiter wandert. Damit muß es ja zu einer Emanzipation des Erregers von der Gefäßabhängigkeit kommen und nur bei kleineren und kleinsten Herden kann überhaupt noch eine topische Beziehung zum Gefäß unter diese Umständen erwartet werden.

Freilich wird man alles, was eben über die Bedeutung der Silberzellen gesagt worden ist, erst dann voll anerkennen können, wenn es gelungen ist, den aus der Form der argyrophilen Inhalte der Silberzellen vermuteten Parasiten in seiner Urgestalt kennenzulernen und nachzuweisen.

7. Der extracellulär liegende Erreger und sein Nachweis.

Derjenige, der sich die nötige Erfahrung in der Verwendung meiner Versilberungsmethode angeeignet und damit erreicht hat, in vielen Fällen von multipler Sklerose die Silberzellen nachzuweisen, könnte geneigt sein, anzunehmen, es sei für ihn jetzt nur mehr ein kleiner Schritt zur Auffindung der typischen Form des Erregers und zur Klassifikation desselben. Er wird enttäuscht sein und wird, wenn er nicht mit der nötigen Geduld und Hartnäckigkeit an die Suche geht, verzagen und seine Bemühungen ergebnislos aufgeben. Deshalb halte ich es von größter Wichtigkeit, hier zunächst etwas über die Systematik des Suchens zu berichten. Wer wahllos suchen würde, dürfte das Ziel nicht erreichen, weil außerordentlich viel auf die Kenntnis von Prädilektionsorten und histologischen Fundsignalen des Erregers ankommt.

Wenn wir den noch unbekannten Erreger einer Infektionskrankheit auffinden wollen, so müssen wir statt der direkten Nachforschung in den befallenen menschlichen Körpergebieten oft erhebliche Umwege machen. Ein solcher ist z. B. der Tierversuch, der ja jetzt ziemlich in Mißkredit geraten ist, weil wir wissen, daß viele unserer Laboratoriumstiere schon an und für sich häufig Parasitenträger sind und gelegentlich auch zufälligen Seuchen zum Opfer fallen, wodurch die Beurteilung der Überimpfungsversuche Not leidet. Ein weiterer Umweg führt durch das Gebiet der vergleichenden Pathologie: Wir suchen uns etwa eine dem zu erforschenden Leiden im klinischen und anatomischen Verhalten verwandte Krankheit heraus, deren Erreger bekannt ist und studieren beide Krankheitsprozesse vom Standpunkt der Krankheitsvergleichung aus. Ich erinnere hier an die grundlegenden Arbeiten von Spielmeyer, der abgesehen von seinen Trypanosomenstudien als erster eine vergleichende Betrachtungsweise der anatomischen Ähnlichkeiten zwischen progressiver Paralyse und multipler Sklerose vorgenommen hat. Eine weitere Möglichkeit, die die vergleichende Pathologie bietet, ist darin zu sehen, daß eine Gruppe von nahe verwandten und irgendwie zusammengehörigen Krankheitserregern in ihren biologischen und pathogenen Äußerungen untersucht wird. Wir werden dann diejenige Gruppe von Krankheitserregern auswählen, in der wir den Krankheitskeim des ätiologisch noch nicht geklärten Leidens vermuten. Wenn wir also von der Arbeitshypothese ausgehen, daß die multiple Sklerose eine Spirochätenkrankheit ist, so werden wir dieser Annahme entsprechend zunächst einmal die Erreger von Spirochätenkrankheiten vergleichend zu betrachten haben. Ein besonderes Kapitel einer solchen Forschung stellt die vergleichende Pathologie des *Untergangs der Keime* in den Geweben des Krankheitsträgers dar. Eine systematische Untersuchung der extracellulären Degenerationsformen der Krankheitserreger in den befallenen Geweben des Wirtes fördert immer wieder Verklumpungs- und Einrollungsformen, Ring-, Scheiben- und Knöpfchenformen als typische Abwandlungen der Schraubenform oder gar als Untergangszeichen der einzelnen Spirochätenexemplare zutage. Trotz einer gewissen Pleomorphie finden wir also immer wieder gleichartige Bilder des Untergangs der Parasiten. Es ist dabei einerlei, ob wir Präparate von experimenteller Recurrenserkrankung der Mäuse und Ratten in den Lebern, Milzen und Nieren solcher Tiere, ob wir die Gehirne von mit Hühnerspirochäten geimpften Hühnern, ob wir Lebern, Nieren, Hornhäute von mit Weilscher Krankheit infizierten Meerschweinchen betrachten, immer sehen wir am Abschluß einer gewissen Phase der Spirochätenfortpflanzung eine ungeheure Trümmerstätte von Spirochätenbestandteilen in den Geweben. Diese Trümmer sind stark argyrophil und lassen sich deshalb mit den histologischen Versilberungsmethoden leicht im Gewebe darstellen. Als Regel können wir dabei feststellen, daß da, wo sich die Trümmer finden, die gut erhaltenen Formen äußerst spärlich sind und oft mühsam gesucht werden müssen. Selbst bei der progressiven Paralyse stoßen wir nach einigem Suchen auf Stellen im Hirn, die dieser Regel unbedingt entsprechen und außerordentlich viele extracelluläre Degenerationsformen, Ring-, Scheiben- oder geradlinige und spitzige Formen aufweisen, ohne daß es immer gelänge, gut erhaltene Exemplare der Pallida darzustellen. Freilich werden wir die Zugehörigkeit der Trümmer- und Degenerationsformen nur aus Übergangsformen und aus dem gelegentlichen, manchmal sogar recht seltenen Vorhandensein typischer Einzelexemplare ableiten, wobei uns auch die vergleichende Betrachtung der Untergangsformen der Pallida in anderen Organen und zu anderen Zeiten der Syphilis, bei experimenteller Syphilis usw. sowie der Vergleich mit den Untergangsformen anderer Spirochätenarten erheblich unterstützt.

Abgesehen von den extracellulären Degenerationsformen bei progressiver Paralyse kennen wir nunmehr ja auch die *intracelluläre* Verarbeitung der Parasiten in ihren verschiedenen Formen, wir haben vor allem eine Methode gefunden, die uns diese Verarbeitungszellen, die Silberzellen, im Zentralnervensystem anschaulich und fast elektiv darstellt und wir haben gesehen, daß auch bei multipler Sklerose derartige Silberzellen gehäuft vorkommen.

Ganz andere Richtlinien für das Suchen nach einem Krankheitserreger ergeben sich aus der Eigenart jedes Krankheitsprozesses, vorzugsweise bestimmte Körpergebiete und oft nur diese zu befallen. Aus der Pathologie des Zentralnervensystems wissen wir, daß die infektiösen Krankheitsprozesse desselben nicht das ganze nervöse Gebiet ergreifen, sondern sich besonders gerne oder sogar ausschließlich in bestimmten Regionen des Gehirns und Rückenmarks abspielen.

So kennen wir solche Vorzugsgebiete für die Encephalitis lethargica, für die progressive Paralyse, für die HEINE-MEDINsche Krankheit usw. Hieraus resultiert als *mögliche* Folgerung, daß den Prädilektionsgebieten des krankhaften Gewebsprozesses auch Ansiedlungsprädilektionen der Erreger entsprechen. Von diesem Gedanken ausgehend mußten wir auch bei der multiplen Sklerose nach regionalen Vorzugsgebieten suchen. Als ein solches habe ich schon immer bei multipler Sklerose die Gegend unter dem Ependym des Gehirns abgesucht. Ich mußte mir aber dabei bewußt sein, daß die Herdbildung, wenn sie auch bevorzugt in der Nachbarschaft des inneren Höhlensystems des Gehirns auftritt, doch auch noch in einer Reihe anderer Gebiete sich abspielt. Damit war es zur Pflicht geworden, wenn Erregerwirkung und Herdbildung in unmittelbarem Zusammenhang miteinander stehen, auch für die Pathogenese *nicht subependymal* liegender Herde gleichartige Bedingungen aufzufinden. Das Vorkommen der Silberzellen in *allen* frischeren Herden, ganz unabhängig von ihrer Lage im Gehirn und Rückenmark, weist nunmehr auf eine solche Einheit der Pathogenese der Entmarkungsherde hin.

Neben der örtlichen Frage und unabhängig von ihr spielen dann natürlich beim Forschen nach dem Erreger auch die Zeitumstände eine Rolle: Gibt es nicht Zeiten, in denen die Erreger an ihren Prädilektionsorten vielleicht besonders zahlreich vorhanden sind? Solche Phasen des Krankheitsprozesses werden am ehesten zu den Zeiten akuter Verschlimmerung und in frischen Stadien der Krankheit überhaupt zu suchen sein. Sind wir bei den regionalen Prädilektionen in der Lage, unser Material nach den Richtpunkten örtlicher Vorzugsstellen auszuwählen, so müssen wir das zu bearbeitende Material zu *den* Zeiten entgegennehmen, die bei den von uns unabhängigen Umständen der Todesfälle unserer Kranken vorliegen. Außerdem wissen wir ja noch gar nicht, wann bei der multiplen Sklerose die Krankheitserreger zahlreich im Zentralnervensystem des Kranken vorhanden sind, wir dürfen allerdings wohl annehmen, daß Krankheitsfälle von kurzer Gesamtdauer bessere Aussichten in dieser Hinsicht bieten.

Damit erhalten wir eine logische Ordnung für unser Vorgehen beim Nachweis: Die vergleichende Pathologie der Spirochätendegeneration mit unserer Feststellung des Vorkommens der Silberzellen als intracellulärer Abbauorgane der Erreger gibt uns Anhaltspunkte, *was* wir suchen müssen. Wir haben ferner in unserem Versilberungsverfahren eine Methode kennen gelernt, die uns zeigt, *wie* wir vorzugehen haben, und die unter Ausschluß der Mitanfärbung von Gewebsbestandteilen die Nachforschung nach den Erregern außerordentlich erleichtert.

So gliedert sich also unser Nachweis nach den Fragen: *wo, wie, wann* und *was* wir zu suchen haben.

a) *Wo müssen wir suchen? Örtlich bevorzugte und histologisch signalisierte Fundorte des Erregers.*

Wir haben in einem früheren Kapitel schon die Frage erörtert, ob wir nicht aus bestimmten Eigentümlichkeiten der Herde, aus ihrer Form oder Größe, aus ihren histologischen Besonderheiten Anhaltspunkte für die Anwesenheit der Erreger gewinnen können, und mußten feststellen, daß uns keine einzige pathologische Veränderung die Möglichkeit eines Schlusses auf die Erregeranwesenheit gestattet. Und doch unterscheiden wir jüngere und ältere Herde auf Grund ihrer histologischen Eigentümlichkeiten. Dabei ist es allerdings nicht möglich, das wirkliche Alter der Herde auch nur annähernd zu bestimmen. Wir können lediglich durch Vergleich der lipoiden Abbauvorgänge und der faserigen Gliawucherungen etwas über die Dauer des Abbaus und die in älteren Herden vorhandene narbenartige Organisation aussagen und daraus einen Schluß ziehen, daß der Herd schon verhältnismäßig lang bestehen muß, jedenfalls länger als ein anderer, in dem es nicht zu einer derbfaserigen Gliawucherung gekommen ist. Ich brauche hierauf nicht mehr einzugehen, weil wir dieses Verhältnisse bereits ausführlich erörtert haben. Damals haben wir auch betont, daß die lymphocytären Reaktionen noch am ehesten als Maßstab für die Akuität des Krankheitsprozesses zu verwerten sind. Wir werden also vor allem an den Stellen nach dem Erreger zu suchen haben, wo wir lymphocytäre Infiltrate in den adventitiellen Gefäßscheiden vorfinden. Dies ist nun am Rand vieler Entmarkungsherde der Fall, wobei die Infiltratbildung auch die Herdgrenzen ins gesunde Gewebe hinein überschreitet. Wir würden aber fehlgehen, wenn wir etwa die *Stärke* der Infiltratbildung mit einer erhöhten Wahrscheinlichkeit des Erregernachweises gleichsetzen wollten.

Die einzelnen Stufen des Markscheidenzerfalls weisen bei der multiplen Sklerose ganz gewiß auf zeitlich differente Phasen des Abbauprozesses hin. Aber auch hierin könnn wir keinerlei Hilfsmittel für den Erregernachweis sehen. Selbst da, wo die sudanophile Phase des lipoiden Abbaus noch nicht in die Erscheinung getreten ist, wo die aus dem Verband losgelösten, noch nicht cellulär aufgenommenen Markscheidenbrocken bei Markscheidenfärbung einen grauen Ton aufweisen und im Scharlachpräparat blaßrosa gefärbt sind, wo also der lipoide Abbau zweifellos noch recht frisch ist, werden wir häufig vergeblich nach extracellulären Erregerformen suchen.

Aus unseren histologischen Beobachtungen dürfen wir ferner schließen, daß die dem gesunden Gewebe unmittelbar benachbarten Zonen der Herde häufig ein akuteres Stadium des Krankheitsvorgangs zeigen, solchen Stellen werden wir beim Erregernachweis erhöhte Aufmerksamkeit schenken müssen.

Ausschlaggebend ist aber das *Vorkommen der Silberzellen,* das sich nach unseren Feststellungen gerade an den Stellen akuter Gewebsprozesse findet. Wenn wir hier nochmals auf die Parallele zur progressiven Paralyse verweisen dürfen, so bedeuten bei dieser Erkrankung die Silberzellen ein Zeichen gesteigerten Erregeruntergangs. An solchen Stellen finden wir dann, wenn die Silberzellen noch fädige und wellige Erregerbruchstücke enthalten, gelegentlich auch extracelluläre Syphilisspirochäten; damit haben wir eine neue und besondere Signalisierung der Erregeranwesenheit gewonnen. Bei der multiplen Sklerose treffen wir wieder die gleichen Silberzellen und wir haben ja schon mehrfach darauf hingewiesen, daß diese Zellen, die mit dem intracellulären Abbau der Erreger beschäftigt sind, in Form von ausgesprochenen, im Parenchym verteilten Herdchen, außerdem aber auch im adventitiellen Lymphraum als Lymphocyten besonders gerne an der Herdgrenze zum gesunden Gewebe hin gelagert sind und als Zeichen akuter Vorgänge im Herd dienen können. *Wo wir viele Silberzellen adventitiell gelagert finden, wo diese Silberzellen in herdförmiger Anhäufung im Parenchym angeordnet daliegen und wo sie noch den frühen Typus mit welligem, fädigem, Ösen- und Ringform zeigenden argyrophilen Inhalt aufweisen und noch nicht den gleichmäßig granulierten, werden wir am meisten Aussicht haben, auch auf extracelluläre Erregerformen zu stoßen.* Dies gilt für den einzelnen Krankheitsfall überhaupt, wie für die einzelnen Herde. Hier haben wir also histologisch signalisierte Fundorte der Erreger vor uns.

b) *Wie müssen wir suchen? Kunstgriffe und Vorsichtsmaßregeln bei Anwendung der Versilberungsmethode.*

Gehirn und Rückenmark, das uns zur Bearbeitung übergeben wird, entstammt von Polysklerotikern mit sehr ungleicher Krankheitsdauer. Nachdem wir eine größere Anzahl von Gehirnen und Rückenmarken solcher Fälle gesammelt haben, empfiehlt es sich, die älteren Fälle liegen zu lassen und nur diejenigen mit kürzerer Dauer des Leidens in Angriff zu nehmen. Außerdem ist es geboten, Fälle mit wenigen, kleinen Herden beiseite zu legen und sich auf *herdreiche* Fälle zu beschränken. Bei denjenigen Krankheitsfällen, deren Tod in jüngerem Alter erfolgt ist, dürfte im allgemeinen die Krankheitsdauer kürzer sein als bei den in höherem Alter verstorbenen Kranken. So werden wir also an die Verwertung von Gehirn und Rückenmark in jugendlichem Alter verstorbener Kranker, deren Zentralnervensystem zahlreiche Herde aufweist, vorzugsweise herangehen. Bevor aber die anatomische Bearbeitung bei multipler Sklerose aufgenommen wird, sollte man sich — dies habe ich ja schon mehrfach betont — in Fällen von progressiver Paralyse auf die Technik des Schneidens und Färbens gründlich und sicher einarbeiten.

Wenn wir den Erregernachweis führen wollen, so müssen wir darauf bedacht sein, alle Verunreinigungen des Gewebes zu vermeiden. Das Sektionsmaterial, das wir zur Verfügung gestellt erhalten, enthält oft postmortale Verunreinigungen durch Einwanderungen saprophytärer Keime, ein Umstand, der sich nicht vermeiden läßt. Bei der weiteren Bearbeitung können wir dann besondere Vorsichtsmaßregeln einschalten, wenn wir nach gründlichster Formolhärtung des

Gehirns (dies ist sehr wichtig) dieses schneiden. Schon durch das mehrstündige Wässern des in Formol gehärteten Gewebsblockes in fließendem Wasser vor dem Schneiden könnten bakterielle Verunreinigungen entstehen. Nach unserer Erfahrung ist dies nicht der Fall. Wesentlich ist allerdings, daß das Wässern mit gutem Leitungswasser erfolgt. Wir haben, um alle Verunreinigungen durch Keime auszuschließen, unser Leitungswasser gelegentlich durch Seitz-Entkeimungsfilter geschickt, allerdings, ohne daß ein Unterschied gegenüber den ohne diese Vorsichtsmaßregel gewässerten Blöcken erkennbar geworden wäre. Die obersten Schnitte, die beim Schneiden des gefrorenen Blockes abfallen, verwenden wir nicht, weil Verunreinigungen durch Keime, die aus der Luft auf den Block gekommen sind, stören könnten. Die Schnitte werden mit peinlichst gereinigtem Finger in eine jedesmal wieder zugedeckte Schale mit bidestilliertem Wasser gebracht. Die Schalen müssen vorher sehr gut gereinigt sein (wir machen dies mit Josefspapier oder besser noch mit einem Leder) und mit bidestilliertem Wasser vor der Benützung ausgespült werden. Nach Abschluß des Schneidens, das ohne Unterbrechung möglichst in einem Zuge vor sich gehen soll, kommen die Schnitte aus dem doppelt destilliertem Wasser in eine peinlichst gereinigte und immer nur für diesen Zweck gebrauchte gedeckte Glasschale mit 96 $^0/_0$igem Alkohol und bleiben darin bis zur weiteren Behandlung mit dem Versilberungsverfahren. Gewöhnlich lassen wir die Schnitte $^1/_2$ bis mehrere Stunden (keinesfalls länger als 10—12) in dieser Schale, weil wir die Erfahrung gemacht haben, daß die Darstellung der Silberzellen und extracellulären Erreger nicht notleidet, während die störende Mitfärbung von Gewebsbestandteilen damit sich eher vermeiden läßt. Allerdings ist bei zu langem Verweilen in Alkohol auch die Argyrophilie der parasitären Teile etwas abgeschwächt. Nach meinem Versilberungsverfahren müssen die Schnitte bei der nächsten Prozedur in alkoholisches Uran kommen. Um zu vermeiden, daß etwas von der alkoholischen Uranlösung in die Schale mit den Schnitten kommt, werden die der Färbung zu unterwerfenden Schnitte in eine weitere Schale mit 96 $^0/_0$igem Alkohol gebracht, während der Rest der Schnitte in der ursprünglichen Alkoholschale aufbewahrt wird. Gerade bei den umfangreichen, 60 μ dicken Schnitten würde ja durch den recht großen Glasspatel, wenn er erst einmal in der alkoholischen Uranlösung war, beim wiederholten Auffassen der Schnitte auch etwas Uran in die ursprüngliche Alkoholschale, in der sich die weiter aufzubewahrenden Schnitte befinden, geraten. Einfaches Waschen des Spatels in Alkohol mag vielleicht genügen, jedoch scheint mir die Zwischenschaltung einer weiteren Alkoholschale sicherer.

Die Glasspatel und Glasschalen müssen sorgfältigst gereinigt sein, wir haben ja hierauf bei der Darstellung des Verfahrens schon hingewiesen.

Beim Schneiden der Schnitte muß möglichst vermieden werden, daß durch das Schneiden abgelöste kleine Teilchen in das bidestillierte Wasser kommen. Handelt es sich um schwer zu schneidende, leicht zerfallende Blöcke, so ist die Verwendung mehrerer Schalen mit bidestilliertem Wasser notwendig.

Die Zeit der Einwirkung des Urans schwankt etwas. Wir verwenden die 1 $^0/_0$ige alkoholische Uranlösung 1—3 Minuten lang, manchmal auch etwas kürzer ($^1/_2$ Minute), je nach der Eigenart des Blockes, um die Ansilberung von Achsenzylindern auszuschließen. Die Silberfibrillen des Gefäßbindegewebes erweisen sich, wenn eine Wucherung desselben eingetreten ist, auch bei längerer

Uranisierung immer noch als recht kräftig argyrophil. Es empfiehlt sich trotzdem nicht, die Uranzeit zu lange auszudehnen, da damit auch die Versilberung der gewebsfremden Bestandteile notleidet. Größere Schnitte verlangen mehr Uranzeit als kleinere (vom Rückenmark z. B.). Unbedingt sollte zunächst bei progressiver Paralyse die Methode erlernt und erst nach völliger Beherrschung des Verfahrens an die Bearbeitung der Fälle von multipler Sklerose herangegangen werden.

Mit dem CHRISTELLERschen Gefrierschnittverfahren lassen sich auch von großen Blöcken 60-μ-Schnitte in lückenloser Serie herstellen. Wir können dann aufeinanderfolgende Schnitte in verschiedene Schalen bringen und beliebigen Farbprozeduren unterwerfen. Auf diese Weise bekommen wir einen vorzüglichen Überblick über die Zusammenhänge zwischen Gewebsveränderungen, der intracellulären Verarbeitung der Erreger, ihren Abbaustoffen und ihrer extracellulären Lagerung. Wesentlich ist, daß wir bei multipler Sklerose vielleicht mit nur ganz vereinzelten Erregerexemplaren rechnen und deshalb von jedem Block eine große Reihe aufeinanderfolgender Schnitte machen müssen. Wir legen in 6—7 oder noch mehr verschiedene Schalen die einzelnen Schnitte der Reihe nach so ein, daß in der ersten Schale außer dem 1. Schnitt der 8., der 15., der 22. usw. sich befinden und in den anderen Schalen die Schnitte der entsprechenden arithmetischen Reihe. Veränderungen des Rindenbandes, der Gefäßversorgung usw. erlauben es dann gewöhnlich außerordentlich leicht, nach Fertigstellung der ganzen Serie diese vollkommen zu rekonstruieren und da, wo wir eine besonders wichtige Stelle gefunden haben, die unmittelbar benachbarten Schnitte der Serie durchzusuchen. So lassen sich aus einer Serie von 80 und mehr Schnitten manchmal mehrere wertvolle Präparate gewinnen. Als sehr praktisch hat sich erwiesen, die Bearbeitung der ganz großen Hemisphärenschnitte nur in wenigen Exemplaren (2—3) vorzunehmen. Haben wir in den großen Schnitten eine durch besonders markante und starke Anhäufung der Silberzellen verdächtige Stelle nachgewiesen, so schneiden wir uns einen diese Stellen enthaltenden Teilblock aus der nach dem Schneiden in Formol zurückverbrachten Gewebsscheibe aus und bearbeiten derartige kleinere Teilblöcke in genau derselben Weise. Manchmal haben wir statt dessen auch mit der Schere die uns wichtig erscheinenden Stellen aus den großen *Schnitten* ausgeschnitten und für sich weiter behandelt. Dies empfiehlt sich aber deshalb weniger, weil eine solche Prozedur an den Schnitten sie mit Metallen in Berührung bringt und außerdem zu Verunreinigungen Anlaß gibt. Wenn wir bedenken, daß die großen dünnen Deckgläser, die zur Betrachtung der Präparate mit starker Vergrößerung verlangt werden müssen, außerordentlich teuer sind und daß ausgedehnte Serien *großer* Hemisphärenschnitte neben der Verteuerung durch die großen Deckgläser auch sehr viel Raum und große Mappen für die Aufbewahrung beanspruchen, so werden wir bei unseren finanziell ungemein beschränkten Verhältnissen die Methode der Teilblockausschneidung aus großen Gehirnscheiben, in denen wir durch Fertigstellung weniger ganz großer Präparate die besonders ergiebigen Stellen festgestellt haben, bevorzugen. Auch ist ja das Durchsuchen der großen Schnitte unhandlich und erfordert ziemliche Geschicklichkeit. Wir benützen zwar gerne das von Leitz konstruierte große Gehirnmikroskop (Katalogliste Nr. 51, S. 80, Cerut) für die erste Durchmusterung der Schnitte, weil der große Objekttisch dieses Miskroskops uns die Führung der umfangreichen Tragglasfläche sehr erleichtert, notwendig ist aber ein solches Mikroskop nicht.

Wir betrachten die versilberten Schnitte zunächst mit einer Optik, die uns eine gute Übersicht über die Herdstellen gibt. Die Silberzellen fallen in den adventitiellen Lymphräumen und als Herdchen im Parenchym häufig schon bei schwacher Vergrößerung auf, etwa mit Objektiv B von Zeiß und Kompensationsokular 5 × oder 7 × (Zeiß) oder mit dem Leitzschen achromatischen Objektiv 3 und periplanatischem Okular 3 oder 6. Man studiere zunächst die Verteilung der Silberzellen *bei progressiver Paralyse* und gehe erst dann dazu über, die Silberzellen bei multipler Sklerose aufzusuchen. Wenn Silberzellen gefunden worden sind, stelle man mit stärkerer Vergrößerung *den Typus* dieser Zellen fest. Haben die Silberzellen keinen welligen und fädigen argyrophilen Inhalt mehr, zeigen sie vielmehr den späteren Typus der annähernd gleichmäßig verteilten argyrophilen Körnelung, so unterläßt man zweckmäßig weiteres Suchen nach extracellulären Erregern an solchen Stellen, denn hier ist offenbar der intracelluläre Abbau schon sehr weit vorgeschritten und die Aussichten für die Auffindung extracellulärer Gebilde sind gering. Man versäume in keinem Fall, die adventitiellen Lymphräume genau durchzumustern, denn hier ist eine Vorzugsstelle wellig-fädiger argyrophiler Bruchstücke der Erreger innerhalb von Silberzellen (Lymphocyten) und deshalb bietet sich auch hier eine günstige Chance für die Auffindung extracellulärer Erregerformen. Zu suchen ist also zunächst nach Silberzellen, dann stelle man den Typus dieser Zellen fest: ist das frische Stadium des intracellulären Erregerabbaus in den Silberzellen angetroffen worden, so suche man nach extracellulären Gebilden weiter.

Anfängliche Mißerfolge sollten nicht abschrecken, man bedenke, daß die Auffindung der Silberzellen leicht ist, der Nachweis der extracellulären Erreger dagegen schwierig und mühsam. Man suche hartnäckig und emsig und gebe, wenn man durch Vorhandensein der Silberzellen vom frischen Typus verdächtig erscheinende Stellen gefunden hat, die mikroskopische Durchforschung nicht auf. Wenn ein Fachgenosse behauptet, er habe in $1^1/_2$ Monaten 4 Fälle von multipler Sklerose mit negativem Erfolg durchsucht, so ist dies nicht verwunderlich. Wenn er aber auf Grund eines solchen negativen Ergebnisses ein ablehnendes Urteil fällt, so beweist dies eine außerordentliche Voreiligkeit und einen völligen Mangel des Verständnisses für die Schwierigkeiten und Mühseligkeiten des Suchens[1].

Sehr viel hängt auch davon ab, daß wir aufhören zu suchen, wenn das Auge zu ermüden anfängt. Es ist ratsam, nicht zu lange zu mikroskopieren. Selbstverständlich ist die Ermüdbarkeit individuellen Bedingungen unterworfen, ich empfehle auf keinen Fall, länger als 2—3 Stunden in *einer* Sitzung am Mikroskop zu arbeiten.

c) *Was müssen wir suchen? Über das Aussehen des Erregers und sein Verhalten im Gewebe.*

Wenn wir es uns zum Grundsatz machen, nur *in solchen Fällen* und *an solchen Stellen* nach extracellulär liegenden Erregern zu suchen, wo wir gehäuft und in Herdform angeordnet Silberzellen vom frühen Typus mit Kügelchen, Ösen und wellig-fädigem argyrophilem Inhalt gefunden haben, werden wir nach einiger

[1] Dtsch. Z. Nervenheilk. **107**, 120 (1928).

Zeit intensiver Nachforschung zum Ziele kommen. Es empfiehlt sich dabei, nicht im Zentrum der parenchymatösen Silberzellenherde zu suchen, sondern an ihrer Peripherie und in deren Nachbarschaft nach außen vom Silberzellenherd. Besonders an den Grenzen eines Entmarkungsherdes zum markscheidenintakten Gewebe müssen wir die äußere Umgebung von Silberzellenherdchen durchmustern. Man vergesse nicht, auch die adventitiellen Lymphräume genau durchzusehen. Auf Rückenmarklängsschnitten beachte man besonders die der äußeren Herdbegrenzung benachbarten, *oberflächennahen* adventitiellen Lymphräume. Dann werden wir wenn auch nicht häufig extracelluläre Gebilde und alle Übergänge von solchen zu Silberzellen finden.

Die *Urgestalt der Erreger* ist am versilberten Schnitt keineswegs leicht festzustellen und zwar aus verschiedenen Gründen: erstens einmal ist jedes Versilberungsverfahren für die Darstellung feinster morphologischer Strukturen parasitärer Gebilde fast zu grob; ein anderes Darstellungsverfahren steht uns aber nicht zur Verfügung. Die Versilberung führt ja zur Anreicherung feinster Silberteilchen gerade auch an den freien Oberflächen eines Gebildes und verzerrt damit etwas die ursprüngliche Gestalt desselben. Zweitens aber neigt der Erreger offenbar schon extracellulär in den befallenen Wirtsgeweben zur Degeneration. Während der Untergangsphasen kommt es aber zu wesentlichen Abweichungen von der lebenskräftigen Urform. Wir müssen also die Urform durch Vergleich möglichst vieler extracellulärer Erregerformen in möglichst vielen einzelnen Fällen aus der Polymorphie des Gebotenen herausfinden.

Bei der Durchsicht einer großen Zahl von Präparaten fanden sich in der weiteren Umgebung von starken Silberzellenherdchen und in den infiltrierten adventitiellen Lymphräumen neben Übergangsformen zu Silberzellen und anscheinend schon angekränkelten oder im Untergang begriffenen extracellulären Parasiten die am besten erhaltenen Erreger. In einigen Fällen schien der adventitielle Lymphraum noch völlig oder nahezu unbeschädigte Erregerformen zu beherbergen, während die übrige Umgebung schon mit Degenerationsprodukten des Parasiten und Silberzellen überschwemmt war.

Wie sieht die *Urform* aus? Eine Beantwortung dieser Frage ist äußerst schwierig. Wir können ja die in den Silberzellen gefundenen fädigen argyrophilen Inhalte wegen ihrer erheblichen morphologischen Abweichung von der Urform zur Feststellung derselben nicht heranziehen. Aber abgesehen davon hat uns die Durchsicht vieler Fälle und vieler Schnitte gezeigt, daß es auch eine *extra*celluläre Degenerationsform der Parasiten gibt. So dürfen wir eigentlich nur mit Zufallsbefunden bei der Feststellung der *Urform* der Erreger rechnen. Wir möchten als Urform denjenigen morphologischen Typus ansehen, der uns den Parasiten noch in voller biologischer Aktivität vergegenwärtigt. Dieser Typus ist selbstverständlich selten und wir müssen sehr, sehr lange suchen, bis wir ihn finden. Ich gebe in den nebenstehenden Abb. 62 und 63 ein Exemplar der Urform wieder, wie ich es neben noch anderen im lymphocytär infiltrierten adventitiellen Lymphraum eines Rückenmarkgefäßes gefunden habe (Fall BRACK, s. S. 175). Es handelt sich dabei um eine gewöhnlich ziemlich kurze *Spirochäte* von 2—8 oder 10 μ Gesamtlänge. Größere Exemplare weisen 5—6 annähernd gleichmäßige Windungen auf; kleinere Exemplare haben selbstverständlich weniger Windungen, etwa 2, und diese sind dann etwas flacher geschwungen. An den größeren, 5—6 Windungen tragenden Exemplaren ist die erste Windung oft etwas größer, so daß man von einem Haken sprechen könnte. Die Tiefe der Windungstäler ist nicht eckig, wie bei den Leptospiren, sondern rund wie bei den Treponemen. Die Windungen sind, wie schon betont, annähernd gleichmäßig und im allgemeinen nicht so tief wie bei den Syphilis-

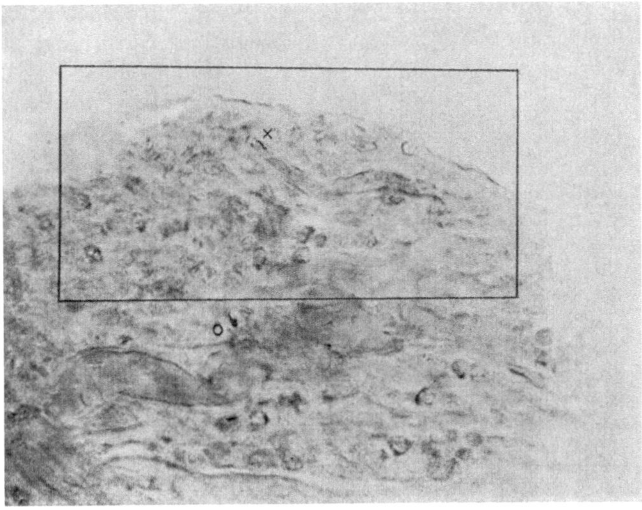

Abb. 62.

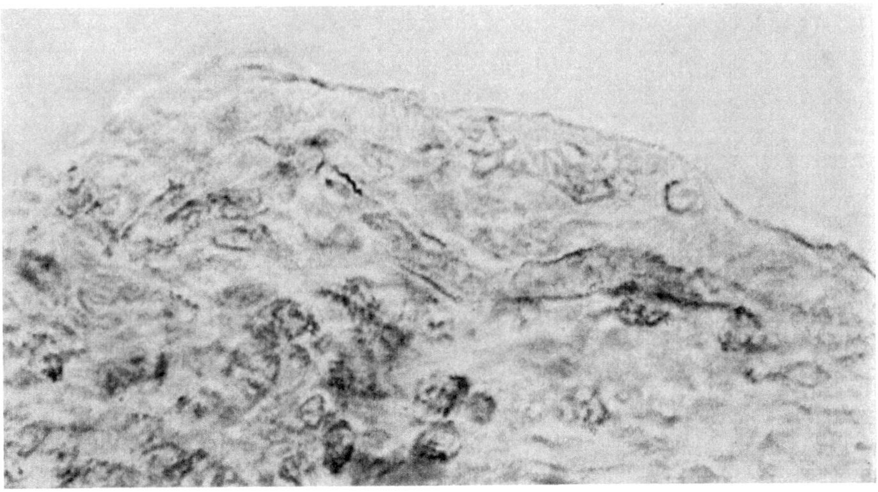

Abb. 63.

Abb. 62 und 63. Multiple Sklerose. Fall Brack. Gefrierschnittversilberungsmethode. Lymphocytär infiltrierter adventitieller Lymphraum eines Blutgefäßes des Rückenmarks, in dem eine Capillarschlinge getroffen ist. An der mit o gekennzeichneten Stelle liegt ein degenerierendes Erregerexemplar, an der mit × markierten Stelle liegt eine noch deutlich erkennbare Spirochätenurform, die in Abb. 63 stärker vergrößert dargestellt ist.
(Vergr. von Abb. 62: Obj. Immersion $^1/_7$, Ok. 7 ×, Balgauszug 42 cm; Abb. 63: Apoch. 120, Ok. 7 ×, Balgauszug 40 cm.)

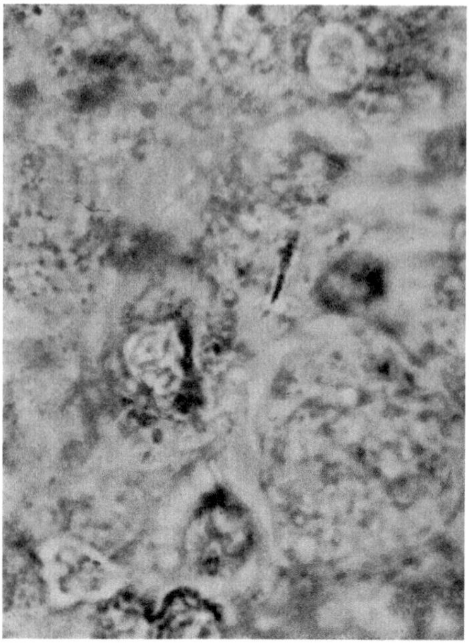

Abb. 64. Multiple Sklerose. Fall BRACK. Gefrierschnittversilberungsmethode. Spitze Spirochätennadel extracellulär im infiltrierten adventitiellen Lymphraum liegend. An dem unteren Teil der Nadel sind noch feinste Windungen erkennbar. (Obj. Apoch. 120, Ok. 7 ×, Balgauszug 42 cm.)

spirochäten, sondern flacher. Im Verlauf der Schraube findet sich gelegentlich eine Öse oder ein Knopf, gewöhnlich der Tiefe eines Windungstales entsprechend. Hier ist dann auch die Bogenform der Windung nicht mehr so genau abgezeichnet, sondern es kommt zur Ausbildung eines Dreiecks mit geraden oder sogar nach innen eingebuchteten Schenkeln. Ein Ende scheint sich manchmal zu verjüngen und in eine feine Spitze auszulaufen.

Im Vergleich mit solchen dem aktiven Urtypus entsprechenden seltenen Exemplaren finden sich die *extracellulären Degenerationsformen* wesentlich häufiger. Solche Exemplare liegen dann oft nicht einzeln, sondern gehäuft aber noch völlig extracellulär. Es sind gerade gestreckte, starre, ziemlich spitzige, glatte, tiefschwarz gefärbte, strichartige, an beiden Enden scharf abgesetzte, in sich vollkommen isolierte Gebilde. Bei sehr starker

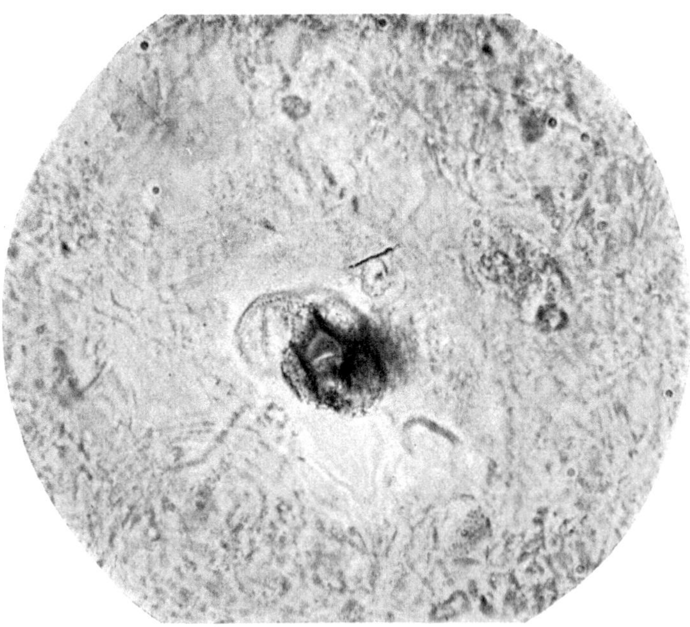

Abb. 65. Multiple Sklerose. Fall BRACK. Gefrierschnittversilberungsmethode. Nach oben von dem Capillarquerschnitt liegt die offenbar schon intracellulär aufgenommene noch verhältnismäßig gut erhaltene Spirochäte. (Obj. Apoch. 120, Ok. 15 ×, Balgauszug 14 cm.)

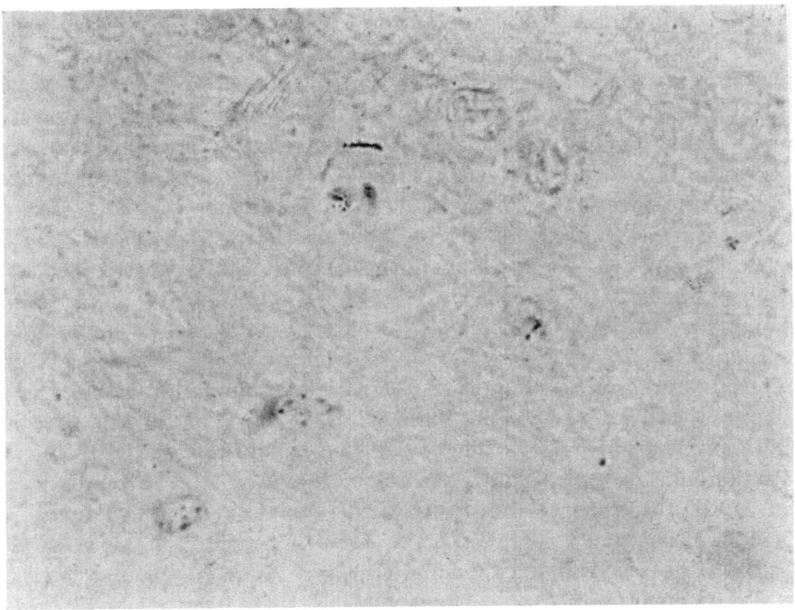

Abb. 66.

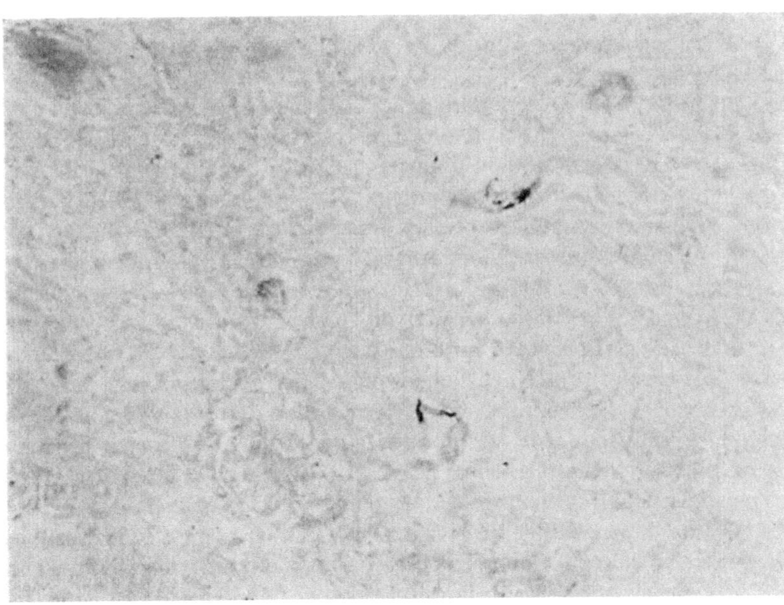

Abb. 67.

Abb. 66 und 67. Multiple Sklerose. Fall BRACK. Gefrierschnittversilberungsmethode. Extracelluläre Degenerationsformen des Parasiten. An dem Exemplar der unteren Abbildung ist der mittlere Teil nicht scharf abgebildet, da er in einer anderen optischen Ebene liegt, der linke Teil verläuft infolge Abknickung in spitzem Winkel zu dem seitlich verlaufenden Ast.
(Obj. Apoch. 120, Ok. 7 ×, Balgauszug 41 cm.)

Vergrößerung waren nicht immer, aber doch gelegentlich feinste, zierlichste Windungen sichtbar. Die Windungen sind gleichgerichtet, von ziemlich gleicher Tiefe, an der Grenze der mikroskopischen Sichtbarkeit, im ganzen sind es etwa 8—10 Windungen bei größeren und 3—4 bei kleineren Exemplaren. Manchmal sind die Windungen auch insofern ungleich, als an den Enden die feinsten kaum mehr erkennbaren Windungen erscheinen, in der Mitte dagegen Windungen von erheblicherer Tiefe. Die mikrophotographische Darstellung der Windungen ist wegen ihrer Kleinheit und Zierlichkeit außerordentlich schwierig. Die Länge derartiger Einzelexemplare ist verschieden; es finden sich ganz kleine bis zu größeren Exemplaren, Gesamtlängen von einigen bis 10 μ werden nicht überschritten (Abb. 64).

Manchmal fand sich in nächster Nähe des adventitiellen Lymphraumes eine zwar schon offenbar von einer Zelle aufgenommene, aber in ihrer ursprünglichen Gestalt noch außerordentlich gut erhaltene Erregerform (Abb. 65). An ihr treten die allerfeinsten Windungen kaum mehr zu Tage, dagegen gröbere, eher der Urform zukommende, aber viel flachere Windungen und der gerne an einem Ende sich vorfindende plumpe Windungshaken. Auch hier ist die Gesamtform auffallend starr. Die groben Windungen, die bei den starren Formen fehlen, treten häufig nur an längeren Exemplaren auf, dann ist gewöhnlich das ganze Gebilde dicker und zeigt keine feinsten gleichmäßigen Windungen mehr. Durchaus gleichartige Exemplare konnten in weiteren Serienschnitten desselben Blockes nachgewiesen werden (Abb. 66 und 67).

Die Urform des Erregers ist nicht häufig, man muß sehr nach ihr suchen und man wird nur in solchen Fällen einen Erfolg haben können, in denen der besonders geformte argyrophile Inhalt der Silberzellen anzeigt, daß es sich um eine erst kurze Zeit zurückliegende Aufnahme von Erregerbestandteilen in die Zellen gehandelt hat.

Bis jetzt habe ich in 7 von den im ganzen untersuchten 28 Fällen von multipler Sklerose extracelluläre Urformen der Erreger gefunden, in einigen Fällen nur einzelne spärliche, in zwei Fällen dagegen häufiger. Auch in den beiden Fällen, in denen die Erreger häufiger vorkamen, war ihr Nachweis nicht leicht, nie fand sich in einem einzigen Immersionsgesichtsfeld eine *große* Zahl von wohlerhaltenen Krankheitserregern und wenn wir sie in einem Schnittpräparat nachgewiesen hatten, waren sie oft im unmittelbar darauffolgenden Serienschnitt nicht mehr vorhanden. Auch die dem Fundort benachbarten Stellen eines und desselben Präparats müssen nicht immer die Urformen aufweisen. Immerhin wird man beim Nachsuchen diejenigen Serienschnitte besonders intensiv durchsuchen, in denen bereits Urformen der Erreger aufgefunden worden sind und hier wird man vor allem auch auf die den Fundorten benachbarten Stellen zu achten haben. Bisher habe ich Urformen der Erreger, abgesehen von subependymal gelegenen Entmarkungsherden, in solchen des Thalamus opticus, Gyrus hippocampi, in Herden der Markzungen von Hirnrindenwindungen und des subcorticalen Markes sowie in Rückenmarksherden nachweisen können. Nach der ganzen Gestalt der Urformen können wir den Erreger keiner anderen Klasse von Mikroorganismen zuteilen, als der der *Spirochäten*. Um welche Unterart dieser Mikrobenklasse es sich dabei handelt, ob der gefundene Erreger mehr dem Treponemen- oder Leptospirentypus gleicht oder ob er einer ganz anderen Spirochätengruppe zuzurechnen ist, kann ich auf Grund der bisher mit dem Versilberungsverfahren erzielten Feststellungen nicht entscheiden. Wenn wir überhaupt an Klassifikationsfragen herangehen wollen, so müßten wir von der Ordnung bisher bekannten Spirochätenarten ausgehen. Hier herrscht nun noch ein erheblicher Meinungsstreit, weil wir eben über die Biologie und Morphologie vor allem der pathogenen Spirochätenarten sehr wenig wissen. So werden auch in unserem Fall erst experimentelle und kulturelle

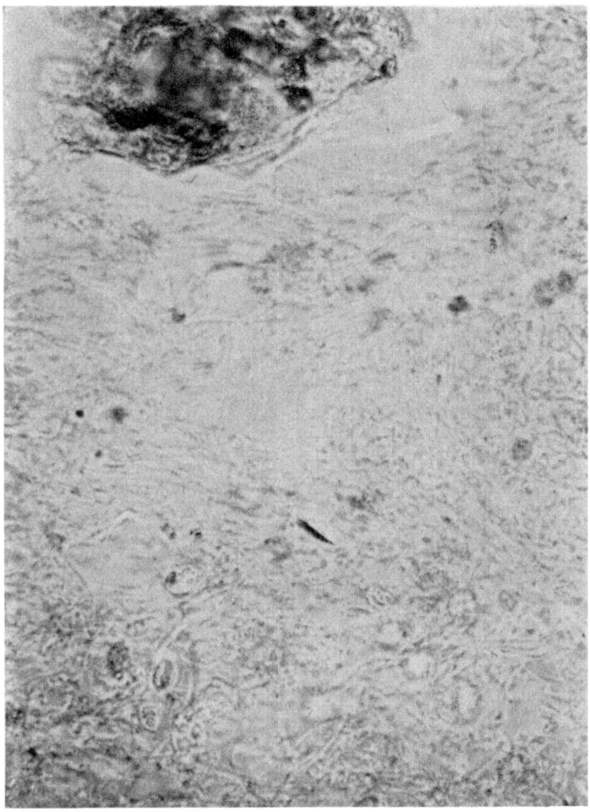

Abb. 68. Multiple Sklerose. Fall BRACK. Gefrierschnittversilberungsmethode. Extracelluläres agglomeriertes Spirochätenbüschel von nadelförmigem Typus, etwas unterhalb der Mitte der Abbildung. (Obj. Apoch. 120, Ok. 5 ×, Balgauszug 32 cm.)

Erfahrungen eine sichere Entscheidung möglich machen. Daß es sich aber bei dem entdeckten Parasiten um eine *Spirochätenart* handelt, daran kann nicht gezweifelt werden, denn nicht nur die Urform selbst, sondern auch die ganze Art des Unterganges der Erreger und ihre Verarbeitung innerhalb von Zellen ähnelt so sehr der nur von den Spirochäten her bekannten Erscheinungsweise, daß auch hieraus die Berechtigung abgeleitet werden darf, den Erreger als eine Spirochäte anzusehen. Ich nenne den Erreger: Spirochaeta myelophtora (d. h. die markzerstörende).

Aus unseren *morphologischen* Beobachtungen etwas über das *biologische Verhalten* der Erreger im Gewebe des Zentralnervensystems zu erschließen, ist eigentlich unstatthaft. Biologische Funktionen sind ja morphologisch nur *dann* signalisiert, wenn sie mit einer Veränderung der Form einhergehen. Bei den meisten Spirochätenarten haben wir den biologischen Vorgang der Agglomeration kennen gelernt und bei vielen Spirochätenkrankheiten auch Spirochätenagglomerationen im Gewebe nachweisen können. Wir haben in früheren Ausführungen bei der aichmomorphen Degeneration der Pallidae im Gehirn des Paralytikers auf die eigenartige Agglomeration in Nadelbüscheln hinweisen können. Finden wir etwas ähnliches auch bei der multiplen Sklerose? Dies ist nun tatsächlich so.

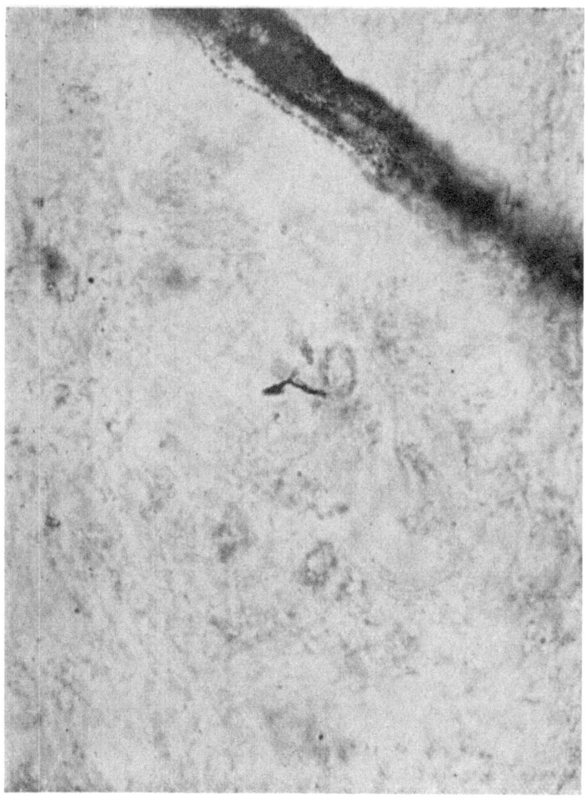

Abb. 69.

Wenn wir sehr viel Präparate durchsehen, stoßen wir gelegentlich auf eigenartige Verknüpfungen von zwei oder mehreren stark silbergeschwärzten einzelnen Spirochäten. Solche Verknüpfungen offenbar vieler Einzelexemplare führen zu richtigen *Spirochätenbüscheln*. Häufig ist an der einen Spitze eines derartigen Büschels ein noch engerer Zusammentritt der einzelnen Exemplare erfolgt, dieses Ende verläuft in eine einzige scharfe Spitze aus, während am anderen Ende die zunächst kaum mehr isoliert dargestellten einzelnen Spirochäten büschelförmig auseinandertreten (Abb. 68). Ein andermal kommt es zu einer Kreuzung zweier oder mehrerer Exemplare annähernd in der Mitte derselben, so daß das ganze Gebilde wie ein Kreuz oder wie ein Multiplikationszeichen geformt ist. Hin und wieder bildet sich beim Zusammentritt vieler

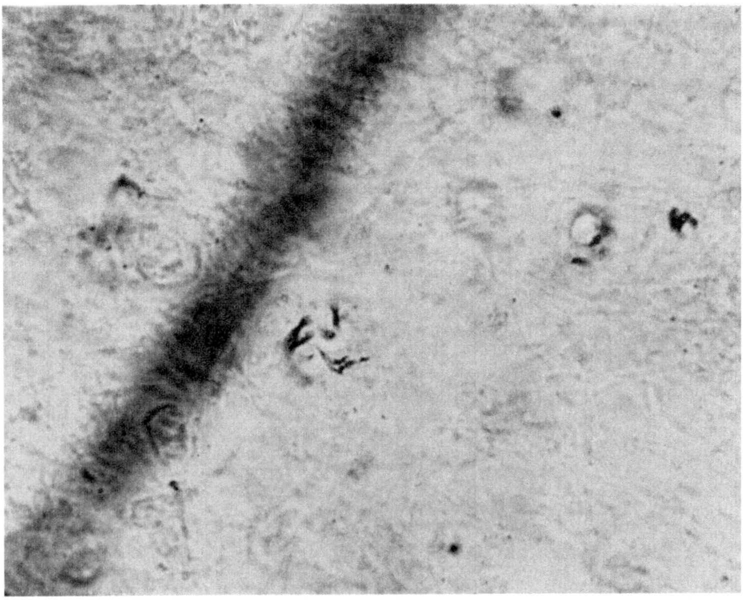

Abb. 70.

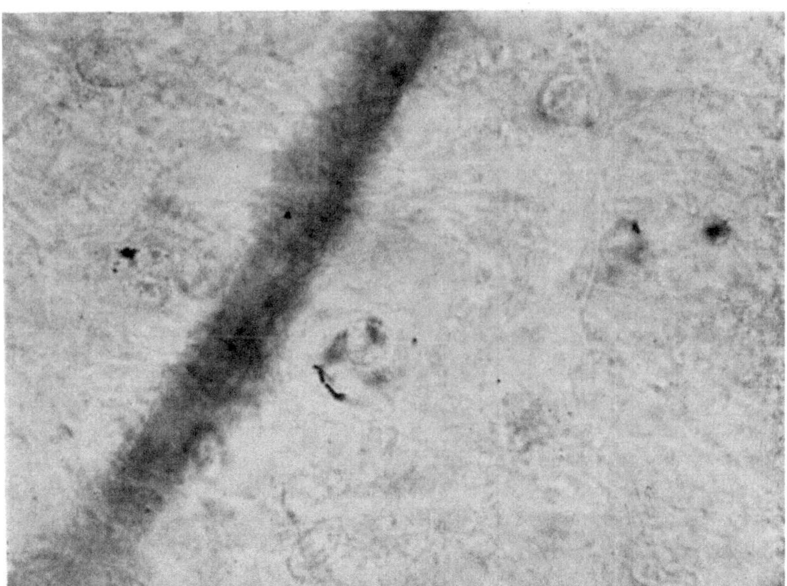

Abb. 71.

Abb. 69—71. Multiple Sklerose. Fall BRACK. Gefrierschnittversilberungsmethode. Intracellulär verarbeitete Spirochätenagglomerationen. In Abb. 69 sind im optischen Querschnitt nur zwei der vielen einzelnen Exemplare getroffen, Abb. 70 und 71 stellt zwei nahe aufeinanderfolgende optische Ebenen derselben Stelle dar. Im unteren Bild erkennt man den Zellkern und nicht weit von ihm abliegend eine schon im Abbau befindliche Spirochätenform, im oberen Bild eine ganze Reihe agglomerierender anderer Spirochäten. (Obj. Apoch. 120, Ok. 7×, Balgauszug 41 cm.)

Einzelexemplare eine Form, die dem Haarteil eines Pinsels ähnlich sieht. Am häufigsten ist jedoch der fast parallele Verlauf der gebündelten Einzelexemplare des Erregers mit Zusammenschluß in eine feine Spitze an einem oder beiden Enden. Solchen Agglomerationsgebilden gegenüber spielen celluläre Angriffsneigungen häufig noch keine Rolle. Die Spirochätenbüschel liegen extracellulär, frei im Parenchym, ohne irgendeine erkennbare Beziehung zu Zellkernen oder plasmatischen Gliawucherungen, häufig finden wir sie auch im adventitiellen Lymphraum ohne Einschluß in Zellen vor. Manchmal treffen wir auch die Spirochätenagglomerationen bereits intracellulär an (Abb. 69—71). Wahrscheinlich handelt es sich bei diesen Agglomerationen schon um den Untergang einleitende Vorstufen; wir dürfen dies um so eher annehmen, als ja die Spirochätenagglomeration gewöhnlich eine eigentümlich kritische Phase im Lebenszyklus der meisten Spirochätenarten bedeutet. Wir wissen allerdings noch viel zu wenig über diesen eigentümlichen Vorgang, als daß irgendwelche sonstigen Schlüsse sich ziehen ließen. Eines scheint mir aber sicher: Die Agglomeration findet nicht an wohlerhaltenen Urformen statt, wenigstens sehen wir *niemals* im Gewebe die typisch gewundenen Urformen in Agglomeration, sondern immer schließen sich *nur* die spitzen starren Nadelformen, die wir ja als biologisch im Sinne beginnender extracellulärer Degeneration veränderte Typen aufgefaßt haben, zur Agglomeration zusammen.

Agglomerierte Spirochäten in Form der Büschel finden sich gemischt mit einzelnen isoliert liegenden Nadeltypen und seltenen wohlerhaltenen in einem und demselben Schnitt. Daneben auch noch Silberzellen! Die Spirochätenbüschel sind häufiger als die erhaltenen Einzelexemplare, beide jedenfalls aber viel seltener als die Silberzellen. Wir dürfen vermuten, daß Agglomerationsneigung und Vorkommen erhaltener Erregerexemplare zusammengehören, wenigstens in *dem* Stadium, in dem die Untersuchung der Gehirne bisher stattfinden konnte. Wir sehen hierin zweifellos eine frühere Phase der Spirochätenwirksamkeit, die Anwesenheit von Silberzellen *allein* stellt sicher einen späteren Zeitpunkt dar.

Wie die Spirochäten in das Zentralnervensystem hineinkommen und wie sie in ihm sich weiter ausbreiten, habe ich bisher nicht feststellen können. Wir stehen hier ja noch ganz am Anfang der Forschung. Es scheint mir, wie wenn der adventitielle Lymphraum als präformierte Bahn für die Weiterwanderung der Parasiten nicht bedeutungslos wäre. Eines ist sicher: In *der* Stufe des polysklerotischen Prozesses, in der die Gehirne unserer Untersuchung zugänglich werden, finden wir gut erhaltene Erregerexemplare verhältnismäßig selten, öfter untergehende, wozu ich auch die agglomerierenden rechnen möchte, und als gewöhnlichen und häufigen Befund solche, die sich schon im Stadium der intracellulären Weiterverarbeitung innerhalb von Silberzellen befinden. Dies erschwert uns auch die Feststellung der ursprünglichen Gestalt des Erregers ganz besonders.

Worauf der Erregerzerfall beruht, können wir nicht sagen. Unsere therapeutischen Einwirkungen sind für den Zerfall wohl nicht verantwortlich zu machen, sondern eher immanente Abwehrreaktionen des Körpers und Vorgänge im Erreger selbst, d. h. in seinem Lebenszyklus begründete Erscheinungen.

Man könnte die eigenartige Büschelbildung der Erreger statt auf eine Agglomeration auf eine *Zerfaserung* eines einzigen Erregerindividuums in mehrere parallel nebeneinander gelagerte Teilstücke zurückführen. Dem steht aber die Tatsache entgegen, daß ja nicht immer eine Büschelform der Erreger zum Vorschein kommt, sondern auch häufig sich überkreuzende, quer und schief zueinander stehende Einzelexemplare. Außerdem zeigt sich eine so frappante Ähnlichkeit mit der aichmomorphen, auf einer besonderen Agglomeration beruhenden Spirochätendegeneration bei den herdförmigen Markscheidendestruktionen im Hirn der Paralytiker, daß auch hieraus unsere Annahme eines Agglomerationsvorganges der Spirochaeta myelophtora im Zentralnervensystem des Polysklerotikers gerechtfertigt scheint.

Die bildliche Darstellung nicht nur der Windungen der Spirochaeta myelophtora, sondern eines ganzen Erregerexemplars ist mikrophotographisch sehr schwierig, weil die einzelnen Erreger in ihrer *ganzen* Länge gewöhnlich nicht mit der optischen Ebene, die zur Abbildung im Mikrophotogramm kommt, gleichgerichtet verlaufen. Die Parasiten stellen sich zum optischen Querschnitt quer oder schräg und deshalb ist es kaum möglich, den Gesamtverlauf des einzelnen Erregers photographisch in scharfer Einstellung zu erfassen. Dies trifft überdies auch für alle anderen Spirochätenarten und für viele parasitäre Mikroben zu. Deshalb kann nur derjenige, der Spirochätenmikrophotogramme zu lesen vermag, sich ein ungefähres Bild vom Aussehen und der Gestalt der Erreger aus den hier wiedergegebenen Mikrophotogrammen machen. Da die eigenen subjektiven Beobachtungen häufig nicht unvoreingenommen erfolgen können, habe ich die Präparate einer Reihe von Spirochätenkennern vorgelegt und mir von ihnen ihren optischen Eindruck und ihre Auffassung berichten lassen. An der Spirochätennatur der gezeigten Gebilde bestand kein Zweifel.

So ist also der Nachweis von Spirochäten neben dem ihrer Agglomerations- und extracellulären Zerfallsformen durch die Weiterverfolgung des intracellulären Verarbeitungsvorgangs der Spirochätenzerfallsstoffe gelungen, und es wird nunmehr die Frage zu erörtern sein, ob diesem Nachweis bestimmter Mikroorganismen im Zentralnervensystem bei multipler Sklerose irgendeine Bedeutung zukommt.

8. Die ätiologische Bedeutung des Nachweises der Spirochaeta myelophtora und die Einwände dagegen.

Mit der Bezeichnung der Spirochäte als ,,Markzerstörerin" haben wir bereits zum Ausdruck gebracht, daß wir in dieser Spirochäte die wesentliche Ursache der multiplen Sklerose sehen. Wir haben dies jetzt zu beweisen.

Wir halten uns zunächst die möglichen Einwände vor:

a) Könnten die gefundenen Gebilde nicht Kunstprodukte oder gewebseigene Bestandteile des Zentralnervensystems und gar keine gewebsfremden Parasiten sein?

Man hat mir den Einwand gemacht, bei den intracellulären argyrophilen Produkten, deren Anhäufung ich früher als Trümmerzonen und nunmehr als Silberzellenherdchen bezeichnet habe, könne es sich um Kunstprodukte handeln. Es sei doch denkbar, daß mit der Färbung, bei der das Gewebe wiederholt auf hohe Temperaturen erhitzt wird, gewisse und nur bei der multiplen Sklerose gebildete Stoffe ihren Chemismus ändern und argyrophil werden. Nun ist dieser Einwand deshalb hinfällig, weil die Färbungen auch *ohne* jegliche Erhitzung vollzogen werden können, das Verfahren *mit* Erhitzung dient ja nur zu einer Reaktionsbeschleunigung der auch bei gewöhnlicher Zimmertemperatur vor sich gehenden chemischen Umsetzungen. Daß es sich um keine Kunstprodukte handeln kann, darauf weist ferner die eigentümliche morphologische ständig wiederkehrende Gleichartigkeit der intracellulären schwarz versilberten Stoffe hin, die mit den Abbaustoffen anderer Spirochäten die größte Ähnlichkeit haben. Wir müßten ja sonst auch alle Degenerationsprodukte von Spirochäten, die wir etwa von der progressiven Paralyse und von anderen Spirochätosen her kennen, als Kunstprodukte ansehen; eine solche Annahme widerspräche aber durchaus den Vorstellungen aller sachverständigen Spirochätenforscher.

Schon bei den Ausführungen über die Bedeutung der Silberzellen haben wir uns eingehend zu der Frage geäußert, ob nicht irgendwelche bindegewebigen oder Achsenzylinderbestandteile den argyrophilen Inhalt der Silberzellen bilden. Wir haben dies aus zahlreichen Gründen ablehnen müssen. Nunmehr könnte in ähnlicher Weise der Einwand gemacht werden, die spirochätenartigen, extracellulären argyrophilen Fäden, die wir als die Urform der Erreger ansehen, seien irgendwelche pathologisch veränderte oder gewucherte Achsenzylinder-, Glia-, oder Bindegewebsbestandteile. Daß es sich nicht um *Achsenzylinderteile* handelt, geht daraus hervor, daß die Spirochätenformen sich ja auch besonders gerne im adventitiellen Lymphraum nachweisen lassen. Im übrigen gelten hier dieselben Gegengründe, wie wir sie auch bezüglich des Silberzelleninhalts angeführt haben. Die gewucherten *Gitterfasern* des mesenchymalen Gewebes sind zwar manchmal ebenfalls nur auf eine kurze Strecke hin argyrophil darstellbar und endigen anscheinend frei im Gewebe. Solche kurzfädigen Gitterfäserchen finden sich, wenn sie vorkommen, immer in ungeheuer vermehrter Anzahl, nahe beieinander, manchmal auch in ausgesprochen netzartiger Verbindung, gewöhnlich auch vermischt mit langgestreckten Faserteilen und ohne irgendwelche Beziehung zu Silberzellen. Dabei ist die Art des kolloiden Silberkleides dieser ganz jungen Gitterfäserchen völlig verschieden von dem der extracellulären Spirochäten und der intracellulären Spirochätenbruchstücke mit ihrer tiefschwarzen Argyrophilie.

Eine Verwechslung von *Gliafasern* mit extracellulär liegenden Spirochäten kann deshalb nie vorkommen, weil sowohl die plasmatischen Ausläufer von Gliazellen, wie die faserigen Bestandteile des gliösen Gewebes bei meiner Versilberungsmethode sich *immer* ganz hellgelb darstellen und so unbedingt von der schwarzen Tönung der Spirochäten unterschieden werden können, ganz abgesehen von allen Verschiedenheiten der Größenordnung und der Verfolgbarkeit solcher langgestreckter gliöser Gebilde auf weite Strecken. Ich betone dies nochmals ausdrücklich gegenüber LÜTHY, der ein in einem Fall gefundenes „gewundenes Fädchen mit Öse" abbildet und dabei von der Möglichkeit der Versilberung von Gliafasern spricht.

Mit Fug und Recht können wir daher die gefundenen extracellulären Formen als gewebsfremd ansehen. Wenn sie aber Fremdkörper im Gewebe sind, so bleibt doch kaum etwas anderes übrig als die Annahme, daß es sich bei ihnen um parasitäre Elemente handelt.

b) Postmortal eingewanderter, intravital harmloser oder mit einem ultravisiblen Erreger symbiontisch in Zusammenhang stehender, an und für sich ätiologisch belangloser Parasit?

Könnten die gefundenen Mikroben *nach dem Tode* eingewanderte Keime sein, die mit dem eigentlichen Krankheitsprozeß der multiplen Sklerose gar nichts zu tun haben? Wenn dies der Fall wäre, so müßte immerhin die Tatsache als auffällig bezeichnet werden, daß in vielen anderen Gehirnen, bei denen die Bedingungen der Aufbewahrung der Leichen, der Sektion und der Verbringung in die Fixierungsflüssigkeit doch sicher nicht anders liegen, derartige Parasiten nicht enthalten sind. Auch ist in einem unserer positiven Fälle die Dauer zwischen Tod und Sektion so kurz gewesen (3 Stunden nach dem Tode), daß ein postmortales Einwandern von saprophytischen Keimen in irgendwie nennenswertem Maße nicht denkbar ist. Aber ganz abgesehen hiervon ist es doch äußerst unwahrscheinlich, daß Lymphocyten und Gliazellen postmortal noch die Fähigkeit hätten, Trümmer von Mikroben in sich aufzunehmen und zu verarbeiten. Ferner entspricht die Anordnung der gefundenen Parasiten ganz und gar nicht derjenigen bei einer postmortalen Einwanderung. Wir finden ja unsere Parasiten am Rande der Entmarkungsherde in der Nähe von Silberzellenherden, also mit deutlicher *Beziehung zu dem intravitalen, aktiven Krankheitsprozeß*. Auf der anderen Seite widerspricht es der Eigenart saprophytischer Keime, so rasch nach ihrer postmortalen Einwanderung zu zerfallen, daß nur noch einzelne Exemplare solcher Keime übrig bleiben. Wo Saprophyten in totes und faulendes Gewebe einwandern, sehen wir bald eine starke Vermehrung derselben und neben einer überwiegenden Mehrzahl wohlerhaltener Keime nur wenige oder gar keine zerfallenen. Bei der multiplen Sklerose ist es aber wie bei der progressiven Paralyse gerade umgekehrt, hier treffen wir sehr viel zerfallene Parasiten und nur wenige gut erhaltene an und mit dem Zerfall findet noch eine weitergehende *intravitale* Verarbeitung durch körpereigene Zellen statt. So dürfen wir also den Einwand der postmortalen Einwanderung mit völliger Sicherheit als widerlegt ansehen und ihn ganz beiseite lassen.

Handelt es sich, so fragen wir weiter, bei dem aufgefundenen Keim zwar um keinen postmortal eingewanderten, aber vielleicht um einen intravital im Gewebe des Zentralnervensystems vorhandenen, an und für sich völlig harmlosen Bewohner des menschlichen Zentralnervensystems?

Hiegegen spricht die Tatsache, daß die Parasiten nur im kranken Gewebe oder in dessen nächster Nähe aufgefunden werden und daß sie in unmittelbarster Beziehung zu sichtbaren gegen sie gerichteten Gewebsreaktionen in Form der herdförmigen intraadventitiellen und parenchymatösen Silberzellenbildung stehen. Wir wissen sehr wohl, daß zu Lebzeiten des Menschen und Tiers in ihren Organen eine große Reihe harmloser Schmarotzer aus der Welt der Kleinlebewesen vorkommen und daß aufgefundene harmlose Keime fälschlich als Krankheitserreger auch beim Menschen angesehen wurden. Ich erinnere nur an die noch in letzter Zeit durch Manteufel und Herzberg geklärte Belanglosigkeit des Bacillus hepatodystrophicans für das Gelbfieber, das Kuczynski auf die Infektion mit diesem Keim ursächlich zurückgeführt hatte. Im gesunden menschlichen Zentralnervensystem kennen wir allerdings keinerlei während des Lebens vorhandene apathogene Bakterien oder spirochätenähnliche Parasiten. Daß das Vaccinevirus oder das Virus des gewöhnlichen Herpes sich im Zentralnervensystem des Menschen ohne weitere Schädigung des Gewebes aufhalten kann, ist möglich, vielleicht sogar wahrscheinlich, dies steht aber auf einem ganz anderen Blatt. Das Zentralnervensystem des gesunden Menschen stellt jedenfalls eine bakterienfreie und vor allem spirochätenlose Gewebsmasse dar und wir haben nicht den geringsten Grund zur Annahme, daß die bei multipler Sklerose von mir gefundenen Keime harmlose, mit der Krankheit in keiner Beziehung stehende Parasiten wären. Dabei soll keineswegs geleugnet werden, daß in anderen Organen des gesunden Menschen, z. B. in normalen menschlichen Lymphdrüsen apathogene Bakterien (Bacterium lymphophilum, Bloomfield, Torrey 1916) vorkommen können. Für das Gehirn ist aber ein derartiger harmloser Mikroorganismus noch nie nachgewiesen worden. Die Annahme, daß es sich bei dem im Zentralnervensystem gefundenen Keim um einen harmlosen und schon beim gesunden Menschen vorhandenen Mikroorganismus handele, wird weiterhin durch zahlreiche Kontrolluntersuchungen gegenstandslos. Wir dürfen auch diesen Einwand als unberechtigt bei Seite legen.

Man könnte schließlich entgegnen, daß der aufgefundene gewebsfremde Parasit zwar mit der Krankheit als solcher wohl etwas zu tun habe, daß er aber nur in *Symbiose* mit einem anderen und zwar ultravisiblen Keim, der als eigentlicher Krankheitserreger aufzufassen sei, die Entstehung der multiplen Sklerose verursache. Damit würde die Spirochaeta myelophtora zu einem Symbionten des eigentlichen Krankheitserregers degradiert, etwa in ähnlicher Weise wie der Bacillus suipestifer nicht der Erreger der Schweinepest ist, sondern nur als Symbiont des ultravisiblen Krankheitserregers zu gelten hat (Uhlenhuth). Da aber unsere Kenntnis und der Nachweis der ultravisiblen Krankheitskeime überhaupt noch außerordentlich schwierig ist, so wird bei *jeder* durch einen sichtbaren Erreger erzeugten Krankheit eine solche Verknüpfung des bisher ätiologisch in Anspruch genommenen sichtbaren Erregers mit einem unsichtbaren oder in keiner Weise sichtbar zu machenden Keim als unwiderlegbare These aufgestellt werden können. Daß dies der Fall ist, zeigen uns manche modernen ätiologischen Hypothesen auf dem Syphilis- und Tuberkulosegebiet, bei Typhus (Almquist), wo neben dem sichtbaren Virus unbewiesene ultravisible oder filtrierbare Formen allerdings desselben Krankheitserregers angenommen werden. Aber selbst wenn ein ultravisibles Virus *neben* dem sichtbar zu machenden bei der Entstehung der multiplen Sklerose die wesentlichere Rolle spielen würde, was ich nicht annehme, so müßte der Nachweis eines sichtbaren Parasiten bei multipler Sklerose und nur bei dieser trotzdem als wesentlicher Fortschritt gebucht werden, der unsere ganze Auffassung von der Pathogenese der multiplen Sklerose weitgehend zu fördern vermag.

c) Handelt es sich um Mikroben von Spirochätennatur oder um andere Keime? Handelt es sich vielleicht um modifizierte, irgendwie in ihrer Form abgeänderte Syphilisspirochäten?

Auf der Tagung der Gesellschaft Deutscher Nervenärzte im Jahre 1928 habe ich zum ersten Male vor einem größeren Kreis die bis damals nur in 3 Fällen gefundenen extracellulären Gebilde mikroskopisch demonstrieren können. In der Diskussion zu meinem Vortrag haben Marburg und Redlich auf Beziehungen der multiplen Sklerose zur kongenitalen Syphilis aufmerksam gemacht, während NONNE auf Grund seiner langjährigen Erfahrung betonte, er habe niemals bei seinem großen Material gesehen, daß Tabiker oder Paralytiker Kinder mit echter multipler Sklerose hätten. MARBURG wies auf die Häufigkeit der Syphilis in der Ascendenz der Polysklerotiker und das Vorkommen von multipler Sklerose bei sicher syphilitisch Infizierten hin, wie dies E. POLLAK bereits gezeigt habe. Man könne einwenden, daß die von mir gezeigten Spirochäten nichts von der Spirochaeta pallida haben, aber wer wisse, wie das Silberreduktionsverfahren oft entstelle, der werde auch daran nichts absonderliches finden. REDLICH drückt sich vorsichtiger aus: Er habe die Frage der Beziehungen der multiplen Sklerose zur kongenitalen Syphilis kürzlich auf Grund charakteristischer Fälle, die er gesehen habe, freilich nur als Frage aufgeworfen. Ich selbst habe einen ätiologischen Zusammenhang zwischen kongenitaler Syphilis und multipler Sklerose abgelehnt und muß dies auf Grund meiner klinischen Erfahrungen auch weiterhin tun. Die größte Mehrzahl aller Fälle von multipler Sklerose hat weder selbst irgendwie und irgendwann mit einer syphilitischen Infektion zu tun gehabt, noch finden sich Anhaltspunkte dafür, daß bei einem der Eltern eine Syphilis vorgelegen hat. Immerhin muß ich die Denkmöglichkeit zugeben, es könne durch besondere uns nicht bekannte Umstände eine solche morphologische Veränderung des Ausgangsstammes einer Pallida resultieren, daß in den bei multipler Sklerose gefundenen Spirochäten eine besondere Varietät der Pallida zu sehen wäre. Allerdings wäre dies eine völlige Neuheit in der Biologie der Spirochäten überhaupt und auch aus anderen Gründen halte ich die Annahme eines Zusammenhangs mit der Syphilis für äußerst unwahrscheinlich, für so unwahrscheinlich, daß ich eine solche Annahme auch als Arbeitshypothese ablehnen möchte.

Aus der Tatsache, daß die in den Schnitten des kranken Gewebes bei multipler Sklerose von mir nachgewiesenen spirochätenartigen Gebilde sich immer nur ganz vereinzelt und offenbar sehr spärlich fanden, wird von einem Kritiker ein Gegengrund gegen die Beweiskraft des neuen Befundes abgeleitet. Denn aus der Biologie sonstiger Spirochäten sei bekannt, daß sie „fast immer in Schwärmen oder in Büscheln auftreten". Gemeint ist offenbar damit neben dem massiven Auftreten auch die Agglomerationsneigung. Es ist nun völlig falsch, eine solche Erscheinungsweise der Spirochäten als generell anzusehen; die Agglomerationsphase stellt eine ganz bestimmte, offenbar recht kurz dauernde biologische Lebenserscheinung der Erreger dar. Das massive Auftreten der Spirochäten fehlt in *vielen,* ja in den allermeisten Fällen. Denken wir doch nur daran, daß ein so vielerfahrener und gründlicher Forscher wie JAHNEL noch ganz neuerdings wieder bei der progressiven Paralyse von großen zeitlichen Schwankungen der Anzahl der Spirochäten im Hirn zu Lebzeiten des Paralytikers spricht, indem „auf Perioden starker Vermehrung Phasen der Abnahme der Parasitenzahl" folgen. In den spirochätenfreien oder richtiger gesagt spirochätenarmen Intervallen sei die Zahl der Spirochäten unter jene Grenze gesunken, oberhalb derer ein Nachweis mit Hilfe mikroskopischer Methoden noch möglich sei. Die Forderung, zu einem ausnahmslos positiven Spirochätennachweis bei allen floriden Paralysefällen zu gelangen, könne nur als Produkt einer unzweckmäßigen und unfruchtbaren Fragestellung angesehen werden.

Das *vereinzelte* und *spärliche Vorkommen* von extracellulär liegenden Spirochäten in den Geweben des Menschen ist überdies auch aus anderen Stadien der Syphilis (Narben von Primäraffekten z. B.) wohl bekannt und der Gegeneinwand gegen die Spirochätennatur der von mir aufgefundenen Parasiten, daß Spirochäten fast immer in Schwärmen oder in Büscheln auftreten, beweist höchstens die mangelnde Erfahrung des Kritikers auf dem Gebiet der Spirochätenbiologie, sonst nichts. Endlich wird gegen die Spirochätenätiologie geltend gemacht, daß wir keine pathogenen Spirochäten kennen, die sich ausschließlich im Zentralnervensystem, d. h. im ektodermalen Gewebe verbreiten. Die multiple Sklerose sei aber eine Krankheit, die elektiv das Zentralnervensystem befalle.

Wenn ich diesen Einwand richtig verstehe, so dürfte wohl damit gemeint sein, daß bei der multiplen Sklerose offenbar sofort, ohne daß klinische Krankheitserscheinungen nichtnervöser Art auftreten, Gehirn und Rückenmark befallen werden, ganz ähnlich wie es bei einer Reihe von auf ultravisiblen Erregern beruhenden Krankheiten des Zentralnervensystems der Fall sei. Wissen wir denn aber, ob eine solche ausgesprochene Affinität bei der multiplen Sklerose besteht? Wäre es nicht möglich, daß mit dem Eindringen des Krankheitskeimes zunächst eine harmlos anmutende, leicht fieberhafte, grippeähnliche oder andere Erkrankung von ganz kurzer Dauer auftritt, die dann einer anscheinend völlig gesunden Latenzperiode Platz macht, so daß erst viele Monate oder selbst Jahre nachher die ersten nervösen, häufig ja auch noch verkannten Erscheinungen der multiplen Sklerose auftreten. Eine solche Möglichkeit ist jedenfalls denkbar; es wäre meiner Ansicht nach logisch verfehlt, deshalb, weil wir noch nichts näheres über diese Latenzperiode und ihre Vorläufer wissen, anzunehmen, daß ein langes latentes Stadium des Leidens überhaupt nicht vorhanden ist und der Krankheitskeim sofort das zentrale Nervensystem befällt und sogleich klinische Erscheinungen auslöst.

Übrigens sind besondere Organprädilektionen bei bekannten Spirochätosen nichts ungewöhnliches. Die Spirochäte der WEILschen Krankheit z. B., siedelt sich besonders gerne in gewissen Organen der Bauchhöhle (Leber, Niere) an. Wir wissen ferner, daß die Recurrensspirochäte, dieser scheinbar so ausgesprochene Blutparasit, in späteren Stadien der Erkrankung sich mit Vorliebe im Zentralnervensystem aufhält und wir dürfen auch für die Syphilisspirochäte ganz allgemein eine gewisse Bevorzugung des Zentralnervensystems bzw. des Liquorraumes vor anderen Organsystemen annehmen. Zwischen Bevorzugung von Organsystemen und isoliertem Befallenwerden derselben besteht aber doch wohl nur ein gradueller und kein prinzipieller Unterschied.

Abgesehen hiervon kann eine *latente Persistenz* der Erreger in zahlreichen anderen Organen außerhalb des Zentralnervensystems die Elektivität des Krankheitskeimes für dieses nur vortäuschen. Wissen wir doch, daß es ein solches verborgenes Verweilen der Erreger bei vielen Infektionskrankheiten in einzelnen Organen gibt, ohne daß es zu morphologisch erkennbaren Veränderungen in solchen latent befallenen Organen oder vollends gar zu klinischen Krankheitszeichen seitens dieser Organe zu kommen braucht. Wenn wir etwa von einem elektiven Befallenwerden des Gehirns und Rückenmarks bei der Trypanosomiasis, bei der spinalen Kinderlähmung oder bei der lethargischen Encephalitis reden würden, so wäre dies gewiß falsch. Zunächst kommt es ja zu einer Art von Allgemeininfektion des ganzen Körpers oder vieler Organsysteme und dann erst zieht sich das Virus auf ein Vorzugsgebiet zurück. Dies drückt sich aber klinisch dann als Elektivität aus und es wäre unrichtig, aus einem solchen Vorgang auf eine von vornherein ausschließliche Ansiedlung der Krankheitserreger im entsprechenden Organsystem zu schließen. Die pathogenetischen Kenntnisse von der multiplen Sklerose sind derartig gering, daß die *vorgefaßte Meinung,* dieses Leiden spiele sich von Anfang an elektiv im Zentralnervensystem ab, nicht nur unbewiesen ist, sondern auch als dem wissenschaftlichen Fortschritt hinderlich abgelehnt werden muß. Wir müssen unbedingt vermeiden, irgendwelche voreiligen Theorien und Einzwängungsversuche in ein willkürlich aufgestelltes ätiologisches Schema für unser weiteres Forschen maßgebend sein zu lassen. Die Tatsache, daß eine Spirochätenkrankheit, bei der die Erreger ausschließlich im Zentralnervensystem sich verbreiten, uns unbekannt ist, kann als Gegengrund gegen die Spirochätennatur der von mir gefundenen mikrobischen Gebilde nicht angeführt werden.

Welche Zweifel blieben aber sonst noch gegen die Spirochätenform der nachgewiesenen Parasiten übrig? Gewiß müssen wir bei der Beurteilung von spirochätenartigen Gebilden, die wir *nur* mit dem Versilberungsverfahren im Gewebe darstellen können, außerordentlich vorsichtig sein. Bei der progressiven Paralyse besitzen wir eine ganze Reihe von Verfahren, die uns die Spirochätennatur der Parasiten unabhängig von jedem Versilberungsverfahren beweisen. Wir kennen die Urform der Syphilisspirochäte aus Ausstrichpräparaten, die nach GIEMSA gefärbt sind, wir vermögen mit dem Tusche-, Kollargol- oder einem ähnlichen Verfahren die Erreger darzustellen und wir haben die Dunkelfelduntersuchung, die uns den Krankheitskeim sogar lebend veranschaulicht. Für den Nachweis im Gewebe besitzen wir allerdings auch bis heute noch nur *ein* zuverlässiges Verfahren, nämlich in Form der Versilberungstechnik. Aber wir übertragen bei *allen* syphilitischen Prozessen die von anderen Färbungen her wohlbekannte Morphologie des Erregers ohne weiteres auf die versilberten Spirochäten und können auf diese Weise etwaige Formveränderungen, die die Versilberungsvorgänge an den Erregern erzeugen würden, gut beurteilen. Dabei ergibt sich, daß das versilberte Abbild der Syphilisspirochäten abgesehen von der Dicke niemals eine andere Gestalt zeigt, als sie uns von den anderen prinzipiell verschiedenen färberischen und sonstigen mikroskopischen Nachweismethoden schon bekannt ist. Wir dürfen danach annehmen, daß keine zu starke Verzerrung der wirklichen Form der Spirochäten im Versilberungsverfahren stattfindet und können somit *den* Einwand, daß uns durch das Versilberungsverfahren eine Spirochätenform der bei multipler Sklerose gefundenen Parasiten vorgetäuscht würde, ablehnen.

Trotzdem ist auch dann noch in der Beurteilung der Spirochätennatur weitere Vorsicht geboten. Wenn wir erfahren, daß selbst im Dunkelfeld Geißelfäden mancher bakterieller Gebilde mit Spirochäten verwechselt werden können (F. NEUMANN), so werden wir an eine solche Möglichkeit auch beim Versilberungsverfahren denken müssen. Gerade die Feinheit der von mir nachgewiesenen Windungen einzelner starrer, vielleicht schon in Degeneration befindlicher Spirochäten gibt hier zu denken. Es wäre ja vielleicht möglich, daß sich nur die Geißel des Parasiten im Versilberungsverfahren abbildet, der Hauptkörper jedoch nicht. Immerhin scheint mir eine derartige Überlegung nicht berechtigt, denn gerade die Geißelfäden erweisen sich nicht nur überhaupt, sondern besonders gegenüber der Versilberung nach meinen Erfahrungen als außerordentlich spröde. Bei geißeltragenden Spirochäten habe ich höchstens einen feinsten hellbraunen oder hellgelben Geißelfaden mit Versilberungsmethoden darstellen können, während das eigentliche Spirochätenhauptstück sich tiefschwarz abgebildet hat. In anderen Fällen von geißeltragenden Bakterien kamen die Geißelfäden wenn überhaupt, so nur in heller Tönung zum Vorschein. Daher würde man in unserem Fall, wenn es sich in Wirklichkeit um eine geißeltragende Erregerform handelte, eher gar keine oder doch nur eine mangelhafte Darstellung des Geißelfadens mit dem Versilberungsverfahren erwarten, während der Hauptleib des Erregers die schwarze Färbung annehmen müßte. Damit dürfen wir die Annahme, daß es sich bei den extracellulär aufgefundenen Erregerformen nur um ein Bruchstück derselben in Gestalt isoliert sich abbildender Geißelfäden handele, wohl als wenig wahrscheinlich ablehnen.

Wir wissen, daß mit meinem Versilberungsverfahren, wie überdies auch mit manchen anderen im Prinzip ähnlichen Silbersalzreduktionsmethoden Bakterien sich ebenfalls völlig schwarz argyrophil darstellen. Danach könnten die von mir gefundenen Parasiten keine Spirochäten, sondern eigentümliche Bakterien sein. Dem widerspricht aber der Befund gleichmäßiger Windungen, die wir an einer größeren Reihe von Parasiten nachweisen konnten, die Länge der gefundenen Gebilde und die im Gegensatz zur derben Plumpheit des Bakterienleibes schlanke Konfiguration; wir haben also zweifellos eine allen übrigen Spirochätenarten nächstverwandte Gestalt vor uns. Auch die Untergangserscheinungen der Parasiten schließen sich so sehr denen anderer Spirochätenarten an, daß wir keinen Zweifel an der Spirochätennatur der nachgewiesenen Mikroben haben. Allerdings ist der neuerdings vielfach festgestellte Pleomorphismus der Bakterien (E. Klieneberger) ein Grund mehr, besonders vorsichtig zu sein.

Trotzdem kann an dem Spirochätencharakter der bei multipler Sklerose in den Entmarkungsherden aufgefundenen Parasiten wohl kaum gezweifelt werden.

d) Entspricht das klinische und anatomische Verhalten der Krankheitsfälle mit positivem Erregerbefund dem echter multipler Sklerosen?

Man könnte der Auffassung sein, die Entdeckung extracellulär liegender Erreger in den Entmarkungsherden von multipler Sklerose beziehe sich gar nicht auf echte multiple Sklerosen, sondern die bis jetzt unter dieser Diagnose laufenden Krankheitsfälle hätten mit dem positiven Erregernachweis keine Existenzberechtigung mehr als echte multiple Sklerosen. Sie gehörten aus dieser Krankheitsgruppe heraus und seien nunmehr ganz anders anzusehen. Die Krankengeschichten der 7 Fälle sind kurz die folgenden:

Fall 1: Psychiatrisch-Neurologische Klinik, Heidelberg. Eugen Haybach, geboren 16. 7. 1893, gestorben 9. 2. 1920. Krankheitsdauer 1917—1920. Früher nie krank, insbesondere nie Syphilis. Beginn mit linksseitiger Facialislähmung. Symptome: Temporale Abblassung der Papille beiderseits, Nystagmus, skandierende und bulbäre Sprache, aufgehobene Bauchdeckenreflexe, Intentionstremor, Ataxie, Pyramidenzeichen, spastische Erscheinungen an den Beinen, Blasenstörungen, Zwangslachen, Euphorie, Demenz.

Serum immer negativ (dreimal untersucht), 10. 3. 1919; 28. 5. 1919; 28. 8. 1919.

Liquor	Nonne	Nissl	Zellbefund	Wa.R.
10. 3. 1919	schw. Opal	—	9	neg. (1,0)
7. 4. 1919	—	—	—	neg. (1,0)
28. 5. 1919	pos.	2,5	40	neg. (1,0)
30. 8. 1919	pos.	1,5	44	neg. (1,0)
2. 2. 1920	pos.	2,0	7	neg. (1,0)

Fall 2: Kreispflegeanstalt Frankenthal, Pfalz. Karoline Dreyer, geboren 24. 3. 1890, gestorben 13. 5. 1920. Krankheitsdauer 1911—1920. Beginn mit 21 Jahren während der ersten Schwangerschaft. Linkes Bein wurde schwer. Verschlechterung des linken Beines 1913. Lähmung des rechten Beines 1915. Symptome: Totale Abblassung beider Papillen, temporal stärker. Nystagmus nach allen Blickrichtungen. Skandierende Sprache. Fehlen der Bauchdeckenreflexe. Spasmen an den Beinen, Pyramidenzeichen beiderseits deutlich. Zeitweise Harninkontinenz.

Fall 3: Städtisches Krankenhaus Ludwigshafen a. Rh. Irene Zwill, geboren 10. 1. 1888, gestorben 25. 8. 1922. Krankheitsdauer 1918—1922. Beginn mit 30 Jahren: Blasenstörungen und leichte Ermüdbarkeit nach einhalbstündigem Marsch. 1920 Unsicherheit beim Gehen. Objektiv damals kein Befund. 1921 Vermutungsdiagnose: multiple Sklerose. Seitdem Verschlimmerung. Krankenhausaufnahme: 27. 2. 1922. Symptome: Leichte Parese des linken Armes und Intentionstremor links. Starke Parese beider Beine, Spasmen, Pyramidenzeichen, Babinski beiderseits, Ataxie der Beine, Verlust der Bauchdeckenreflexe, Sensibilitätsstörungen, Harninkontinenz- und -verhaltung abwechselnd. Zeitweise Erbrechen und Zuckungen in den Beinen. Vorübergehendes Doppelsehen und Ptosis r.; Euphorie.

Fall 4: Marx K., 20 Jahre alt. Von G. Herrmann, Prag, als „Fall von aufsteigender akuter multipler Sklerose“ veröffentlicht[1]. 25. 4. 1926 gestorben. Von einem aufsteigenden Landryschen spinalen Typus zu sprechen, scheint mir nicht ganz berechtigt. Die Kranke hat ja schon *vor* Beginn des Aufsteigens der spinalen Symptome eine Augenhintergrundsveränderung bei ihrer Aufnahme am 17. 3. 1926 (temporale Abblassung rechts), ferner rechtsseitige Abducensparese, horizontalen und vertikalen Nystagmus, eine linksseitige Facialisparese von zentralem Typus, Störungen des Schluckens und nasale Sprache gehabt. Auch die Herdbildung im ganzen Gehirn ist derartig ausgedehnt, daß wir schon vor dem akut aufsteigenden spinalen Stadium eine erhebliche Ausbreitung der Herdbildung im Gehirn voraussetzen dürfen.

Fall 5: Städtisches Krankenhaus Darmstadt. Margarete Brack, geboren 30. 5. 1893, gestorben 13. 5. 1928. Sektion 14. 5. 1928. Klinische Diagnose: Multiple Sklerose. Seit etwa 3 oder 5 Jahren krank, temporale Abblassung beider Papillen, skandierende Sprache, Intentionstremor, fehlende Bauchdeckenreflexe, Pyramidenzeichen und Spasmen an beiden Beinen. Harninkontinenz. März 1926 Malariabehandlung, daran anschließend Neosalvarsaneinspritzungen. Juli 1927 nochmalige Malariaimpfung; Sept. 1927 Silbersalvarsankur, Februar 1928 Germanin. Die Sektion ergibt außer einer eitrigen Cystopyelitis, Gallensteinen und einer geringen Kolloidstruma eine typische multiple Sklerose.

Fall 6: Städtisches Krankenhaus Darmstadt. Karoline Steinmann, 29 Jahre alt, gestorben 31. 7. 1928. Klinische Diagnose: Multiple Sklerose. Dauer der multiplen Sklerose 11 Jahre. Beginn im 18. Lebensjahr mit Sehnervenentzündung am linken Auge. Mit 27 Jahren Kribbeln in der rechten Hand, konnte damit nichts mehr festhalten. 4 Tage später das gleiche Gefühl in den Füßen. 14 Tage vor der ersten Aufnahme im Krankenhaus, die am 27. 2. 1924 stattfand, Gehunfähigkeit. Erzählt, daß sie 1 Jahr früher eine Neosalvarsankur durchgemacht habe. Befund im Jahre 1924: Deutlicher Intentionstremor, Fehlen der Bauchdeckenreflexe, spastische Erscheinungen an beiden Beinen, typische Pyramidenzeichen. Spastischer Gang und Ataxie, besonders rechts sehr stark. 1926 Wiederaufnahme. Verschlimmerung seit September 1925. Auch das rechte Auge habe sich verschlimmert. Jetzt deutlicher Nystagmus, am linken Auge nur noch geringe Sehkraft. Im übrigen dieselben Symptome. Am 17. 11. 1927 3. Aufnahme. Wesentliche Verschlimmerung. Starke

[1] G. Herrmann: Z. Neur. **114**, 804ff., ferner ebenda **118**, 408.

Kontraktur der Beine, Blasenspasmen, Einleitung einer Neosilbersalvarsankur im Juni 1928. Auftreten eines Decubitus an beiden Gesäßhälften, an den Füßen und an den Knien. Die Sektion ergibt eine typische multiple Sklerose. Daneben decubitäre Sepsis.

Fall 7. Städtische Krankenanstalten Mannheim. Erna Trits. 21 Jahre alt; Eintritt ins Krankenhaus am 2. 3. 1929, gestorben 8. 4. 1929. Beginn vor 2 Jahren im September 1927 mit Augenmuskellähmung, Doppelsehen und Momenten von Blindheit. September 1928 Steifheit und Parästhesien am linken Bein, gleichzeitig mit Schwindelgefühl und Sehstörung. Fachärztlich festgestellt wird im September 1928 Nystagmus, Zunge weicht beim Vorstrecken nach links ab, Bauchdeckenreflexe fehlen, Ataxie in beiden Beinen, Vermehrung des Muskeltonus am linken Bein. Gang links etwas unsicher, schleift etwas nach. Parese des linken Beines. Seit Februar 1929 Verschlimmerung. Im Krankenhaus wird dazu noch festgestellt: Leichte Facialisparese rechts, Patellar- und Fußklonus, Babinski beiderseits positiv. Oculomotoriusparese, grobschlägiger Nystagmus bei Seiten- und Höhenstellungsänderungen. Lumbalpunktion: Wassermann negativ, wie überdies auch im Serum. 74:3 Zellen, Normomastixreaktion: stark pathologische Kurve. Späterhin auch eine Herabsetzung der Sensibilität für alle Qualitäten von D 2—D 9. Schneller Verfall. Am 8. 4. Eintritt des Todes. 9. 4. Sektion. Typische multiple Sklerose. Herde von Aspirationspneumonie in der rechten Lunge. Pleuritis fibrinosa rechts, Bronchitis. Hämorrhagische Cystitis. Im Hirn und Rückenmark typische multiple Sklerose.

Abgesehen von dem für eine multiple Sklerose typischen klinischen Verhalten entspricht in allen unseren Fällen der histologische Befund dem der multiplen Sklerose. Ich wüßte nicht, wie ich anatomisch die vorhandenen vielfachen Entmarkungsherde mit ihrer histopathologisch gleichförmigen und charakteristischen Signatur anders als zur multiplen Sklerose gehörig bezeichnen sollte. Klinisch und histologisch hat es sich bei allen Fällen um einwandfreie multiple Sklerosen gehandelt und es wäre außerordentlich gewagt, in den vorliegenden Fällen nicht zur multiplen Sklerose zu rechnende Krankheitsprozesse zu sehen. Die teils größeren, teils kleineren, aber weit verbreiteten Entmarkungsherde in allen Teilen des Gehirns und Rückenmarks mit Persistenz der Achsenzylinder in den Plaques, Gliawucherungen und lymphocytären Infiltrationen stellen in Verbindung mit dem Verhalten von Serum und Liquor, den klinischen Erscheinungen und dem Verlauf des Leidens den sicheren Beweis des Vorliegens echter multipler Sklerosen dar.

Gewiß braucht der Skeptiker mit der Beweisführung, daß es sich in den hier einzeln geschilderten Fällen von multipler Sklerose um *reine* Fälle gehandelt hat, noch nicht unbedingt einverstanden zu sein. Er könnte immer noch auf eine Kombination echter multipler Sklerosen mit einer anderen bisher noch *unbekannten* Infektionskrankheit, die für das Vorhandensein der Parasiten verantwortlich zu machen wäre, rechnen. Kombinationen der multiplen Sklerose mit anderen *bekannten* Nervenkrankheiten kommen ja gewiß einmal vor. So sind eine ganze Reihe von Kombinationsfällen der multiplen Sklerose mit Syringomyelie veröffentlicht. Ich erinnere nur an den letzthin von STENGEL berichteten Fall, der dabei auf frühere ähnliche Beobachtungen verweist. LÜTHY konnte einen Fall von Kombination einer älteren multiplen Sklerose mit seniler Demenz (Drusenbildung) bei einem 53jährigen Mann und einen anderen Fall beobachten, in dem eigentümliche, von der multiplen Sklerose unabhhängige gefäßbedingte Rindenherde ohne Atherosklerose nachweisbar waren. Bei allen solchen Fällen handelt es sich aber um die Kombination einer *nachweisbaren* Erkrankung des Zentralnervensystems mit einer anderen diagnostisch ebenso sicheren Erkrankung. Dagegen würde in unseren 7 Fällen das Vorliegen irgendeiner anderen Erkrankung des Zentralnervensystems außer der multiplen Sklerose völlig in der Luft schweben. Wir müssen unbedingt die Zurückführung des Parasitenbefundes auf eine nicht mit der multiplen Sklerose in Zusammenhang stehende unbekannte und nirgends nachweisbare Krankheit des Zentralnervensystems ablehnen.

Damit sind aber die klinischen Einwände noch nicht erschöpft. Könnte vielleicht das, was wir bisher kurzweg als multiple Sklerose bezeichnet haben, gar kein einheitliches, von einer bestimmten und spezifischen, jedesmal gleichen Noxe verursachtes Leiden sein? Zerfällt vielleicht diese uns klinisch und anatomisch einheitlich anmutende Erkrankung in mehrere, möglicherweise sogar viele Gruppen, deren jede für sich eine einheitliche und von jeder anderen Gruppe verschiedene Ursache hat? Damit wäre zwar anerkannt, daß es *eine* Gruppe von bisher als multiple Sklerose bezeichneten Krankheitsfällen gibt, die durch eine besondere Art von Spirochäten verursacht wird, gleichzeitig aber wären noch andere ursächliche Bedingungen für die Entstehung anderer Gruppen dieses bisher als einheitlich aufgefaßten Leidens verantwortlich zu machen. Eine solche Annahme käme einem Rückfall in frühere als widerlegt anzusehende Auffassungen gleich. Wir müssen uns ja davor hüten, eine Einteilung in echte und unechte multiple Sklerosen vorzunehmen und wir sollten von den neuen Erkenntnissen ausgehend versuchen, für die klinisch und anatomisch typischen Fälle von multipler Sklerose eine einheitliche Ätiologie vorauszusetzen und nach den Krankheitserregern zu forschen. Daß es mir bei der Untersuchung meiner 28 Fälle nur in einem geringen Prozentsatz (25%) gelungen ist, den Erreger, und zwar in manchen Fällen sogar nur ganz vereinzelt, nachzuweisen, dafür glaube ich eine genügende Erklärung zu haben. Ältere Fälle sind ja der Auffindung des Erregers überhaupt nicht günstig. Dann habe ich zunächst bei denjenigen Fällen, die durch das Vorhandensein des frischen Typus der Silberzellen sich auszeichneten und deshalb mehr Aussichten auf den Nachweis des extracellulär liegenden Erregers boten, viel mehr Teile des Zentralnervensystems bearbeitet und länger gesucht. Vielleicht wäre auch in dem einen und anderen der älteren und der nur mit Silberzellen von spätem Typus versehenen Fälle bei intensivstem Forschen der Nachweis des Erregers zu führen gewesen. Jedenfalls fand sich auch in älteren Fällen in überwiegender Häufigkeit eine in einigen Herden oft recht stark ausgesprochene Entwicklung von Silberzellen, wenn auch vorwiegend des späten Typus. Auch hieraus darf aber die Zugehörigkeit derartiger Fälle zu einer einheitlichen Gruppe und zur echten multiplen Sklerose erschlossen werden.

Um Mißverständnissen aus dem Wege zu gehen betone ich ausdrücklich, daß ich selbstverständlich nicht annehme, jeder klinisch als multiple Sklerose diagnostizierte Fall gehöre zu dieser einheitlichen Erkrankung. Irrtümer werden hier gewiß vorkommen, sie werden auch solange unvermeidbar sein, bis unsere Diagnostik so verfeinert ist, wie etwa bei den spätsyphilitischen Erkrankungen des Nervensystems. Besonders bei den anfänglichen klinischen Erscheinungen des Leidens, bei den Sehnerven- und Augenmuskelstörungen, bei den als Querschnittsmyelitis imponierenden Frühstadien der Erkrankung usw. wird die Diagnose häufig große Schwierigkeiten bereiten. Wir werden es uns deshalb zum Grundsatz machen müssen, unklare Fälle für die Erforschung der Entstehungsbedingungen des typischen Leidens nicht zu verwenden. Auch die zweifellos noch große Gruppe von Krankheiten des Zentralnervensystems, die in ihrer Zugehörigkeit zur multiplen Sklerose strittig sind, die sog. akute multiple Sklerose, die Encephalomyelitis desseminata und ein bestimmter Typus der diffusen Sklerose im Sinne der sklerosierenden Hemisphärenmarkentzündung müssen zunächst jedenfalls bei der Prüfung des *ätiologischen* Sachverhalts ausscheiden. Hier wird erst spätere Forschung über die ätiologische Zugehörigkeit zur multiplen Sklerose in bejahendem oder verneinendem Sinne zu entscheiden haben.

Sicher verfehlt wäre es aber zu behaupten, es gebe neben der klinisch und anatomisch einheitlich anmutenden multiplen Sklerose noch eine zweite oder mehrere Gruppen, die klinisch und anatomisch zwar mit der ersten gleichartig, ätiologisch aber verschieden sind; wenigstens haben wir nicht den geringsten Anhaltspunkt für eine derartige Annahme.

e) Erfordert die ätiologische Beweisführung einen hundertprozentigen Parasitennachweis?

Wenn der nachgewiesene Parasit der Krankheitserreger der multiplen Sklerose ist, so muß er in jedem sicheren Falle dieses Leidens wirksam gewesen sein. Man könnte deshalb meinen, auch der Erregernachweis müßte in jedem klinisch und autoptisch sichergestellten Fall gelingen. Eine solche Voraussetzung wäre falsch. Können wir denn bei der progressiven Paralyse oder gar bei der Tabes dorsalis mit einem 100%igen Erregernachweis rechnen? Freilich, so könnte man sagen, bei der progressiven Paralyse sei es etwas ganz anderes, insofern die modernen Heilverfahren mit Malaria- und Recurrensbehandlung die Krankheit zum Stillstand und sogar zur Ausheilung bringen. Ich gebe dies ohne weiteres zu, aber in den 5 Jahren von 1913—1918, in denen uns eine Heilung der progressiven Paralyse noch nicht möglich war, ist der Erregernachweis ja auch lange nicht in allen Fällen zu führen gewesen. Die ersten Zahlen von Noguchi und Moore betrugen 12 positive von 70, später 48 von 200 Fällen, also 17 bzw. 25%. Die allerhöchste positive Ausbeute betrug bei unbehandelten Fällen mit Einschluß des Dunkelfeldverfahrens 50% (Jahnel) und bei der Tabes dorsalis ist auch heute noch der Prozentsatz viel niedriger. Schon bevor wir durch die Infektionstherapie die Syphilisspirochäten im Hirn des Paralytikers vernichten konnten, waren die eigentümlichen Schübe und Nachlässe des paralytischen Prozesses auffällig gewesen. Auch die einfach demente Form mit ihrer sehr langsamen gleichmäßigen Progredienz war bekannt, ferner die stationären Fälle und wir dürfen heute wohl auf Grund unserer ausgedehnten parasitologischen Kenntnisse von der Syphilisspirochäte in den Geweben bei der Spätsyphilis des Nervensystems annehmen, daß erhebliche Schwankungen der Spirochätenzahl zu dem klinischen Verhalten in Beziehung stehen. Schwere Schübe bedeuten eine starke Vermehrung der Spirochäten und wahrscheinlich auch erheblichen Zerfall der stark vermehrten Parasitenmenge, während zu Zeiten der Nachlässe, bei den blanddementen, langsam oder gar nicht progredienten und bei den stationären Fällen die Spirochätenzahl in den Geweben des Zentralnervensystems äußerst niedrig sein kann, so daß der Erreger sich völlig dem Nachweis entzieht. Bei dem Krankheitskeim der multiplen Sklerose wird es nicht viel anders sein. Akute Schübe, plötzliche Verschlimmerungen und eine starke Progredienz mag mit einer starken Vermehrung der Parasiten in Zusammenhang stehen. In Fällen mit benignem Verlauf und stationärem

Verhalten des Leidens werden wir kaum mit einer unserem Nachweis zugänglichen Anzahl der Erreger rechnen dürfen. Zudem müssen wir aus den von uns erhobenen Befunden der Silberzellen in den adventitiellen Lymphräumen und der Silberzellenherdchen im Parenchym, die wir bei der überwiegenden Mehrzahl aller von uns untersuchten multiplen Sklerosen, auch derjenigen ohne extracelluläre Parasiten gefunden haben, schließen, daß auch hier die Erreger wirksam waren und nur sehr rasch zerfallen sind. Überhaupt dürfte es sich um ein gegenüber den Gegeneinflüssen des Gewebes und der Körpersäfte außerordentlich wenig widerstandsfähiges Lebewesen handeln. Darauf weist erstens einmal die Häufung der Zerfallsstoffe in den Silberzellen hin, die im Vergleich zur Anzahl extracellulär liegender gut erhaltener Parasiten viel häufiger sind und ferner *die* Tatsache, daß auch die extracellulär liegenden Parasiten oft schon Verzerrungen und Deformierungen ihrer Gestalt aufweisen, die den Untergang des einzelnen Exemplars ankündigen. So hängt es von außerordentlich viel Zufälligkeiten ab, ob wir in der Lage sind, im einzelnen Krankheitsfall durch die Untersuchung des nervösen Gewebes nach unserem Verfahren den Nachweis des Erregers zu führen. Jeder Sachkenner wird infolgedessen auch ohne weiteres zugeben, daß die Führung eines 100%igen Nachweises der Erreger mit parasitologisch-morphologischen Methoden nach dem Tode des Krankheitsträgers weder erwartet noch verlangt werden kann.

Damit wird man auch die Beweiskraft der negativen Ergebnisse bei multipler Sklerose als äußerst gering ansehen, Wer in den aus Siechenanstalten stammenden alten Fällen von multipler Sklerose nachsucht, wird viele Hunderte von negativen Fällen herausfinden können, ohne daß er damit in der Lage wäre, die Schlüssigkeit meines Erregernachweises anzuzwefeln. Nur positive Befunde sind beweiskräftig, die negativen besagen gar nichts.

Der *spezifische Charakter des Erregernachweises* muß selbstverständlich gewahrt sein. In keinem anderen Fall einer Erkrankung des Zentralnervensystems außer der multiplen Sklerose dürfen die Erreger sich finden. Dies ist auch tatsächlich der Fall, wie ich an vielen Hunderten von Kontrolluntersuchungen festgestellt habe.

f) Sind fremde und eigene frühere tierexperimentelle, parasitologische und histopathologische Ergebnisse mit den neuen Befunden vereinbar?

Nachdem im Jahre 1917 mit Hilfe des Tierexperiments von Kuhn und mir der Verdacht auf Spirochäten als Krankheitserreger gelenkt war, sind von allen Seiten Versuche unternommen worden. Nur wenige konnten ebenfalls den Spirochätennachweis im Tierexperiment erbringen. Ich nenne hier vor allem Kalberlah. Die meisten Experimente verliefen völlig negativ. Nun gilt in ähnlicher Weise wie für den parasitologischen Dauernachweis in den Geweben des Menschen der Satz, daß negativen Ergebnissen jegliche Beweiskraft fehlt. Selbst dem positiven Befund des Tierversuchs kommt nur ein sehr beschränkter Wert zu. Bedeutungsvoll wäre ein Ergebnis der Tierversuche erst dann, wenn es gelungen wäre, in Tierpassagen die Erreger fortzuführen und dabei auch anatomische Befunde, die mit denen der menschlichen multiplen Sklerose identisch wären, im Gehirn und Rückenmark der geimpften Tiere immer wieder zu erzielen. Dies ist bis jetzt niemand gelungen. Andererseits aber kann aus diesem negativen Ergebnis kein Gegenargument gegen die Erregerfunde beim

Menschen abgeleitet werden. Nur in einem Fall hatte ein von mir in Gemeinschaft mit KUHN geimpfter Affe einen Befund, der auch nach der Ansicht sachverständiger Histopathologen mit dem der multiplen Sklerose des Menschen identisch war. Dieser Affe zeigte auch klinische Erscheinungen, allerdings erst längere Zeit nach der Impfung und wurde dann getötet. Der von SCHOB an 2 Affen erhobene Befund scheint mir doch etwas anders zu sein, insofern bei ihm multiple kleinste Herde vorliegen. Auch unser einmaliges Affenexperiment ist kein Beweis, ich habe dies ja auch schon gleich bei dem Bericht über diesen Befund betont.

Gegen die Spirochätennatur der von mir gefundenen Erreger spräche es, wenn in Tierexperimenten mit Liquorfiltrat durch bakteriendichte Filter positive Angänge erzielt werden könnten. Tatsächlich hat BULLOCK (1913) über entsprechende Ergebnisse berichtet. Nun wissen wir freilich, daß nach den Untersuchungen von NOGUCHI Spirochäten bakteriendichte Filter durchwachsen können, so daß also prinzipiell wenigstens eine Durchlässigkeit bakteriendichter Filter für Spirochäten möglich ist und die Undurchlässigkeit noch nicht einwandfrei bewiesen erscheint. So vermöchten auch Spirochäten ein filtrierbares Virus vorzutäuschen. Außerdem ist die Technik einwandfreier Filtrationsversuche äußerst schwierig und ferner besteht immer noch die *Möglichkeit*, daß *neben* einer durch bakteriendichte Filter *nicht filtrierbaren* Spirochäten*gestalt* andere filtrier- und fortpflanzungsfähige Formen zum Lebenszyklus des Erregers gehören, so daß also auch eine Filtrierbarkeit gegen die Spirochätennatur der sichtbaren Erregerformen nichts beweisen würde.

Wir wissen, daß unter der Einwirkung von Salzen des Lithiums, aber auch anderer Alkalien und Erdalkalien starke Formveränderungen der Bakterien vor sich gehen können, wir sehen dann dünne Fäden, Kugeln, Spindeln, Keulen, starke Auftreibungen, Riesenformen und vor allem auch Spirillenformen auftreten. Diese Formveränderungen gaben den Anlaß zur Annahme von Fortpflanzungsweisen geschlechtlicher und ungeschlechtlicher Art, die gesetzmäßig erscheinende Phasen im Lebenszyklus einer Bakterienart darstellen sollten (ALMQUIST, ENDERLEIN, LÖHNIS u. a.). Dabei sollen neben mikroskopisch sichtbaren auch invisible Lebensstufen im Formenkreislauf vorkommen. So begreift nach E. C. HORT der Lebenszyklus der Bakterien in manchen Fällen eine unsichtbare oder fast unsichtbare Phase in sich. Wir werden alle derartigen Aufstellungen, abgesehen vom tatsächlich vorkommenden Pleomorphismus der Bakterien, der aber als Degenerationserscheinung derselben aufzufassen ist, bis jetzt wenigstens nur als Hypothesen ansehen können.

Nach den Spirochätenfunden im Tierexperiment haben Dunkelfelduntersuchungen von menschlichem Gehirnbrei, der von Polysklerotikern kurz nach ihrem Tode gewonnen war, positive Ergebnisse im Sinne des Nachweises von Spirochäten gebracht. Ich nenne hier die Untersuchungen von SIEMERLING, BÜSCHER und SPEER. Eine Dauerpräparation der im Dunkelfeld gefundenen Spirochäten war jedoch nicht gelungen und auch die spätere histologisch-parasitologische Durchforschung derartiger Gehirne verlief negativ.

Mit dem Ergebnis der Dunkelfelduntersuchung allein läßt sich nichts anfangen, der Hirnbrei enthält häufig fädige Bestandteile und es ist außerordentlich schwierig, in dem flüssigen Medium *Eigen*bewegungen solcher Fäden, die hierdurch sich als lebende Mikroben charakterisieren würden, von der nur durch den Flüssigkeitsstrom mitgeteilten passiven Bewegung der Fäden zu unterscheiden. Deshalb möchte ich den bisherigen Dunkelfeldbeobachtungen keinerlei Beweiskraft für die Spirochätennatur der Erreger beimessen.

Daß Dunkelfeldbeobachtungen häufig Veranlassung zu Irrtümern geben, wissen wir auch aus zahlreichen Nachforschungen nach Krankheitserregern im Blut des Menschen oder der Tiere bei anderen Infektionskrankheiten. Hier sind es die normalerweise vorhandenen sogenannten Fibrinfäden oder Pseudospirochäten, die durch ihre eigentümliche Bewegung das Vorhandensein wirklicher Spirochäten vortäuschen können. Wenn man aber erst einmal etwas Erfahrung gesammelt und genügend Kontrolluntersuchungen gemacht hat, so wird man in diesen Fehler nicht mehr verfallen. Man gebe sich trotzdem nicht der Täuschung hin, daß nun die *Dauerpräparation* des Blutes mit Hilfe des GIEMSAschen Färbeverfahrens oder anderer Färbungen (LÖFFLERsche Geißelfärbung usw.) diese Irrtumsmöglichkeit ausschalten könnte. Die sogenannten Fibrinfäden oder Pseudospirochäten finden sich nämlich auch in derartigen Dauerpräparaten häufig und damit wird der Nachweis der Anwesenheit von Spirochäten, vor allem solcher, deren Form bisher unbekannt ist, im Blute äußerst erschwert. Ich selbst habe auch nie behauptet, in Ausstrichpräparaten des Blutes vom lebenden mit multipler Sklerose behafteten Menschen Spirochäten nachgewiesen zu haben. Ich bin im Gegenteil der Ansicht, daß, wenn wir überhaupt mit einer Erregeranwesenheit im Blute des Polysklerotikers rechnen dürfen, diese Anwesenheit nur kurz ist und zu *den* Zeiten, wo wir den Kranken zur Untersuchung bekommen, nicht mehr besteht.

Wenn aber behauptet wird, die im Kaninchen- und Meerschweinchenversuch von KUHN und mir nachgewiesenen Spirochäten seien Pseudospirochäten und sog. Fibrinfäden, so ist dies sicher unrichtig. Nachdem COLLINS und NOGUCHI 1923 nach Verimpfung von Blut und Liquor cerebrospinalis menschlicher Fälle von multipler Sklerose aufs Tier nur negative Ergebnisse erzielt hatten, vermutete NOGUCHI, daß KUHN und ich vielleicht die genannten Fäden (Fibrinfäden, Hämokonien, Pseudospirochäten) fälschlicherweise für Spirochäten gehalten haben. Nachdem ich zur Kenntnis dieser NOGUCHIschen Ansicht gekommen war, habe ich diesem ausgezeichneten Spirochätenforscher zwei Levaditipräparate aus den Blutgefäßen der Leber geimpfter Kaninchen geschickt. Er schrieb mir daraufhin in einem Brief vom 6. Juni 1925 folgendes: „The descriptions which I had been able to obtain were very confusing and did not sound like descriptions of spirochetes which I had seen. The organisms of your preparations are unmistakably either spirochetes or spirilla, though in silver preparations the identifications of spiral organisms is not easy“.

Im übrigen kann ich mich auch auf das Urteil einer weiteren vorzüglichen Spirochätenkennerin, M. ZÜLZER, beziehen, die gelegentlich einer Demonstration von KUHN in der Berliner Mikrobiologischen Gesellschaft 1922 Levaditileberpräparate von denselben Tieren gesehen hat und in ihnen „reichlich deutlich gewundene typische Spirochäten“ erkennen konnte. Daß aber auch im Blut geimpfter Kaninchen sowohl bei Dunkelfelduntersuchung Gebilde mit durchaus spirochätenartigen Eigenbewegungen von mir gesehen worden waren, als auch in einzelnen Blutausstrichen mit LÖFFLERscher Geißelfärbung von Fibrinfäden vollständig unterscheidbare typische Spirochäten sich nachweisen ließen und zwar bei dem gleichen Tier, bei dem auch nach Abtötung desselben *allseitig als*

Spirochäten anerkannte Gebilde in der Leber gefunden worden waren, des bin ich gewiß. Damit ist aber freilich noch keineswegs irgendein Beweis für die Spirochätennatur der von mir nunmehr im Gehirn und Rückenmark bei multipler Sklerose nachgewiesenen Erreger erbracht. Gerade bei unseren Laboratoriumstieren kommen ja ganz gewiß viele zufällige Erkrankungen durch alle möglichen Krankheitskeime vor. Es beweist aber wenig Sachkenntnis, wenn PETTE die von KUHN und mir erhobenen Spirochätenbefunde beim Kaninchen und Meerschweinchen damit abtut, daß er sagt, es handle sich teils um sog. Pseudospirochäten (in der Blutbahn), teils um Spirochäten, wie man sie nicht selten parasitär bei Kaninchen fände (Spirochaeta cuniculi). Wer einmal die Spirochaeta cuniculi im Dunkelfeld und im Levaditipräparat gesehen hat, der wird sie mit den von KUHN und mir in den Leberblutgefäßen geimpfter Kaninchen nachgewiesenen Spirochäten, deren Mikrobennatur selbst NOGUCHI unter Vorbehalt der Entscheidung zwischen *Spirochäten* oder *Spirillen* anerkennt, nie mehr verwechseln können. Auch ist es ja unmöglich, daß in solchen Massen wie bei unseren Tieren die Spirochaeta cuniculi in den Blutgefäßen der Leber sich findet. Eine derartige Lagerung ist jedenfalls bei dieser Spirochäte, die vor allem lokal in den dem Genitale benachbarten Gewebe sich ansiedelt, noch nie bekannt geworden. Ich lasse aber trotzdem völlig dahingestellt, was für eine Bewandtnis es mit den im Tierversuch nachgewiesenen Spirochäten hat und beschränke mich lediglich auf die Abwehr der Annahme einer Unvereinbarkeit bisheriger Untersuchungsergebnisse irgendwelcher Art mit den von mir neuerhobenen Parasitenbefunden in den erkrankten Geweben des menschlichen Gehirns und Rückenmarks bei multipler Sklerose.

Man könnte schließlich noch die neuen englischen Ergebnisse aufführen, mit denen die von mir erhobenen Spirochätenbefunde unvereinbar seien. Die Forschungen von KATHLEEN CHEVASSUT und PURVES-STEWART haben in der ganzen neurologischen Welt großes Aufsehen erregt.

Bisher sind aber Bestätigungen noch nicht bekannt geworden[1], allerdings ist auch seit Veröffentlichung der Versuche erst annähernd ein Jahr verstrichen. Zu berücksichtigen ist dabei, daß die von KATHLEEN CHEVASSUT ausgearbeitete Nachweismethode technisch besonders schwierig ist. Aber: Wenn man den Bericht über die Versuchsergebnisse genau

[1] Anmerkung bei der Korrektur: Statt von Bestätigungen kann neuerdings durchgängig nur von *Ablehnung* gesprochen werden. So haben GEORGI und FISCHER (Klin. Wschr. **1931**, Nr 22, 1030/31) die Angaben von Miß CHEVASSUT nicht bestätigen können, weder das Absinken des p_H-Wertes noch die Beschränkung des Sphärulanachweises auf multiple Sklerosefälle sei zutreffend. In der Revue neur. (Aprilheft 1931, S. 476) haben PIERRE MOLLARET und PIERRE LÉPINE dargetan, daß nach ihren Untersuchungen im Liquor der Polysklerotiker weder etwas Lebendes noch etwas Spezifisches sich zeige. Durch eine große Reihe von Kontrolluntersuchungen wurde von diesen Autoren nachgewiesen, daß die Erscheinung der Sphaerula insularis der Anwesenheit menschlichen Serums in den Kulturen zuzuschreiben ist. In England hat Anfang 1931 in der königlichen medizinischen Gesellschaft in London eine Diskussion über denselben Gegenstand stattgefunden zwischen Sir PURVES-STEWART, Miß KATHLEEN CHEVASSUT und Dr. CARMICHAEL (Lancet **1931**, **134**). Dr. CARMICHAEL hat die Ergebnisse von Miß CHEVASSUT in keiner Hinsicht bestätigen können. Auf den Gegeneinwand, daß die Differenz der Ergebnisse auf Unterschieden der angewandten Methoden beruhe, berichtet CARMICHAEL, daß 32 Liquorproben an Miß CHEVASSUT ohne Kenntnis der Herkunft gegeben wurden, 14 derselben stammten von multiplen Sklerosefällen. Die Anwesenheit der Sphaerula insularis konnte von Miß CHEVASSUT in keinem dieser Liquoren nachgewiesen werden. Im Gegensatz dazu fand sie die Gebilde in einem Kontrolliquor, der von einer Chorea herrührte.

prüft, müssen erhebliche Zweifel auftauchen. Zwar scheint die Zahl der untersuchten Fälle von multipler Sklerose außerordentlich groß. Von 188 in besonderer Weise kultivierten Gehirn- und Rückenmarksflüssigkeiten von Polysklerotikern konnten in 176 nach 24—36-ständiger Bebrütung bei 37° kleine Gruppen oder Kolonien von rundlichen, nur bei besonderer Dunkelfeldapparatur sichtbar zu machenden Körperchen gezüchtet werden, denen einige kleine Körnchen („refraktile granules") angeheftet waren. Die kleinen Körnchen schienen sich von den sphärischen Gebilden hin und wieder zu entfernen. Gelegentlich ließ sich ein dünner Faden zwischen einem Körnchen und einem kugeligen Gebilde beobachten. Die fortlaufende Untersuchung der Kulturen ergab, daß sich die sphärischen Gebilde vermehrten und nach 7—10 Tagen zu großen degenerierenden Kolonien wurden. Mit zunehmendem Wachstum der Kultur verminderte sich die Sichtbarkeit der Kugeln. Die Kulturen konnten auch in Passagen weiter gezüchtet werden. Bemerkenswert ist, daß irgendein mit unbewaffnetem Auge sichtbares Wachstum weder in starren noch in flüssigen Kulturen beobachtet werden konnte. Irgendwelche Dauerpräparationen des angeblich gezüchteten Virus wurden bewußt unterlassen wegen der Gefahr der Kunstprodukte durch färberische Maßnahmen und, weil von vornherein angenommen wurde, daß der Eigenart des Virus entsprechend derartig kleine Dimensionen vorlägen, daß Färbemethoden keinen Wert haben würden. Das gefundene Virus soll mit dem Erreger der Pleuropneumonie der Rinder morphologische Ähnlichkeit haben, aber nach sorgfältiger und ausgedehnter Beobachtung seien unterscheidende Einzelheiten festzustellen. Zugegeben wird, daß gelegentlich auch in nicht mit Liquor versehenen Kulturröhrchen („uninoculated tubes") Körperchen auftreten, die Gemeinsamkeiten („some points in common") mit dem Virus der Pleuropneumonie und den in Kulturen des Liquors der Polysklerotiker gewachsenen Mikroorganismen haben. Diese in nicht beschickten Röhrchen gewachsenen ähnlichen Gebilde werden als Verunreinigungen mit einem filtrierbaren Keim („filtrable contaminants") angesehen. Sie können aber mikroskopisch von den Erregern unterschieden werden und sie entwickeln sich am besten zu anderen Zeiten und anderen Temperaturen. Immerhin ist dies ein recht bedenklich stimmender Befund. Ich kann nicht recht verstehen, daß, wenn in ungeimpften Kulturröhrchen annähernd identische Gebilde wachsen, man eine Spezifität des Virus aufrecht erhalten kann. Purves-Stewart berichtet noch, daß Kontrolluntersuchungen in 269 Fällen ein völlig negatives Ergebnis gezeigt hätten und er gibt dem Virus den Namen „Spherula insularis". Bei Betrachtung der von der Entdeckerin ihrer Arbeit beigegebenen Abbildungen des Virus kann ich keinerlei Spezifität gegenüber dem auch sonst im Dunkelbild vorhandenen Zelldetritus herausfinden. Die Kulturen werden ja mit einer besonderen Bouillon unter Zugabe von menschlichem Normalserum und Liquor angesetzt (8 ccm Bouillon, 8—10 ccm Liquor und 3 ccm Menschenserum). K. Chevassut sagt selbst, daß ausgedehntes Studium an unverimpften Nährböden nötig sei und sie gibt zu, daß Kunstprodukte und Verunreinigungen häufig bei Dunkelfelduntersuchung beobachtet werden können. Die Quelle zu Irrtümern wegen der Verunreinigungen mit filtrierbaren Virusarten sei auch noch dadurch auf ein Minimum beschränkt worden, daß die Kulturen in einer besonders konstruierten, mit ultraviolettem Licht von einer Quecksilberquarzlampe bestrahlten sterilen Kammer angesetzt wurden. Man wird danach den englischen Kulturversuchen aus Liquor von multipler Sklerose mit großer Reserve gegenüberstehen müssen und man wird vor allem der Erregernatur der in den Kulturen sich findenden rundlichen Körperchen und kleinsten Kügelchen, die nur im Dunkelfeld und auch da nur bei besonderer Übung und besonderer Apparatur sichtbar werden, sehr skeptisch gegenüberstehen.

Wie dem aber auch sein mag, ein Gegenbeweis gegen die von mir gefundenen Erreger sind die englischen Ergebnisse nicht. Sie sind nicht einmal unvereinbar mit meinen Befunden, weil von mir ja *in den erkrankten Gewebsteilen selbst* die parasitären Gebilde gefunden wurden, während die englischen Autoren davon nichts berichten und bei Überimpfungen ihrer Kulturen auf Tiere, nämlich auf Affen, keinerlei anatomische Befunde erhoben werden konnten, die der Erzeugung einer multiplen Sklerose beim Tier entsprechen würden.

Zum Schluß müssen wir noch auf die wenigen bisher vorgenommenen Nachprüfungen meiner Befunde eingehen. Allerdings muß ich dabei betonen, daß das von mir ausgearbeitete Verfahren nach seiner letzten Vorschrift bisher keiner der Nachuntersucher benützen konnte, weil die hier veröffentlichte Methode der Verwendung großer Gefrierschnitte noch nicht bis ins kleinste durchgeprüft war.

An der Suche nach Parasiten in den erkrankten Geweben des Menschen haben sich PETTE, NISHII, MÜLLER auf Veranlassung von REDLICH und LÜTHY beteiligt. Keiner von ihnen, mit Ausnahme von REDLICH, hat eine dem jetzigen Verfahren ähnliche Methode zur Verfügung gehabt. Woher NISHII die Färbevorschriften hatte, ist mir nicht bekannt geworden. Dagegen weiß ich, daß von NISHII keinerlei Kontrolluntersuchungen mit spirochätenhaltigem Material von progressiver Paralyse in der Richtung gemacht worden sind, ob die Methode einwandfrei beherrscht wurde. Die technische Assistentin der NONNEschen Klinik war vom 27. Juli 1928 ab einige Tage in meinem Laboratorium. Ich habe bei Gelegenheit meiner eigenen Demonstration auf der Tagung der Gesellschaft deutscher Nervenärzte im September 1928 an selbst durchgesehenen Präparaten des Hamburger Laboratoriums feststellen können, daß die Methode in Hamburg nicht einwandfrei arbeitet, oder wenigstens damals nicht einwandfrei gearbeitet hat. Seitdem habe ich nichts mehr erfahren, dagegen entnahm ich aus dem Bericht PETTEs über Infektion und Nervensystem im Jahre 1929, daß im Laboratorium der NONNEschen Klinik insgesamt 11 Fälle mit der von mir angegebenen und, was PETTE wichtig erschien, in meinem Laboratorium erlernten Methodik untersucht worden sind. Zwar wurden gelegentlich argyrophile Trümmer gesehen, niemals aber eindeutige Spirochäten.

NISHII berichtet aus dem MARBURGschen Institut über Ganglienzelleinschlüsse und Kerndegenerationen bei multipler Sklerose, die ein analoges Verhalten zeigen wie bei der Encephalitis lethargica. Er gibt auch an, mit meiner Methode wie mit der von JAHNEL versucht zu haben, Spirochäten bei der multiplen Sklerose nachzuweisen. In seinen Präparaten habe er trotz aller Bemühungen nicht ein einziges Mal einwandfrei eine Spirochäte nachweisen können. An einzelnen Schnitten hätten sich Gebilde gezeigt, die man bei oberflächlicher Betrachtung wohl als Spirochäten hätte bezeichnen können, bei genauer Durchsicht mit der Immersion seien diese Gebilde aber durchgängig als Achsenzylinderfragmente aufzuklären gewesen. Stellenweise seien wohl spirochätenartige Formen zu sehen gewesen, die sich bei starker Vergrößerung aber als aus kleinsten Granulis zusammengesetzt erwiesen hätten. Bei den Mängeln, die der Technik der Spirochätenfärbung noch immer anhafte, erscheine es begreiflich, daß an dem kleinen Material von 4 Fällen die Ungunst der Verhältnisse eine Färbung der Spirochäten nicht möglich gemacht habe. Unzweifelhaft sei das, was ich gezeigt habe, Spirochäten, aber wie schon MARBURG bemerkt habe, sei es nicht unmöglich, daß es sich bei meinen spirochätenpositiven Fällen um eine Komplikation mit Syphilis handle, was erwiesenermaßen bei der multiplen Sklerose vorkomme. Die von mir beschriebenen Silberniederschläge habe er gefunden, jedoch sei er nicht geneigt, diese in irgend einer Weise auf zerfallene Spirochäten zu beziehen. Man wird aus diesen Angaben NISHIIs entnehmen können, daß es ihm zunächst im wesentlichen um die Darstellung argyrophiler Granula und oxychromatischer Kerndegeneration in den Nervenzellen bei multipler Sklerose gehandelt hat und daß er mit meiner früheren Versilberungstechnik nach Spirochäten, allerdings ohne Erfolg, suchte.

Von REDLICH veranlaßt hat MÜLLER Untersuchungen angestellt und in einer Sitzung des Vereins für Psychiatrie und Neurologie in Wien am 12. 2. 1929 kurz darüber berichtet. In einem mir allein zugänglichen Referat der Klinischen Wochenschrift heißt es: „MÜLLER zeigt Präparate von Spirochäten bei Paralyse, ferner Präparate von multipler Sklerose mit spirochätenähnlichen Befunden“. Späterhin haben dann SCHEINKER und STENGEL in Wien „an zahlreichen Stücken“ meine Spirochätenfärbung angewendet. STENGEL konnte keine positiven Befunde erheben. Hingegen fand sich in einem der Präparate von SCHEINKER ein elektiv imprägniertes spirochätenähnliches Gebilde[1], andere Elemente seien in den Präparaten nicht imprägniert. Der Schnitt stammte aus einem Rückenmarksherd, Gegend des Vorderhorns. Der Befund wird an dieser Stelle nur erwähnt, auf die Argumente, die für oder gegen die Spirochätennatur des imprägnierten Gebildes sprechen, nicht eingegangen. Die Untersuchungen an diesem Fall sollen von SCHEINKER im Rahmen seiner Spirochätenstudien fortgesetzt werden. Der Fall betraf ein 20jähriges Mädchen, dessen multiple Sklerose mit Syringomyelie kompliziert war.

[1] Abb. 4 der STENGELschen Arbeit, Z. Neur. 122, 804.

Redlich selbst hat noch im gleichen Jahre sich zu der Spirochätennatur der Erreger der multiplen Sklerose (auf der Tagung der Gesellschaft deutscher Nervenärzte 1929) geäußert. Wenn man die infektiöse Genese der multiplen Sklerose annehme, so erscheine die Spirochätennatur der Erreger wenigstens für die gewöhnlichen Fälle von multipler Sklerose plausibel. Es sei bekannt, daß seit Jahren von den verschiedensten Seiten nach Spirochäten bei der multiplen Sklerose gesucht und solche auch gefunden worden seien. Aber alle diese früheren Befunde und Versuche seien bisher absolut unzureichend, viel ernster seien meine Untersuchungen. Er habe meine für die Darstellung der Spirochäten ausgezeichnete Färbungsmethode, auch in ihrer letzten Verbesserung, in mehreren Fällen von multipler Sklerose, darunter einem mit relativ raschem Verlauf, ausgeprobt. Unter anderen sei auch in Herden am 3. Ventrikel nach Spirochäten gesucht und dort allerlei gesehen worden, was an die von mir beschriebenen Degenerationsformen der Spirochäten und Trümmerhaufen erinnere. Auch in Rückenmarksherden seien Gebilde von ihm gesehen worden, die an Spirochäten erinnern. Redlich demonstriert die Photographien, bezweifelt aber, ob es richtige Spirochäten seien. Jedenfalls seien wir noch nicht so weit, daß wir Spirochäten als Erreger der multiplen Sklerose als erwiesen annehmen müssen. So lange dies nicht der Fall sei, seien gewisse Bedenken mehr allgemeiner Natur gegen die infektiöse Natur der multiplen Sklerose noch nicht als gänzlich unangebracht anzusehen.

Endlich muß ich noch auf den Befund des letzten Bearbeiters dieser Frage, Lüthy, aus dem Jakobschen Laboratorium eingehen. Wie Jakob, so hat auch er die Trümmerfelder gefunden, darauf sind wir ja bereits früher eingegangen. Lüthy betont mit vollem Recht, daß sich einzeln vorkommende Spirochäten außerordentlich schwer einwandfrei photographieren lassen, weil sie kaum ganz in eine optische Ebene fallen. Zweifler seien durch Photogramme schwer zu überzeugen. Dagegen scheint es mir unrichtig, eine Verwechslung angesilberter Gliafasern mit Spirochäten für möglich zu halten. Die von mir als Übergangsformen bezeichneten Stäbchen oder Fädchen mit Ösen, Wellen, Schlingen hat auch Lüthy gefunden, er bildet ein solches Fädchen mit Öse aus seinem Fall 1 ab. Dieser Fall ist aber nach einer späteren Arbeit[1] mit einer senilen Demenz kombiniert und der Krankheitsfall selbst ist mindestens 19 Jahre alt. Drusen als Substrat der senilen Demenz sind in diesem Fall auch histologisch gefunden worden. Ich würde es für außerordentlich verfehlt halten, einen derartigen Fall überhaupt für eine positive oder negative Entscheidung der Spirochätennatur irgendwelcher aufgefundener Gebilde (bei jedem Versilberungsverfahren) zu verwenden, da sich bekanntlich sehr viele Bestandteile der Drusen stark argyrophil erweisen. Ich gebe Lüthy vollkommen recht, wenn er das von ihm abgebildete Fädchen als undefinierbar erklärt und darin irgendeinen Gewebsbestandteil trotz seiner scharfen Abgrenzung gegen das umliegende Gewebe sieht.

Überblicken wir die bisherigen Nachprüfungen, so dürfen wir abschließend sagen, daß es sich bei allen Angaben anderer Untersucher bisher um negative Befunde gehandelt hat. Wer die Schwierigkeit der Versilberungstechnik kennt und wer weiß, einer wie gründlichen Einarbeitung es in jedes neue Versilberungsverfahren bedarf, der wird hierüber nicht erstaunt sein. Auch ist ja zu bedenken, daß die meisten der Nachuntersucher nicht unmittelbar aus meiner Hand das Verfahren übernommen haben und daß sie alle mit einem in der Hand des Neulings sehr empfindlichen Verfahren gearbeitet haben. Ich habe auch selbst das Gefühl gehabt, daß die Nachprüfung mit allen und auch meinen eigenen früheren Versilberungsverfahren außerordentlich schwer ist, habe ich doch selbst viele Jahre gebraucht, bis mein Verfahren zu einer mich völlig befriedigenden Darstellung der Syphilisspirochäten ausgearbeitet war. Ich habe deshalb den wenigen Untersuchern, denen ich mein Verfahren überlassen habe, dringend angeraten, doch zuerst eine Einarbeitung mit Material von progressiver Paralyse vorzunehmen und dann erst die multiple Sklerose anzugreifen. Dies ist aber keineswegs überall geschehen.

Wenn wir ferner bedenken, daß das frühere Verfahren, das allein in der Hand

[1] Z. Neur. **130**, 233.

der Nachuntersucher war, immer nur ganz kleine Teile des Gehirns und Rückenmarks verarbeiten konnte, so war es für mich auch aus dem Grunde der Erleichterung der Nachprüfung meiner Ergebnisse schließlich zu einer dringenden Notwendigkeit geworden, ein Verfahren für die Verarbeitung großer Gefrierschnitte auszuarbeiten. Dies ist ja nunmehr gelungen und diese Methode wenden wir jetzt seit dem Jahre 1929 fast ausschließlich an. Ich rate jedem künftigen Untersucher sich derselben zu bedienen.

Wir gehen so vor, daß wir große Teilschnitte von einer ganzen Hemisphäre oder große Längsschnitte durch das Rückenmark anlegen, diese mit dem geschilderten (S. 18) Versilberungsverfahren verarbeiten, dann stellen wir den Typus und die Häufigkeit der vorkommenden Silberzellen innerhalb von Entmarkungsherden fest, schneiden aus der großen Scheibe einen Teilblock heraus und verarbeiten diesen womöglich in Serien mit derselben Methode für sich weiter. *Unbedingt erforderlich ist dabei, die Schnittdicke von 60 μ* beizubehalten, weil auf diese Weise die Silberzellen am besten zur Darstellung kommen und außerdem mit dem dicken Schnitt eine größere Gewebsmasse betrachtet werden kann.

Mein Versilberungsverfahren habe ich jahrelang *vor* jeder Veröffentlichung ausgeprobt, weil ich es vermeiden wollte, daß dieses Verfahren in der Hand ungeübter Untersucher zu Versagern führte. Ich habe deshalb auch zunächst davon abgesehen, nach meinem ersten Bericht über die Spirochätenfunde im Jahre 1928 allgemein zugängliche Angaben über das Verfahren zu machen und wollte nur einzelnen mir zuverlässig erscheinenden Arbeitern die Methode zur Verfügung stellen.

Wenn ich mich jetzt entschlossen habe, die Methode allgemein zugänglich zu veröffentlichen, so habe ich für alle diejenigen, die sich mit ihr beschäftigen wollen, eine möglichst ausführliche Darstellung wählen müssen, weil die Nachprüfung eines derartig brennenden Problems ja nur dann exakt geschehen kann, wenn die Hilfsmittel für diese Nachprüfung in einer Weise dargestellt sind, daß auch die geringsten Mißverständnisse vermieden werden. Trotzdem bin ich überzeugt, daß die Methode immer noch denjenigen, die sich damit *ohne Vorkenntnisse in den Versilberungsverfahren* befassen wollen, Schwierigkeiten bereiten wird.

Wenn nunmehr, was ich von Herzen wünschen möchte, Nachuntersuchungen in größerem Umfang bei geeigneten Fällen mit der von mir angegebenen Methode und nach gründlicher Einarbeitung mit syphilisspirochätenhaltigem Hirnmaterial stattfinden, so werden — davon bin ich überzeugt — auch andere Untersucher zu denselben Ergebnissen wie ich kommen.

Die bisherige Ergebnislosigkeit der Nachprüfungen hat ihren Grund in technischen Mängeln, nicht in der *Sache* selbst. Mit meinen Parasitenbefunden sind diese wenigen negativen Ergebnisse selbstverständlich *nicht unvereinbar.* Künftige *eingehende* Nachprüfungen werden sich mit meinen Resultaten völlig decken.

9. Künftige Aufgaben der Forschung.

Wir sind im Begriff, einen neuen Einblick in die ursächliche Entstehung der multiplen Sklerose, dieses häufigen und zerstörenden organischen Nervenleidens, zu gewinnen. Zu verlangen ist jetzt ein weiterer Ausbau der ätiologischen

Forschung. Langsam sind die Breschen in die Mauer des ätiologischen Dunkels dieser Krankheit geschlagen worden. Und doch, wenn wir bedenken, daß die multiple Sklerose nicht nur als für sich bestehendes einheitliches Leiden des Zentralnervensystems, sondern überhaupt vor 100 Jahren noch völlig unbekannt war, daß noch im Jahre 1856 eine Übersicht über *alle* bisher bekannten Fälle des Leidens nur auf die Zahl von 15 im ganzen kam (VALENTINER), so müssen wir eine große Erweiterung unseres Wissens buchen. Im Jahre 1917 konnte mit Hilfe des Tierexperiments zum ersten Mal auf Spirochäten als etwaige Krankheitserreger hingewiesen werden, in der Folgezeit erhob eine Reihe von Untersuchern immer wieder zu Gunsten der Spirochätenätiologie sprechende Befunde bei Überimpfungsversuchen auf das Tier und bei Dunkelfelduntersuchungen von menschlichem Gehirngewebe, während eine Mehrzahl anderer Forscher nur über vollständig negative Ergebnisse berichten konnte. Damit war es nunmehr zur unabweislichen Forderung geworden, das histopathologisch-parasitologische Nachsuchen derart zu gestalten und auszubauen, daß der Nachweis in einem *dauernd* zur *Verfügung stehenden menschlichen Untersuchungsstoff* möglich wurde. Dies ist nunmehr gelungen.

Da mir aber die Beweisführung bisher nur in wenigen Fällen möglich war, darf ich die Bitte um weitere Unterstützung mit Untersuchungsmaterial aussprechen und die Forderung erheben, daß nunmehr auch andere Untersucher mit der von mir angegebenen Art des Vorgehens den Nachweis der Spirochaeta myelophtora zu führen versuchen.

Besonders wertvoll für diesen Nachweis dürfte das Gehirn und Rückenmark von *jugendlichen* Kranken und von Krankheitsfällen mit *kurzer* Krankheitsdauer sein. Man sollte das *ganze Zentralnervensystem* derartiger Fälle zur Verfügung haben. Einzelne kleine Gewebsblöckchen zu untersuchen, hat keinen Zweck. Gehirn und Rückenmark müssen möglichst bald nach dem Tode seziert werden und gleich in Formol eingelegt werden. Wenn eine Zerschneidung des Gehirns sich nicht umgehen läßt, so sollte diese nur in wenigen frontalen Schnitten geschehen, damit die Herstellung großer zusammenhängender mikroskopischer Untersuchungsflächen möglich bleibt. Hat man sich derartiges Untersuchungsmaterial gesammelt, so kann man damit an den parasitologischen Nachweis herangehen und vor allem auch die Gewebsveränderungen unter dem neuen Gesichtspunkt der Gewebsreaktionen gegen den Erreger und seine Bestandteile betrachten.

Eine weitere Forderung bezieht sich auf die Vervollkommnung unserer *Diagnostik*. Wir werden auf klinischem Gebiet hier kaum mehr neues zu Tage fördern können, dagegen eröffnen die neuen Ergebnisse den Ausblick auf die Möglichkeit der Gewinnung einer spezifischen serologischen Reaktion des Liquor cerebrospinalis. Vor allem werden wir dabei von den grundlegenden LANDSTEINERschen Entdeckungen über die Antigennatur lipoider Stoffe und von den hieran anschließenden Untersuchungen der SACHSschen Schule auszugehen haben; ich vermute hier ein dankbares Feld für die serologische Forschung. Vielleicht kommen wir dann mit serologischer Hilfe zu einer besseren Abgrenzung der echten multiplen Sklerosen von anderen Krankheiten, deren Zugehörigkeit zu diesem Leiden noch heute strittig ist (akute multiple Sklerose, Encephalomyelitis disseminata, Encephalitis pontis et cerebelli, diffuse Sklerose im Sinne der sklerosierenden Hemisphärenmarkentzündung).

Geographisch-statistische Forschungen über die Häufigkeit der multiplen Sklerose in den verschiedenen Erdteilen und Ländern und die Erfassung der Häufigkeitsunterschiede in den einzelnen Bevölkerungsschichten und Berufen könnten uns Aufklärung über mögliche Infektionsquellen geben. Hier liegen ja schon verheißungsvolle Anfänge vor. Bei der Suche nach den Infektionsquellen werden wir auch auf Gruppeninfektionen, vor allem solche familiärer und konjugaler Art zu achten haben.

Die Ausbreitung des Virus im Gehirn weist unbedingt auf ein Vorhandensein desselben im *Liquor cerebrospinalis* hin. Das innere Höhlensystem des Gehirns dürfte als eine vom Virus bevorzugte Eintrittspforte in das eigentliche zentralnervöse Gewebe hinein gelten und dies kann kaum anders als mit dem Aufenthalt des Virus im Liquor erklärt werden. Auffällig ist die starke Zerfallsneigung der Spirochäten im Parenchym und im adventitiellen Lymphraum; die Neigung des Krankheitsprozesses zum Fortschreiten läßt sich am besten mit Nachschüben der Erreger aus freilich noch ganz unbekannten Reservestellungen und Schlupfwinkeln erklären. Vielleicht ist es der Liquorraum. Wir werden demnach bestrebt sein müssen, mit Hilfe von Anreicherungsverfahren die etwa im Liquor vorhandenen Keime sichtbar zu machen, indem wir den Liquor einzuengen versuchen, indem wir ferner mit Hilfe von Kulturverfahren die geringe Anzahl der im Liquor vorhandenen Keime zu vermehren trachten und indem wir uns schließlich des Tierexperiments als eines lebendigen Kulturapparates bedienen. Gefordert werden also von neuem tierexperimentelle Untersuchungen. Hier scheint es mir wichtig, nicht wahllos vorzugehen, sondern von der Überimpfung des Liquors alter chronischer stationärer oder langsam progredienter Fälle ganz abzusehen und nur mit Liquor des in akutem oder frischerem Stadium sich befindenden Kranken zu arbeiten. Insbesondere dürften die uns Nervenärzten ja seltener vorkommenden Fälle mit frischen Krankheitsprozessen am Opticus oder an anderen Hirnnerven für die Liquorgewinnung und Verimpfung heranzuziehen sein. Eine enge Zusammenarbeit zwischen Augenarzt und Experimentator ist erforderlich. Vor allem müssen wir versuchen, zu Tierpassagen zu kommen, die uns eine Verfügung über den Infektionskeim jederzeit ermöglichen und therapeutische Untersuchungen am Tier gestatten.

Wir kennen die *natürlichen Eintrittspforten des Erregers in den menschlichen Körper* nicht. Wir wissen nicht, auf welche Weise er in den Körper des später Erkrankenden hinein kommt und wie er sich in diesem ausbreitet. Ganz unbekannt ist uns auch das Vorkommen des Erregers in der Natur außerhalb des menschlichen Körpers und sein biologisches Verhalten. Vielleicht bedarf der Erreger als Übergangsstadium eines Aufenthaltes in einem anderen tierischen Organismus. Die Vermutung, die ich früher einmal geäußert habe, daß Zecken als Zwischenträger des Erregers in Frage kämen, muß auch auf andere Arthropoden ausgedehnt werden. Diesen Zweig künftiger Forschung können wir aber erst dann in Angriff nehmen, wenn wir die ganze Eigenart des Erregers in allen seinen biologischen Abwandlungen innerhalb des befallenen Menschen oder des künstlich infizierten Tieres überblicken. Dann wird es der Zusammenarbeit des Neurologen mit dem Zoologen bedürfen.

Schließlich werden wir aus dem neuen Einblick in die Ätiologie einen Gewinn für unsere *Therapie* zu ziehen versuchen. Die gegen bekannte Spirochätosen gerichtete und erfolgreiche Therapie hat in ihrer Anwendung auf die multiple

Sklerose versagt. Wir haben ja auch in übergroßer Neigung zur Verallgemeinerung alle möglichen Salvarsanpräparate neben anderen gegen Protozoen- und Spirochäteninfektionen mit Erfolg benützte chemische Heilmittel (Antimonpräparate, Germanin) verwandt und selbst die neuzeitliche Infektionstherapie der Malaria- und Recurrensbehandlung für die Heilung der multiplen Sklerose zu verwerten gesucht. Ich muß sagen, daß mich die bisherigen Heilerfolge mit all diesen Mitteln nicht begeistern können.

Von einer *unmittelbar gegen den Erreger gerichteten Therapie* würden wir uns am meisten erwarten. Sie fehlt freilich noch völlig. Wenn es richtig ist, daß die Krankheitserreger vom inneren Höhlensystem des Gehirns und überhaupt von den mit Liquor gefüllten Hohlräumen aus in das Zentralnervensystem eindringen und von hier aus sich ausbreiten, so wird man dem gesamten Liquorsystem bei unseren therapeutischen Bestrebungen besondere Aufmerksamkeit schenken müssen. Man wird dabei das Verhalten der pathologischen Reaktionen des Liquors, die ja bei multipler Sklerose besonders stark wechseln und die noch des Ausbaus im Sinne einer spezifischen Reaktion harren, zu beachten haben. Vor allem aber werden wir künftig auszuprobierende Mittel zum Angriff gegen den Erreger in das Liquorsystem bringen und von diesem aus eine therapeutische Beeinflussung der Erreger versuchen müssen. Selbstverständlich wird die Rückbildung schwerer Gewebsdefekte nicht mehr erwartet werden können. Deshalb ist die *Frühdiagnose* besonders wesentlich; in dem frühen Stadium des Leidens wird eine energische Therapie einsetzen müssen, zu einem Zeitpunkt, wo während erster Schübe der Krankheitsprozeß an und für sich die Neigung zu weitgehender Rückbildung zeigt. Aus diesem Grunde werden wir in derartigen Fällen über den Wert unserer Therapie erst nach Jahren etwas auszusagen vermögen. Gerade die sehr häufig nicht dem Nervenarzt, sondern dem Augenarzt zugänglichen Anfangsstadien der multiplen Sklerose müßten sachgemäß behandelt werden. Man wird fragen, was unter sachgemäßer Behandlung zu verstehen sei, wo wir doch heute noch kein einigermaßen sicheres Heilverfahren gegen die multiple Sklerose haben. Nun, ich meine, daß Strychnineinspritzungen gegen eine Neuritis retrobulbaris oder Augenmuskellähmungen der multiplen Sklerose nicht die richtige Behandlungsform sind, sondern daß wir schon antiinfektiös mit Salvarsanpräparaten womöglich endolumbal vorgehen sollten.

Wenn wir viel Hirn- und Rückenmarksmaterial von multipler Sklerose untersucht haben, so wird uns immer wieder die Konsistenzveränderung der Herde gegenüber der unversehrten Umgebung auffallen, wodurch häufig eine starke Faltenbildung im glatt aufzulegenden Gewebsschnitt bedingt ist. Daß diese Konsistenzveränderung mit den geweblichen Krankheitsprozessen im Herd in Zusammenhang steht und irgendwie zu Lebzeiten schon vorhanden ist, darf wohl angenommen werden. Auch aus dem Befund der circumfokalen Areolierung ist auf außerordentlich starke Schwankungen des Gewebsdruckes zwischen gesundem und krankem Gewebe zu schließen. Wir müssen deshalb unsere Kranken zur Vermeidung alles dessen auffordern, was zu einer Vermehrung solcher Schwankungen führen könnte. Hierher zu rechnen sind forzierte körperliche Anstrengungen und alle mit einer erheblichen, wenn auch nur vorübergehenden Erhöhung des Liquordruckes einhergehenden Vorgänge: Übermäßige Atembewegungen, starke Erschütterungen des Kopfes und der Wirbelsäule usw.

Die Frage ist auch, ob wir mit unseren Lumbal- oder Suboccipitalpunktionen nicht einen gewissen Schaden durch Erzeugung starker Druckschwankungen im Liquorraum verursachen. Ich habe jedenfalls im Anschluß an Lumbalpunktionen bei multipler Sklerose recht schwere Erscheinungen im Sinne eines starken Meningismus nicht selten gesehen, eine Erfahrung, die mir auch von anderer Seite bestätigt wird.

Die Wucherung des jungen Gitterfasergewebes, die sich in vielen, dabei noch frischen Herden der multiplen Sklerose findet, rechtfertigt nachträglich die therapeutische Anwendung von Fibrolysin. Jedoch glaube ich kaum, daß ein solches Mittel den Anreiz zur Gitterfaserwucherung beseitigen kann und wir haben ja tatsächlich die Fibrolysinbehandlung der multiplen Sklerose wieder aufgegeben. Ich hielte es auch nicht für richtig, lediglich gegen die Bindegewebswucherungen therapeutisch vorzugehen, denn bei ihnen handelt es sich ja um einen einzelnen histologischen *Begleit*vorgang. Wir müssen vielmehr alle unsere therapeutischen Bestrebungen zunächst gegen den Erreger selbst und dann erst gegen die von ihm verursachten einzelnen Gewebsschäden richten.

Vorbeugende Maßnahmen gegen die multiple Sklerose kennen wir nicht. Erst wenn wir die Verbreitung des Krankheitserregers außerhalb des menschlichen Körpers in der Natur kennen und wenn wir uns mit den Infektionsquellen und den Eintrittspforten des Erregers in den menschlichen Körper bekannt gemacht haben, besteht Aussicht auf einen prophylaktischen Schutz gegen dieses Leiden. Bis dahin ist aber der Weg noch weit und manche künftige Forschergeneration wird sich mit den pathogenetischen und therapeutischen Problemen der multiplen Sklerose abzumühen haben, bis der Stand der progressiven Paralyse erreicht ist, die, um mit einem Wort HOCHEs zu schließen, bald nurmehr eine historisch interessante Krankheit sein wird.

Literatur.

Abschnitt I.

CAJAL, RAMON Y (1): Beitrag zur Kenntnis der Neuroglia des Groß- und Kleinhirns bei der progressiven Paralyse mit einigen technischen Bemerkungen zur Silberimprägnation des pathologischen Nervengewebes. Z. Neur. **100**, **738** (1926).

— (2): Contribución al conocimiento de la neuroglia normal del cerebro humano etc. Trab. **11** (1913).

CHRISTELLER, ERWIN: Eine neue einfache Methode zur normalen und pathologischen Histotopographie der Organe. Virchows Arch. **252** (1924).

DIETERLE, ROBERT R.: Method for demonstration of Spirochaeta pallida in single microscopic sections. Arch. of Neur. **18**, Nr 1 (1927).

GYENES, E. u. F. STERNBERG: Über eine neue und schnelle Methode zum Nachweis der Spirochaete pallida in den Geweben. Berl. klin. Wschr. **1913**, Nr 49, 2282.

JAHNEL, F. (1): Studien über die progressive Paralyse III. Arch. f. Psychiatr. **57**, **847** (1917).

— (2): Weitere Erfahrungen über Spirochätenfärbungen im Nervengewebe. Münch. med. Wschr. **1920**, 1263.

— (3): Ein Verfahren zur elektiven Spirochätendarstellung in einzelnen Schnitten des Zentralnervensystems. Dtsch. med. Wschr. **1920**, Nr 29.

KANTSCHEWA, M.: Über multiple miliare Lebernekrosen durch spirochätenähnliche Bakterien. Z. Kinderheilk. **34**, 169 (1922).

KANZLER, R.: Eine neue Methode der Darstellung der Spirochaeta pallida im Gefrierschnitt des Zentralnervensystems. Z. Neur. **117**, 171 (1928).

KOHLSCHÜTTER: Verh. schweiz. naturforsch. Ges. **2**, 110; Naturwiss. **1923**, 865.
— u. E. EYDMANN: Liebigs Ann. **398**, 1 (1913).
KRANTZ, W.: Eine einfache Methode zur Darstellung der Spirochaete pallida in Schnittpräparaten. Münch. med. Wschr. **1924**, Nr 19, 608-.
KUFS, H. (1): Über die Verwendung der KANZLERschen Methode der Darstellung der Spirochaeta pallida im Gehirn für die Allgemeinpathologie. Z. Neur. **117**, 175 (1928).
— (2): Die histochemischen Grundlagen der Darstellung der Spirochaete pallida im Gefrierschnitt nach KANZLER und eine brauchbare Modifikation dieser Methode. Z. Neur. **118**, 516 (1929).
LIESEGANG, R. E. (1): Die Kolloidchemie der histologischen Silberfärbungen. Kolloidchem. Beih. **3**, H. 1/2 (1911).
— (2): Kolloidchemie, Wissenschaftl. Forschgsber. **6**, 2. Aufl. Dresden: Theodor Steinkopff 1926.
LÜTHY, F.: Zur Frage der Spirochätenbefunde bei multipler Sklerose. Z. Neur. **128**, 290 (1930).
NOGUCHI, H. (1): Studien über den Nachweis der Spirochaeta pallida im Zentralnervensystem bei der progressiven Paralyse und Tabes dorsalis. Münch. med. Wschr. **1913**, 739.
— (2): „Berichtigung" hierzu. Münch. med. Wschr. **1913**, 847.
STEINER, G.: Über eine neue Spirochätendarstellung im Gefrierschnitt. Münch. med. Wschr. **1922**, Nr 4, 121.
STREMPEL, R. u. G. ARMUZZI: Die Methoden zum schnellen Nachweis von Syphilisspirochäten in Gefrierschnitten. Arch. f. Dermat. **149**, 370 (1925).
VOIGT, J.: Das kolloide Silber. Leipzig 1929.
WARTHIN u. STARRY: Second improved method for the demonstration of spirochaeta pallida in the tissues. J. amer. med. Assoc. **76**, 234 (1921).
ZSIGMONDY, R.: Kolloidchemie, 5. Aufl. Allg. u. Spez. Teil. Leipzig 1925 u. 1927.

Abschnitt II.

BELEZKY, W. K. u. R. M. UMANSKAJA: Die Recurrensspirochätose des zentralen Nervensystems des Menschen. Z. Neur. **129**, 20 (1930).
BERGEL, S. (1): Die Syphilis im Lichte neuer experimentell-biologischer und immun-therapeutischer Untersuchungen. Jena: Gustav Fischer 1925.
— (2): Weitere Mitteilungen zur Biologie und Färbung der Syphilisspirochäte. Klin. Wschr. **1929**, Nr 26, 1218.
BIELSCHOWSKY, M.: Über Markfleckenbildung und spongiösen Schichtenschwund der Hirnrinde der Paralytiker. J. Psychol. u. Neur. **25**, 72 (1919).
BORDA, J. T.: Paralysie générale progressive; contribution à l'étude de son anatomie et de son histologie pathologique. Rev. Asoc. méd. argent. **13**, 377 (1905).
BUSCHKE u. KROÓ (1): Experimentelle Untersuchungen über die Immunität bei Recurrens und ihre Beeinflussung durch Salvarsan. Klin. Wschr. **1922**, Nr 47, 2323.
— (2): Histologischer Nachweis von Spirochäten im Gehirnparenchym bei experimenteller Recurrens. Klin. Wschr. **1922**, Nr 50, 2470.
— (3): Zur Frage der Superinfektion bei Spirochätenkrankheiten. Klin. Wschr. **1923**, Nr 13, 580.
FISCHER, OSKAR (1): Über einen eigenartigen Markfaserschwund in der Hirnrinde bei Paralyse. Wien. klin. Wschr. **1906**, Nr 22.
— (2): Über den fleckweisen Markfaserschwund in der Hirnrinde bei der progressiven Paralyse. Arb. dtsch. psychiatr. Klin. Prag 63. Berlin: S. Karger 1908.
— (3): Die Lues-Paralysefrage. Ref. Verslg. dtsch. Irrenärzte **1909**. Allg. Z. Psychiatr. **66**, 373 (1909).
FUNAKAWA, YUZO: Beteiligung der Sehrinde an dem histopathologischen Prozeß der progressiven Paralyse. Graefes Arch. **119**, 270 (1927).
HAUPTMANN, A. (1): Über herdartige Spirochätenverteilung in der Hirnrinde bei Paralyse. Mschr. Psychiatr. **45**, H. 2/3 (1919).
— (2): Spirochäten und Hirnrindengefäße bei Paralyse. Z. Neur. **57**, 122 (1920).
HENNING, G.: Tierexperimentelle Untersuchungen an Recurrensspirochäten. Arch. f. Psychiatr. **65**, H. 1/3 (1922).

HERMEL, H.: Über Spirochätenbefunde bei atypischen Paralysen. Z. Neur. **73**, 419 (1921).
HERSCHMANN, H. (1): Über eine direkt nekrotisierende Form der Hirnsyphilis. Dtsch. med. Wschr. **1919**, 1171.
— (2): Über eine direkt nekrotisierende Form der Hirnsyphilis. (Miliare nichtgummöse Nekrosen in der Hirnrinde eines Paralytikers.) Z. Neur. **55**, 27 (1920).
IGERSHEIMER, J.: Spirochätenbefunde an der Sehbahn bei Paralyse. Dtsch. med. Wschr. **1921**, Nr 26.
MC INTOSH u. FILDES: Parasyphilis of the nervous system. Brain **36**, I, 1 (1913).
JAHNEL, F. (1): Über die Lokalisation der Spirochäten im Gehirn bei progressiver Paralyse. Neur. Zbl. **36**, 402 (1917).
— (2): Über das Vorkommen von Spirochäten im Kleinhirn bei der progressiver Paralyse. Z. Neur. **36**, 335 (1917).
— (3): Über Spirochätenbefunde in den Stammganglien bei Paralyse. Mschr. Psychiatr. **42**, 58 (1917).
— (4): Paralyse und Tabes im Lichte der modernen Syphilisforschung. Z. ärztl. Fortbildg **1917**, Nr 14.
— (5): Über einige Beziehungen der Spirochäten zu dem paralytischen Krankheitsvorgang. Z. Neur. **42**, H. 1/2 (1918).
— (6): Über einige neuere Ergebnisse von Spirochätenuntersuchungen bei der progressiven Paralyse. Allg. Z. Psychiatr. **75** (1919).
— (7) Über das Vorkommen von Spirochäten in den perivasculären Räumen der weißen Substanz bei der Paralyse. Mschr. Psychiatr. **45**, 46 (1919).
— (8): Die Spirochäten im Zentralnervensystem bei der Paralyse. Z. Neur. **73**, 310 (1921).
— (9): Über das Vorkommen der Spirochaeta Duttoni im Hirngewebe des Menschen (Paralytikers) während der Recurrensinfektion. Münch. med. Wschr. **1926**, 2015.
— u. F. LUKSCH: Über das Vorkommen der Spirochaete Obermeieri in der Hirnsubstanz des Menschen. Med. Klin. **1927**, 2003.
JAKOB, A. (1): Über Entzündungsherde und miliare Gummen im Großhirn bei Paralyse (mit besonderer Berücksichtigung der Entzündungserscheinungen bei den Anfallsparalysen). Z. Neur. **52**, 7 (1919).
— (2): Einige Bemerkungen zur Histopathologie der Paralyse und Tabes mit besonderer Berücksichtigung des Spirochätenbefundes. Arch. f. Psych. **65**, H. 1/3 (1922).
— (3): Über den Befund von miliaren Gummen bei der Paralyse. Z. Neur. **102**, 313 (1926).
— (4): Über regionäre (areale) und laminäre Prozeßlokalisation bei den Geisteskrankheiten. Allg. Z. Psychiatr. **86**, 343 (1927).
— (5): Normale und pathologische Histopathologie des Großhirns. Handbuch der Psychiatrie von ASCHAFFENBURG, Leipzig-Wien, Bd. 1. 1927 u. Bd. 2. 1929.
KIEWE, P.: Spirochäten und Silberzellen bei progressiver Paralyse. Z. Neur. **134**, 596 (1931).
KREBSBACH, E.: Über Spirochätenbefunde im Kleinhirn bei progressiver Paralyse. Inaug.-Diss. Freiburg i. Br. 1919.
KUFS, H. (1): Über den herdförmigen Markfaserschwund und über die polysklerotischen Formen der Paralyse. Z. Neur. **75**, 289.
— (2): Beiträge zur atypischen Paralyse — disseminierte Meningoencephalitis mit laminärer Rindenerweichung bei Paralyse, Pleuritis gummosa bei Paralyse, altes Hirngumma bei frischer Paralyse — und zur Endarteriitis syphilitica der kleinen Rindengefäße. Z. Neur. **106**, 518 (1926).
— (3): Infektionsbehandelte Paralyse und tertiäre Syphilis auf Grund der Beobachtung eines Falles von intensiv behandelter Paralyse mit gummöser Lebersyphilis. Arch. f. Psychiatr. **90**, 572 (1930).
LEVADITI, C. mit R. SCHOEN u. M. v. SANCHIS-BAYARRI: Le virus syphilitique comporte-t-il un cycle évolutif dont le treponema pallidum n'est qu'une des phases connues? Ann. Inst. Pasteur **42**, 475 (1928).
MARCUS, HENRY: Spirochaete pallida in den Plasmazellen bei der progressiven Paralyse. Z. Neur. **26**, 245.
MÜHLPFORDT, H.: Spirochätenlipoproteid und Salvarsan. Eine Bemerkung zur Arbeit BERGELS in **1929**, 1218 dieser Wochenschrift. Klin. Wschr. **1929**, Nr 42, 1958.
NEUMANN, F.: Bewegungsvorgänge beweglicher Mikroorganismen, insbesondere von Spirochäten, festgehalten mit dem Kinematograph. Klin. Wschr. **1929**, Nr 45, 2081.

OPPENHEIM, G.: Zur pathologischen Anatomie der multiplen Sklerose mit besonderer Berücksichtigung der Hirnrindenherde. Neur. Zbl. **1908**, Nr 19.

PACHECO e SILVA u. CANDIDO DA SILVA: Memorias do Hospital do Juquery **3—4** (1926—27).

PLAUT, F. u. G. STEINER: Über das Auftreten von Spirosomen und entzündlichen Veränderungen im Liquor bei Recurrenskranken. Arch. Schiffs- u. Tropenhyg. **24**, 33 (1920).

SAITO: Die Hirnkarte des Paralytikers. Arb. neur. Inst. Wien **25** (1924).

SCHAUDER, H.: Zur Frage der Spirochätenpersistenz im Zentralnervensystem und ihrer chemotherapeutischen Beeinflußbarkeit bei experimenteller Recurrens. Arch. Schiffs- u. Tropenhyg. **32**, 1 (1928).

SCHOB: Über miliare Nekrosen und Abscesse in der Hirnrinde eines Paralytikers und ihre Beziehungen zur Spirochaeta pallida. Z. Neur. **95**, 588 (1925).

SIOLI, F. (1): Spirochätenbefunde bei LISSAUERscher Paralyse. Arch. f. Psychiatr. **61**, H. 2 (1919).

— (2): Die Spirochaete pallida bei der progressiven Paralyse. Arch. f. Psychiatr. **60**, 1.

— (3): Über Spirochäten bei Endarteriitis syphilitica des Gehirns. Arch. f. Psychiatr. **66**, 318 (1922).

SPIELMEYER, W. (1): Über einige anatomische Ähnlichkeiten zwischen progressiver Paralyse und multipler Sklerose. Z. Neur. **1**, 660 (1910).

— (2): Paralyse, Tabes, Schlafkrankheit. Erg. Neur. Jena: Gustav Fischer 1911.

— (3): Die Bedeutung des lokalen Faktors für die Beschaffenheit der Entmarkungsherde bei multipler Sklerose und Paralyse. Arch. f. Psychiatr. **74**, 359 (1925).

— (4): Anatomie der Paralyse und Spirochätenbefunde. Eine Betrachtung über Forschung und Schriftstellerei. Z. Neur. Orig. **41**, 433 (1918).

— (5): Über die pathologische Anatomie der progressiven Paralyse. Schweiz. med. Wschr. **55**, 313.

— (6): Das Interesse am Studium der Kreislaufstörungen im Gehirn und die Paralyseanatomie. Wien. klin. Wschr. **1928**, 1011.

STEINER, G. (1): Über das Verhalten des Syphiliserregers im Zentralnervensystem. Straßburg. med. Ztg. **14**, H. 5, 103 (1917, Mai).

— (2) Über die Entmarkungsflecken bei progressiver Paralyse. Verslg südwestd. Neur. u. Irrenärzte Baden-Baden **1922**. Zbl. Neur. **30**, 206 (1922).

— (3): Hirnrinde und Subcortex bei progressiver Paralyse. Vortr. 50. Jverslg südwestd. Psychiatr. Würzburg. Arch. f. Psychiatr. **83**, 104 (1928).

— (4): NISSLs Paralysestudien und der heutige Stand der Metasyphilislehre. Arch. f. Psychiatr. **87**, 126 (1929).

— (5): Krankheitserreger und Gewebsbefund bei progressiver Paralyse (Pathogenese des herdförmigen Markscheidenzerfalls). Z. Neur. **131**, 632 (1931).

— (6): Über Wanderung und Untergang der Spirochaeta pallida im Zentralnervensystem bei progressiver Paralyse. Z. Neur. **134**, 556 (1931).

STRÄUSSLER, E. u. G. KOSKINAS (1): Über den Einfluß der Malariabehandlung der progressiven Paralyse auf den histologischen Prozeß. Wien. med. Wschr. **1923**, 783.

— (2): Weitere Untersuchungen über den Einfluß der Malariabehandlung der progressiven Paralyse auf den histopathologischen Prozeß. Z. Neur. **97**, 176 (1925).

STREMPEL, R. u. G. ARMUZZI: Experimentelle Untersuchungen über lokale Rezidivbildung beim syphilitisch infizierten Kaninchen nach Excision des primären Impfherdes. Dermat. Z. **48**, H. 3/4.

TUCZEK, F. (1): Über die Anordnung der markhaltigen Nervenfasern in der Großhirnrinde und über ihr Verhalten bei der Dementia paralytica. Neur. Zbl. **1**, 315 u. 337 (1882).

— (2): Weitere Mitteilung über den Schwund markhaltiger Nervenfasern in der Großhirnrinde bei der Dementia paralytica. Neur. Zbl. **2**, 147 (1883).

— (3): Sklerose der Markleiste des Großhirns bei der Dementia paralytica. Neur. Zbl. **2**, 149 (1883).

— (4): Beiträge zur pathologischen Anatomie und zur Pathologie der Dementia paralytica. 8°. Berlin 1884.

VALENTE, P.: Sur l'étiologie et la pathogénie de la paralysie générale. Arqu. Inst. bacter. Camara Pestana (port.) **5**, H. 1 (1918).

Abschnitt III.

Adams, K., Blacklock, Dunlop u. Scott: An investigation into the pathogenesis of disseminated sclerosis. Quart. J. Med. **17**, Nr 66 (1924).

Askanazy, M.: Stromafunktionen. Münch. med. Wschr. **1923**, Nr 34/35.

Borst, M.: Zur pathologischen Anatomie und Pathogenese der multiplen Sklerose des Gehirns und Rückenmarks. Beitr. path. Anat. **21**.

Braxton Hicks, Hocking u. Purves-Stewart: Disseminated sclerosis. Pathological and biochemical changes produced by a „Virus" cultivated from the cerebrospinal fluid. Lancet, 22. März **1930**, 612.

Büscher, J.: Spirochätenbefund bei multipler Sklerose. Ein Beitrag zur Pathogenese. Arch. f. Psychiatr. **62**, 426 (1920).

Bullock, W. E.: The experimental transmission of disseminated sclerosis to rabbits. Lancet **185**, 1085 (1913).

Chevassut, K.: The aetiology of disseminated sclerosis. Lancet, 15. März **1930**, 552.

Collins, J. u. H. Noguchi: An experimental study of multiple sclerosis. J. amer. med. Assoc. **81**, 2109—2112, 22. Dez. 1923.

Dawson, J.: The histology of disseminated sclerosis. Edinburgh: Grant & Son 1916.

Doinikow, B.: Über Re- und Degenerationserscheinungen an Achsenzylindern bei der multiplen Sklerose. Z. Neur. **27**, 151 (1915).

Dürck, H.: Über die mit herdförmigen Gliaproduktionen einhergehenden Erkrankungen des Zentralnervensystems. Arch. Schiffs- u. Tropenhyg. **29**, 43 (1925).

Falkiewicz, T.: Zur Pathogenese der multiplen Sklerose. Ein Beitrag zur Frage der Herdbildung bei dieser. Arb. neur. Inst. Wien **28**, 172 (1926).

Herrmann, G. (1): Ein Fall von aufsteigender akuter multipler Sklerose. Z. Neur. **114**, 804 (1928).

— (2): Herde im Corpus geniculatum laterale bei multipler Sklerose. Z. Neur. **118**, 405 (1929).

Hoche: Die Heilbarkeit der progressiven Paralyse. Arch. f. Psychiatr. **60**, H. 1, 316 (1918).

Hortega, R. (1): La microglia y su transformación en células de bastoncito y en cuerpos granuloso-adiposos. Cajal, Trab. 1919.

— (2): Histogénesis y evolución normal, éxodo y distribución regional de la microglia. Arch. de Neur. **11**, Nr **3** (1921).

Jahnel, F. (1): Vergleichende Krankheitsforschung und Ätiologie. Verh. Ges. dtsch. Nervenärzte. Leipzig: F. C. W. Vogel 1929.

— (2): Pathologische Anatomie der progressiven Paralyse. Handbuch der Geisteskrankheiten, Bd. 11, Spez. Teil VII. Berlin: Julius Springer 1930.

Kalberlah, F.: Zur Ätiologie der multiplen Sklerose. Berl. klin. Wschr. **35**, 302 (1898).

Klieneberger, E.: Die heutigen Auffassungen der verschiedenen Formen der Bakterienzellen einer Art. Klin. Wschr. **1931**, Nr 11, 481.

Kuczynski: Der Erreger des Gelbfiebers. Berlin: Julius Springer 1929.

Kuhn u. Steiner (1): Über die Ursache der multiplen Sklerose. Med. Klin. **13**, Nr. 38, 668 (1917).

— (2): Über die Ursache der multiplen Sklerose. II. Mitt. Z. Hyg. **90**, 417.

Levaditi, C., Sanchis-Bayarri u. R. Schoen: Neuro-infektions auto-stérilisables (Encéphalite. Herpès, Rage.) C. r. Soc. Biol. Paris **98**, 911.

Manteufel u. Herzberg: Weitere Untersuchungen über die Bedeutung des Bacillus hepatodystrophicans (Kuczynski) für die Gelbfieberätiologie. Klin. Wschr. **1931**, Nr 9, 395.

Marburg, O. (1): Die sog. akute multiple Sklerose (Encephalomyelitis periaxialis scleroticans). Jb. Psychiatr. **27**, 211 (1906).

— (2): Multiple Sklerose in Lewandowskys Handbuch der Neurologie. 2. Spez. Neur. Bd. 1, S. 911 (1911).

— (3): Marburg, Diskussionsbemerkung. Verh. Ges. dtsch. Nervenärzte, 18. Jverslg Hamburg **1929**. Leipzig: F. C. W. Vogel 1929. 330.

Metz, A.: Die drei Gliazellarten und der Eisenstoffwechsel. Z. Neur. **100**, 428 (1926).

— u. H. Spatz: Die Hortegaschen Zellen (das sog. „dritte Element") und über ihre funktionelle Bedeutung. Z. Neur. **89**, 138 (1924).

Müller: Klin. Wschr. 8, Nr 21, 1007, Verh.ber.

MÜLLER, E.: Die multiple Sklerose des Gehirns und Rückenmarks. Jena: Gustav Fischer 1904.
NISHII, R.: Untersuchungen über das Vorkommen von Spirochäten und „minute bodies“ bei der multiplen Sklerose. Arb. neur. Inst. Wien **31**, 153 (1929).
NONNE (1): Diskussionsbemerkung. Verh. Ges. dtsch. Nervenärzte. 18. Jverslg Hamburg **1929**, 331. Leipzig: F. C. W. Vogel 1929.
— (2): Diskussionsbemerkung. Verh. Ges. dtsch. Nervenärzte 19. Jverslg Würzburg **1929**, 103. Leipzig: F. C. W. Vogel 1929.
PETTE, H. (1): Diskussionsbemerkung. Verh. Ges. dtsch. Nervenärzte 18. Jverslg Hamburg **1929**, 329. Leipzig: F. C. W. Vogel 1929.
— (2): Infektion und Nervensystem. Ref. 19. Jverslg Ges. dtsch. Nervenärzte Würzburg **1929**. Leipzig: F. C. W. Vogel 1929.
PLAUT, F. (1): Diskussionsbemerkung. Verh. Ges. dtsch. Nervenärzte Würzburg **1929**, 105. Leipzig: F. C. W. Vogel 1929.
— (2): Weitere Untersuchungen über die mangelnde Tierpathogenität der Syphilisspirochäten des Paralysegehirns. (Versuche an Mäusen und Kaninchen.) Z. Neur. **127**, 709 (1930).
— (3): Über die Beteiligung des Gehirns der Laboratoriumstiere bei experimenteller Syphilis. Z. Neur. **128**, 413 (1930).
POLLAK, E.: Ein Beitrag zur Kenntnis des Zusammenhanges von multipler Sklerose und Syphilis. Arb. neur. Inst. Wien. **21**, 105 (1914).
PONDMAN, A. B. F. A. u. H. ALDERSHOFF: Experimentelle Untersuchungen über Encephalitis post vaccinationem. I. Mitt. Zbl. Bakter. I. Orig. **107**, 433 (1928).
PURVES-STEWART: A specific vaccine treatment in disseminated sclerosis. Lancet, 15. März **1930**, 560.
REDLICH, E. (1): Gibt es Beziehungen der multiplen Sklerose zur hereditären, kongenitalen Lues? Wien. med. Wschr. **1928**, Nr 28.
— (2): Diskussionsbemerkung. Verh. Ges. dtsch. Nervenärzte Würzburg **1929**, 95. Leipzig: F. C. W. Vogel 1929.
SCHEINKER: s. bei STENGEL.
SCHLOSSBERGER, H.: Experimentelle Untersuchungen über das Eindringen der Syphilisspirochäten in das Zentralnervensystem von Mäusen und Kaninchen. Arb. Inst. exper. Ther. Frankf. **1928**, H. 21, 344.
SCHOB, F. (1): Ein Beitrag zur pathologischen Anatomie der multiplen Sklerose. Mschr. f. Psychiatr. **22**, 62 (1907).
— (2): Diskussionsbemerkung. Verh. Ges. dtsch. Nervenärzte Dresden **1930**, 138.
SIEMERLING, E.: Spirochäten im Gehirn eines Falles von multipler Sklerose. Berl. klin. Wschr. **1918**, Nr 12, 273.
— u. RAECKE: Beitrag zur Klinik und Pathologie der multiplen Sklerose mit besonderer Berücksichtigung ihrer Pathogenese. Arch. f. Psychiatr. **53**, 385 (1914).
SPATZ, H.: Encephalitis. Handbuch der Geisteskrankheiten Bd. 11, Spez. Teil VII. Berlin: Julius Springer 1930.
SPEER, E.: Spirochätenfund im menschlichen Zentralnervensystem bei multipler Sklerose. Münch. med. Wschr. **1921**, Nr 14, 425.
SPIELMEYER (1): Die zentralen Veränderungen beim Fleckfieber und ihre Bedeutung für die Histopathologie der Hirnrinde. Z. Neur. **47**, H. 1/3 (1919).
— (2): Histopathologie des Nervensystems. Berlin: Julius Springer 1922.
— (3): Infektion und Nervensystem. Pathologisch-anatomischer Teil. Verh. Ges. dtsch. Nervenärzte, 19. Jverslg Würzburg **1929**, 86. Leipzig: F. C. W. Vogel 1929.
STEINER, G. (1): Über experimentelle multiple Sklerose. 44. Wanderverslg südwestdtsch. Neur. u. Irrenärzte Baden-Baden **1919**. Arch. f. Psychiatr. **61** (1919).
— (2): Über den gegenwärtigen Stand der Erforschung der multiplen Sklerose. Erg. inn. Med. **21** (1922).
— (3): Untersuchungen zur Pathogenese der multiplen Sklerose. Wiss. Sitzg dtsch. Forschgsanst. Psychiatr. München, 26. Juli 1927. Zbl. Neur. **47**, **701**.
— (4) Spirochäten im menschlichen Gehirn bei multipler Sklerose. Nervenarzt **1928**, H. 8.
— (5): Demonstration von Spirochäten im menschlichen Gehirn bei multipler Sklerose. Dtsch. Z. Nervenheilk. **107** (1928).

STEINER, G. (6): Zur Pathogenese der progressiven Paralyse. Arch. f. Psychiatr. **74**, 457 (1925).
— (7): Zur Pathogenese der progressiven Paralyse. Jkurse ärztl. Fortbildg, Mai **1928**.
— (8): Über das Problem der Erregerpersistenz im Zentralnervensystem. Dtsch. Z. Nervenheilk. **111** (1929).
— (9): Zur Histopathogenese der multiplen Sklerose. Verh. Ges. dtsch. Nervenärzte Dresden **1930**, 133. Leipzig: F. C. W. Vogel 1930.
— (10): Multiple und diffuse Sklerose. Handbuch der Geisteskrankheiten, Bd. 11, Spez. Teil VII, S. 289.
— HENNING u. STEINFELD: Experimentelle Untersuchungen zur Pathologie und Therapie der Spirochätenkrankheiten. IV. Über das Verhalten der Recurrensspirochäten in der Haut des Normal- und des Immuntieres. Klin. Wschr. **1926**, Nr 35.
— u. H. SCHAUDER: Experimentelle Untersuchungen zur Pathologie und Therapie der Spirochätenkrankheiten. II. Zur Frage der Spirochätenpersistenz im Zentralnervensystem bei experimenteller Recurrens. Klin. Wschr. **1925**, Nr 48, 2288.
— u. J. STEINFELD (1): Experimentelle Untersuchungen zur Pathologie und Therapie der Spirochätenkrankheiten. I. Die Immunitätsverhältnisse des Gehirns und des Serums in ihren Beziehungen zueinander bei experimenteller Recurrens. Klin. Wschr. **1925**, Nr 42.
— — (2): Experimentelle Untersuchungen zur Pathologie und Therapie der Spirochätenkrankheiten. III. Zweitimpfung und Immunität bei experimenteller Recurrens. Klin. Wschr. **1926**, Nr 12.
— — (3): Experimentelle Untersuchungen zur Pathologie und Therapie der Spirochätenkrankheiten. Parabiose bei experimenteller Recurrens. Klin. Wschr. **1927**, Nr 34.
STENGEL, E.: Akute ascendierende multiple Sklerose und Syringomyelie. Ein Beitrag zur Frage der auslösenden Faktoren bei der Syringomyelie. Z. Neur. **122**, 800 (1929).
WILDER, J.: Die neueren englischen Forschungen über multiple Sklerose (CHEVASSUT, PURVES-STEWART). Nervenarzt **1930**, Nr 36.
ZUELZER, M.: Diskussionsbemerkung. Berl. mikrobiol. Ges., 5. Juli 1920. Berl. klin. Wschr. **1921**.

Namenverzeichnis.

GPSR Compliance

The European Union's (EU) General Product Safety Regulation (GPSR) is a set of rules that requires consumer products to be safe and our obligations to ensure this.

If you have any concerns about our products, you can contact us on ProductSafety@springernature.com

In case Publisher is established outside the EU, the EU authorized representative is:

Springer Nature Customer Service Center GmbH
Europaplatz 3
69115 Heidelberg, Germany

Batch number: 10682325

Printed by Printforce, the Netherlands